技術者のための プリント基板 設計入門

PCBCAD時代の プリント基板作成と実装のすべて

改訂新版

はじめに

　現在では，ディジタル回路といえどもGHzで動作させる時代です．そのため，昔のように蛇の目基板に部品をならべてはんだ付けしたような試作基板ではまったく動作しません．すなわち，電子回路を苦労して設計してもプリント基板を作成しなければ回路が動作するかどうか試すこともできないのです．したがって，プリント基板を作成することは電子技術者にとって大変重要なことなのですが，意外と回路設計者の立場に立ったプリント基板の作成に関する解説書は見当たりません．それは，プリント基板の設計や製作は，業者まかせにする傾向が強いからだと思います．

　しかし，最近になってPCBCADが低価格で入手できるようになり，回路設計者みずから基板の設計ができるようになってきました．本書は，回路設計者がみずからプリント基板を設計することのメリットを紹介し，具体的にどのようにPCBCADを使ったらよいか，どのように考えてプリント基板を設計すればよいかをわかりやすく解説しました．さらに，最近の大規模LSIを実装するためのノウハウや高速ディジタル回路，高周波回路，パワー回路におけるプリント基板の作成法について詳しく解説しました．

　本書では，プリント基板の設計をするために必要となる雑多な情報を一挙に公開しました．個々の情報はさほど重要とは思えませんが，一人でプリント基板を設計する場合には必要なものばかりです．また，本書を参考にすれば，PCBCADによる基板設計の情報だけでなく，基板設計者との打ち合わせなどにも役立つものと思います．

2004年6月　トランジスタ技術SPECIAL編集部

　本書の下記の章は，「トランジスタ技術」誌，「デザインウェーブマガジン」誌に掲載された記事を元に，加筆，再編集したものです．
- ●これがプリント基板の製造工程だ！
　デザインウェーブマガジン，2003年6月号，特集 第1章「これがプリント基板の製造＆設計工程だ！」
- ●第1章～第8章
　トランジスタ技術，1995年4月号，特集「プリント基板の設計法 完全理解」
　1998年10月，トランジスタ技術増刊「パソコンによるプリント基板設計」として書籍化
- ●第9章
　デザインウェーブマガジン，2003年6月号，特集 第5章「プリント基板の構造と安全規格」
- ●第10章
　デザインウェーブマガジン，2004年1月号，特集 第2章「回路設計者のためのプリント基板Q&A」
- ●第11章
　デザインウェーブマガジン，2004年1月号，特集 第1章「大規模LSI実装の現状と課題」
- ●第12章
　トランジスタ技術，2003年6月号，特集 第4章「パワー回路基板設計の鉄則10か条」
- ●第13章
　トランジスタ技術，2003年6月号，特集 第5章「高速ディジタル回路基板の設計ポイント」
- ●第14章
　トランジスタ技術，2003年6月号，特集 第6章「高周波用プリント基板の設計ポイント」
- ●第15章
　トランジスタ技術，2004年1月号，「鉛フリーはんだのはんだ付けテクニック」

目 次

はじめに ……………………………………………………………………………………2

これがプリント基板の製造工程だ！ ……………………………………………………9

第1章　プリント基板は回路設計者が設計しよう ……………………………17

    1.1　なぜ，回路設計者が基板を設計するのか ………………………………………17
    1.2　回路設計者の基板設計とは ………………………………………………………19
    1.3　回路設計者は最高の基板設計者 …………………………………………………20
    1.4　基板設計者から見た回路設計 ……………………………………………………21
    1.5　試作回路の製作とPCBCAD ……………………………………………………21
    1.6　基板設計専門の会社について ……………………………………………………22
    1.7　基板設計をするには様々な情報が必要 …………………………………………23
    【コラムA】プリント基板の材質 ………………………………………………………22

第2章　プリント基板の基礎知識 ……………………………………………………25

    2.1　プリント基板の歴史と種類 ………………………………………………………25
    2.2　プリント基板の製造工程 …………………………………………………………26
    2.3　プリント基板の寸法精度と電気的特性 …………………………………………32
    2.4　プリント基板の品質と信頼性 ……………………………………………………35
    2.5　プリント基板関連べからず集 ……………………………………………………37
    【コラムB】プリント基板の価格 ………………………………………………………38

第3章　プリント基板のアート・ワークと版下の作成 …………………………42

    3.1　手作りのプリント基板 ……………………………………………………………42
    3.2　手貼りによるフォト・マスクの作成 ……………………………………………44
    3.3　手貼り版下とディジタイザ ………………………………………………………45
    3.4　PCBCAD ……………………………………………………………………………45

第4章　PCBCADによるプリント基板の設計手順 ………………………………47

4.1　設計資料の作成 ………………………………………………………47
4.1.1　回路図 …………………………………47　4.1.5　配線指示書 ………………………51
4.1.2　部品表 …………………………………48　4.1.6　ネット・リスト …………………53
4.1.3　基板外形図 ……………………………49　4.1.7　基板仕様書 ………………………56
4.1.4　部品配置図 ……………………………50

4.2　見積もり ………………………………………………………………56
4.2.1　設計難度の見積もり …………………56　4.2.2　工数の見積もり …………………58

4.3　部品ライブラリの作成 ………………………………………………60
4.3.1　部品データ ……………………………60　4.3.2　部品ライブラリの作成 …………61

4.4　基板外形データ入力 …………………………………………………61
4.5　ネット・データをロード ……………………………………………62

第5章　プリント基板の設計基準とPCBCAD ………………………………63

5.1　基準の種類 ……………………………………………………………63
5.1.1　プリント基板を製造する際の基準 …63　5.1.3　基板設計側が決める基準 ………66
5.1.2　部品を組み立てる際の基準 …………64

5.2　一般的な設計基準 ……………………………………………………67
5.2.1　使用グリッド単位 ……………………67　5.2.3　穴仕様 ……………………………69
5.2.2　使用ライン幅 …………………………68　5.2.4　その他の基準 ……………………71

5.3　表面実装部品のパッド形状 …………………………………………74
5.4　部品ライブラリの作成 ………………………………………………77
5.4.1　部品ライブラリ番号体系の作成 ……79　5.4.2　部品ライブラリの作成 …………79

第6章　PCBCADによる部品の配置 …………………………………………81

6.1　部品配置の準備 ………………………………………………………81
6.1.1　配置部品の表示と配置配線の禁止領域の　　　6.1.3　グリッド(格子)合わせ …………83
　　　　設定 ……………………………………81　6.1.4　ラッツ・ネスト …………………85
6.1.2　部品の展開 ……………………………82

6.2　部品を配置する ………………………………………………………85
6.2.1　部品方向 ………………………………85　6.2.3　コネクタの配置 …………………87
6.2.2　配置指定部品の配置 …………………87　6.2.4　スイッチ，LEDの配置 …………89

6.2.5	高さ制限 ……………………………… 89	6.2.9	配線 ………………………………… 95
6.2.6	基板ロケーションと基板中央部の配置 …91	6.2.10	アナログ回路部品 ………………… 97
6.2.7	バス配置スペースの確保 …………… 92	6.2.11	配置間隔 …………………………… 97
6.2.8	パスコン …………………………… 93		

第7章　PCBCADによる配線作業 …………………………………………………99

7.1　電源部の配線 ……………………………………………………………………99

7.1.1	基本的な配線の考え方……………… 100	7.1.4	アナログ回路の電源 ……………… 105
7.1.2	2層基板の電源パターンの注意点 …… 104	7.1.5	電源入力部 ………………………… 105
7.1.3	多層基板の電源配線 ……………… 104	7.1.6	フォト・カプラ …………………… 106

7.2　配線上の注意点 ………………………………………………………………107

7.2.1	配線方向と配線角度 ……………… 107	7.2.7	クロック配線 ……………………… 111
7.2.2	誘導負荷回路がある場合 ………… 108	7.2.8	CPU周辺の配線 …………………… 112
7.2.3	Cの未使用入力端子の処理 ……… 108	7.2.9	等長配線 …………………………… 114
7.2.4	集合抵抗 …………………………… 109	7.2.10	クロストーク対策 ………………… 114
7.2.5	パターン長 ………………………… 109	7.2.11	インピーダンス整合 ……………… 116
7.2.6	コネクタの配線 …………………… 109	7.2.12	差動パターン ……………………… 117

7.3　回路設計上の注意点 …………………………………………………………117

7.3.1	静電ノイズ対策 …………………… 117	7.3.3	EMI対策 …………………………… 118
7.3.2	ショート保護回路 ………………… 118	7.3.4	基板外への信号出力 ……………… 119

【コラムC】　くし形パターンが嫌われる理由……………………………………………101

第8章　配線の検証とCAM処理 ………………………………………………121

8.1　オンラインDRC ………………………………………………………………121
8.2　バッチDRC ……………………………………………………………………122
8.3　DRCの限界と目視チェック …………………………………………………123
8.4　PCBCADのファイル出力 ……………………………………………………125
8.5　アパーチャの設定………………………………………………………………127

8.5.1	フォト・プロッタ………………… 127	8.5.3	アパーチャ割り付け ……………… 128
8.5.2	アパーチャ設定…………………… 128	8.5.4	サーマル・パッド ………………… 129

8.6　ガーバ・データ出力……………………………………………………………129

8.6.1	ガーバ・フォーマット…………… 129	8.6.3	ドリル・データ …………………… 133
8.6.2	ガーバ・データ出力……………… 130		

第9章　プリント基板の構造と安全規格 ……………………………………………… 134

9.1　プリント配線板材料の基礎知識 ……………………………………………… 134
- 9.1.1　プリント配線板や銅張積層板に適用される規格 …………………………… 135
- 9.1.2　グローバル化によって採用する規格が変わる ……………………………… 135

9.2　機器設計で重要な日本の市場要求 …………………………………………… 138

9.3　「軽・薄・短・小」を支える要素と差異化技術 ………………………… 141
- 9.3.1　薄物多層プリント配線板 ……………………………… 141
- 9.3.2　IVH（interstitial via hole）入り多層プリント配線板 ………………………… 142
- 9.3.3　フレックスリジッド/多層フレキシブル・プリント配線板 ………………… 143
- 9.3.4　ファイン・パターン（ファイン・ピッチ）プリント配線板 ………………… 143
- 9.3.5　パッド・オン・ホール・プリント配線板 … 143
- 9.3.6　ビルドアップ多層プリント配線板 …………… 144
- 9.3.7　バンプ接続プリント配線板 ………………… 145
- 9.3.8　部品内蔵プリント配線板 …………………… 145

【コラムD】　ULの燃焼性試験 …………………………………………………………… 139

第10章　BGA/CSP実装におけるQ&A ……………………………………………… 146

10.1　プリント基板についてのQ&A ……………………………………………… 146
- 10.1.1　Q1-この部品，全部配置できますか？ … 146
- 10.1.2　Q2-基板の両面にLSIを実装できないのですか？ ……………………… 148
- 10.1.3　Q3-何とか載りませんか？ ………………… 148
- 10.1.4　Q4-パソコンを減らすことはできませんか？ ……………………………… 149
- 10.1.5　Q5-BGA部品の裏側にチップ部品を置けませんか？ ……………………… 150
- 10.1.6　Q6-部品どうしをもっと近づけられませんか？ ……………………………… 151
- 10.1.7　Q7-基板の層数を減らせませんか？ … 152

10.2　実装設計を理解しよう ………………………………………………………… 153
- 10.2.1　実装設計とは何か ……………………… 154
- 10.2.2　プリント基板設計 ……………………… 155

【コラムE】　集中給電と分散給電 ……………………………………………………… 149
【コラムF】　実装設計者の悩み ………………………………………………………… 154
【コラムG】　信号の保護 ………………………………………………………………… 156

第11章　大規模LSI実装におけるノウハウ ……………………………………… 158

11.1　スルー・ホール基板のための回路設計 …………………………………… 158
- 11.1.1　なるべく小さいパッケージを使う …… 158
- 11.1.2　保険が自分の首をしめる …………… 160
- 11.1.3　プリント基板のつごうを優先してピン配置を決める …………………… 161
- 11.1.4　理想は単一電源 …………………… 163

11.2 高速信号への配慮 …………………………………………………………………… 164
　11.2.1　インピーダンス整合 ………………… 164　　11.2.3　電源，グラウンドの確保 ……………… 166
　11.2.2　リターン経路の確保と配線長 ………… 165

第12章　パワー回路基板設計におけるノウハウ ………………………………………… 167

12.1　パワー回路基板設計の鉄則 ……………………………………………………………… 167
　12.1.1　パターンは引くな！ ………………… 167　　12.1.7　誤動作はパターン不良が原因！ ……… 172
　12.1.2　パターンは太く，短くを心がけよ！ … 168　　12.1.8　パワー回路と制御回路は離せ！ ……… 172
　12.1.3　必要なギャップを確保せよ！ ………… 169　　12.1.9　部品面パターンを引いてはならない場合
　12.1.4　同一パターンでも各部の電位は違う！ 170　　　　　　がある！ …………………………………… 173
　12.1.5　電流は流れやすい所を流れる！ ……… 171　　12.1.10　発熱部品は分散して配置せよ！ ……… 173
　12.1.6　パターン設計でノイズは変わる！ …… 172

12.2　パワー回路基板の設計例 ………………………………………………………………… 173
　12.2.1　フライバック方式のスイッチング電源の　　12.2.2　設計したパターンの詳細 ……………… 174
　　　　　設計 ………………………………………… 173

第13章　高速ディジタル回路基板設計のノウハウ ……………………………………… 179

13.1　回路設計者が基板を設計する目的はノイズ対策 ……………………………………… 179
　13.1.1　対策すべきノイズ規制 ………………… 179　　13.1.2　ノイズ対策のポイント ………………… 180

13.2　高速ディジタル回路基板設計のポイント ……………………………………………… 180
　13.2.1　基板の誘電率や誘電正接は低いほうが　　　13.2.7　配線の曲げは45°，ビアの使用は最小
　　　　　よい ………………………………………… 180　　　　　　限で同一層に配線する …………………… 184
　13.2.2　多層基板を利用する …………………… 180　　13.2.8　ビアの内層逃げ穴で内層にスリットを
　13.2.3　マイクロストリップ・ラインやストリ　　　　　　　作らない …………………………………… 185
　　　　　ップ・ラインを利用する ………………… 181　　13.2.9　とにもかくにも短い配線が最適解！ … 186
　13.2.4　4層構成のときは2層目をグラウンド　　　13.2.10　デバイスの選択を工夫する …………… 186
　　　　　にする ……………………………………… 182　　13.2.11　配線を工夫する ………………………… 188
　13.2.5　終端抵抗でインピーダンスを整合する … 182　　13.2.12　覚えておくべき基本的な数値 ………… 188
　13.2.6　表面の信号層もベタ・パターン処理
　　　　　する ………………………………………… 183

13.3　高速回路の実測例 ………………………………………………………………………… 189
　13.3.1　実験基板の概要 ………………………… 189　　13.3.3　放射ノイズの測定 ……………………… 193
　13.3.2　パターンによる伝送信号変化の観測 … 190　　13.3.4　実験結果の要約 ………………………… 197

第14章　高周波用基板設計におけるノウハウ　……199

14.1 高周波用プリント基板の設計で知っておきたいこと　……200
14.1.1 高周波プリント基板を作るときの三つの心得　……200
14.1.2 高周波プリント基板設計の常識　……200
14.1.3 高周波回路基板の設計ステップ　……201

14.2 実際の高周波回路基板に見る設計のヒント　……201
14.2.1 プリント・パターンで受動部品の機能を実現している　……201
14.2.2 信号の流れにそって部品が並び，最短で配線されている　……202
14.2.3 エミッタ端子の近くにグラウンド・ビアが打たれている　……203
14.2.4 発熱部品はグラウンド面や金属筐体で放熱している　……203

14.3 波長とパターン長の関係　……204
14.3.1 高周波信号の波長はどのくらいか　……204
14.3.2 マイクロストリップ・ラインの長さによるインピーダンスの変化　……205
14.3.3 12GHzでは数mmで回路が動作しなくなる　……206

14.4 グラウンド・ビアの位置が高周波特性に与える影響　……207

第15章　鉛フリーはんだのはんだ付けノウハウ　……213

15.1 鉛フリーはんだの基礎知識　……213
15.1.1 鉛フリーはんだとは　……213
15.1.2 従来のはんだと鉛フリーはんだの違い　……215

15.2 はんだ付けの基礎知識　……216
15.2.1 はんだが付くまでのプロセスと理想的なはんだ合金の状態　……216
15.2.2 はんだ選定のコツ　……217
15.2.3 はんだごての選択　……218
15.2.4 材料の固定　……219
15.2.5 こてのもち方や作業方法　……221

15.3 鉛フリーはんだの良否判定と修正　……222
15.3.1 はんだ量の良否　……222
15.3.2 はんだの光沢の良否　……223
15.3.3 ぬれ広がり率の良否　……224
15.3.4 鉛フリーはんだで発生しやすい欠陥　……224

15.4 鉛フリーはんだの実装機での対応　……226
15.4.1 リフローはんだ付け装置　……226
15.4.2 フローはんだ付け装置　……226

【コラムH】　はんだ付けの起源　……227

索　引　……228

これがプリント基板の製造工程だ！

プリント配線板の設計は，電子機器開発の工程の中では「縁の下の力持ち」的な存在です．たいていの場合，電子機器の外観デザインや電子回路，搭載部品が決定した後で，プリント配線板に対する要求仕様が決まります．そのため，プリント配線板の設計作業がスタートする時期は，なにかと遅れがちです．

その一方で，プリント配線板なしに，電子機器の試作や評価を行うことはできません．そのため，プリント配線板には，つねに短納期で設計・製造することが要望されます．プリント配線板設計は，技術力はもちろんのこと，気力や体力も必要とされるたいへんな仕事です．

また，プリント配線板の開発では，設計者であっても基板製造に関する知識が必須です．コストや性能の面で最適なプリント配線板を設計するためには，その物理的・機械的側面を理解していなければなりません．

プリント配線板の製造工程

図1に，プリント配線板の製造の流れを示します．これは，一般的なマス・ラミネーション法（あらかじめ導体パターンを形成した内層パネルを，接着シートであるプリプレグと銅はくで挟み多数枚積層する，多層プリント配線板の製造法）における4層貫通多層プリント配線板の製造工程です．

● 製造準備：加工装置を稼働させるためのデータを用意

製造に入る前に，専用のCAM（Computer Aided Manufacturing）データ編集機（**写真1**）で，フィルム作画データや穴あけデータなどのチェックや編集を行います．また，製造に必要なマークの入力や補正値の設定，データの合成などを行います．なお，CAMとは，コンピュータ支援による製造を意味します．

たとえば，ランド径と穴径のバランスを確認したり，レジスト・クリアランスやオーバラップ値，最小パターン幅，パターンとパターンの間の間げき，外形や取り付け穴からのパターン逃げなどをチェックします．後述する設計時のチェックで不具合が見つからなかったとしても，製造時に必ず再チェックするのが通例です．CAMツールから作画や穴加工，金型，テストなどの各装置用のデータが出力されます．

写真1　CAMデータ編集機

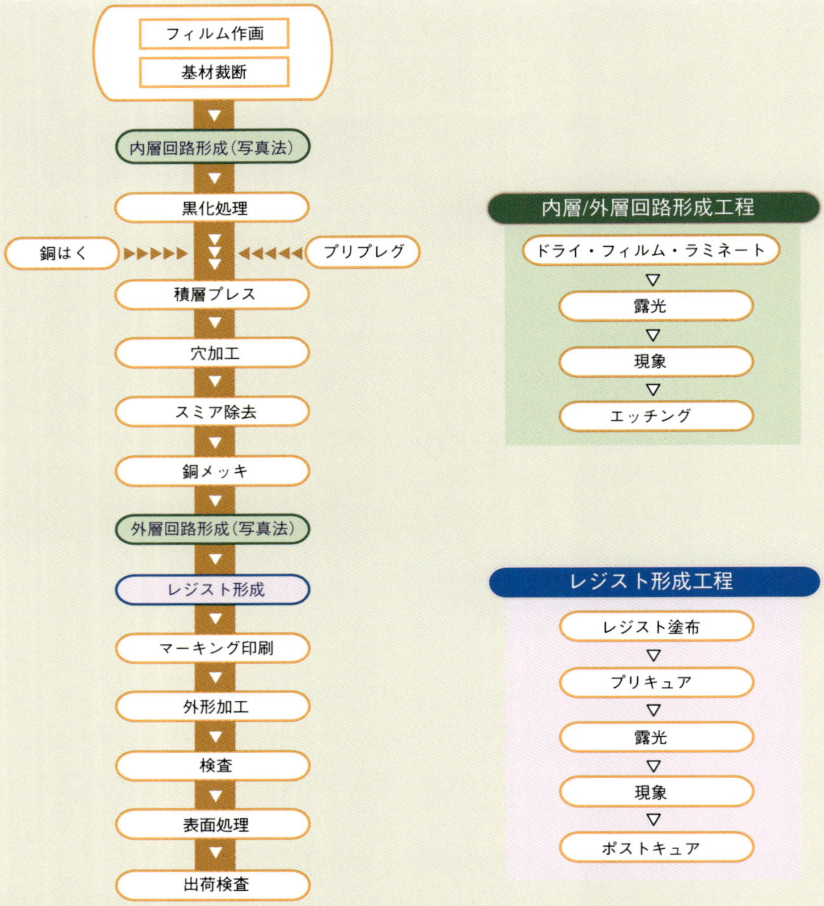

```
              ┌──────────────┐
              │  フィルム作画  │
              ├──────────────┤
              │   基材裁断    │
              └──────┬───────┘
                     ▼
          ┌─────────────────────┐
          │ 内層回路形成(写真法) │
          └──────────┬──────────┘
                     ▼
              ┌──────────────┐
              │   黒化処理    │
              └──────┬───────┘
   ┌────────┐       ▼       ┌──────────┐
   │ 銅はく │ ▶▶▶▶▶   ◀◀◀◀◀ │ プリプレグ │
   └────────┘       ▼       └──────────┘
              ┌──────────────┐
              │   積層プレス  │
              └──────┬───────┘
                     ▼
              ┌──────────────┐
              │    穴加工    │
              └──────┬───────┘
                     ▼
              ┌──────────────┐
              │  スミア除去  │
              └──────┬───────┘
                     ▼
              ┌──────────────┐
              │   銅メッキ   │
              └──────┬───────┘
                     ▼
          ┌─────────────────────┐
          │ 外層回路形成(写真法) │
          └──────────┬──────────┘
                     ▼
              ┌──────────────┐
              │  レジスト形成 │
              └──────┬───────┘
                     ▼
              ┌──────────────┐
              │ マーキング印刷│
              └──────┬───────┘
                     ▼
              ┌──────────────┐
              │   外形加工   │
              └──────┬───────┘
                     ▼
              ┌──────────────┐
              │     検査     │
              └──────┬───────┘
                     ▼
              ┌──────────────┐
              │   表面処理   │
              └──────┬───────┘
                     ▼
              ┌──────────────┐
              │   出荷検査   │
              └──────────────┘
```

内層/外層回路形成工程
- ドライ・フィルム・ラミネート
- 露光
- 現象
- エッチング

レジスト形成工程
- レジスト塗布
- プリキュア
- 露光
- 現象
- ポストキュア

図1　プリント配線板の製造工程
一般的なマス・ラミネーション法による4層貫通多層プリント配線板の工程を示した．

● 製造工程：化学・機械加工によって基板の各層を形成

製造装置用のCAMデータがそろったら，製造に入ります．

(1) フィルム作画

　レーザ・フォトプロッタを使って，パターン・フィルムやレジスト・フィルム，マーキング・フィルムなど，製造工程に必要なフィルム〔**写真2(a)**〕を作画します．

(2) 基材裁断

　プリント配線板製造用の基材は，1m×1m（または1m×1.2m）が工場出荷時の基本の大きさです．これを製造ラインに合わせた大きさ（ワーク）にカットします〔**写真2(b)**，むだが出ないような考慮が必要〕．

これがプリント基板の製造工程だ！

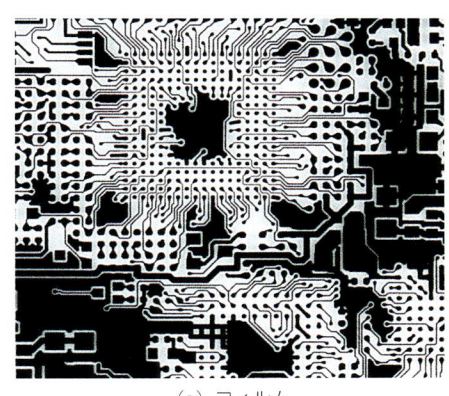
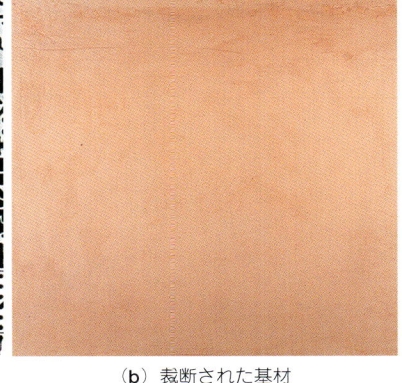

(a) フィルム　　　　　　　　　　(b) 裁断された基材

写真2　フィルムと基材

(3) 内層回路形成

次に，内層の回路パターンを形成します（**図2**の①～⑤）．内層用の両面銅張積層板に感光性のドライ・フィルムを貼り，内層パターン・フィルムを密着させて露光を行います．露光した後で現像を行い，パターンとして必要な箇所のみドライ・フィルムを残します．この工程を両面について行い，エッチング装置（**写真3**）でエッチングし，不要な銅はくを除去します．

(4) 黒化（酸化）処理

外層を積層する前に，銅はくの表面を酸化させて細かい凹凸を形成します（**図2**の⑥）．これは，絶縁と接着を兼ねたプリプレグと内層の間の接着面積を増やし，接着強度を向上させるための処理です．

写真3　エッチング装置のライン

写真4　積層プレス機
加圧後，プレス機の中から基板が出てきたところ．赤い枠の棚に基板が載っている．

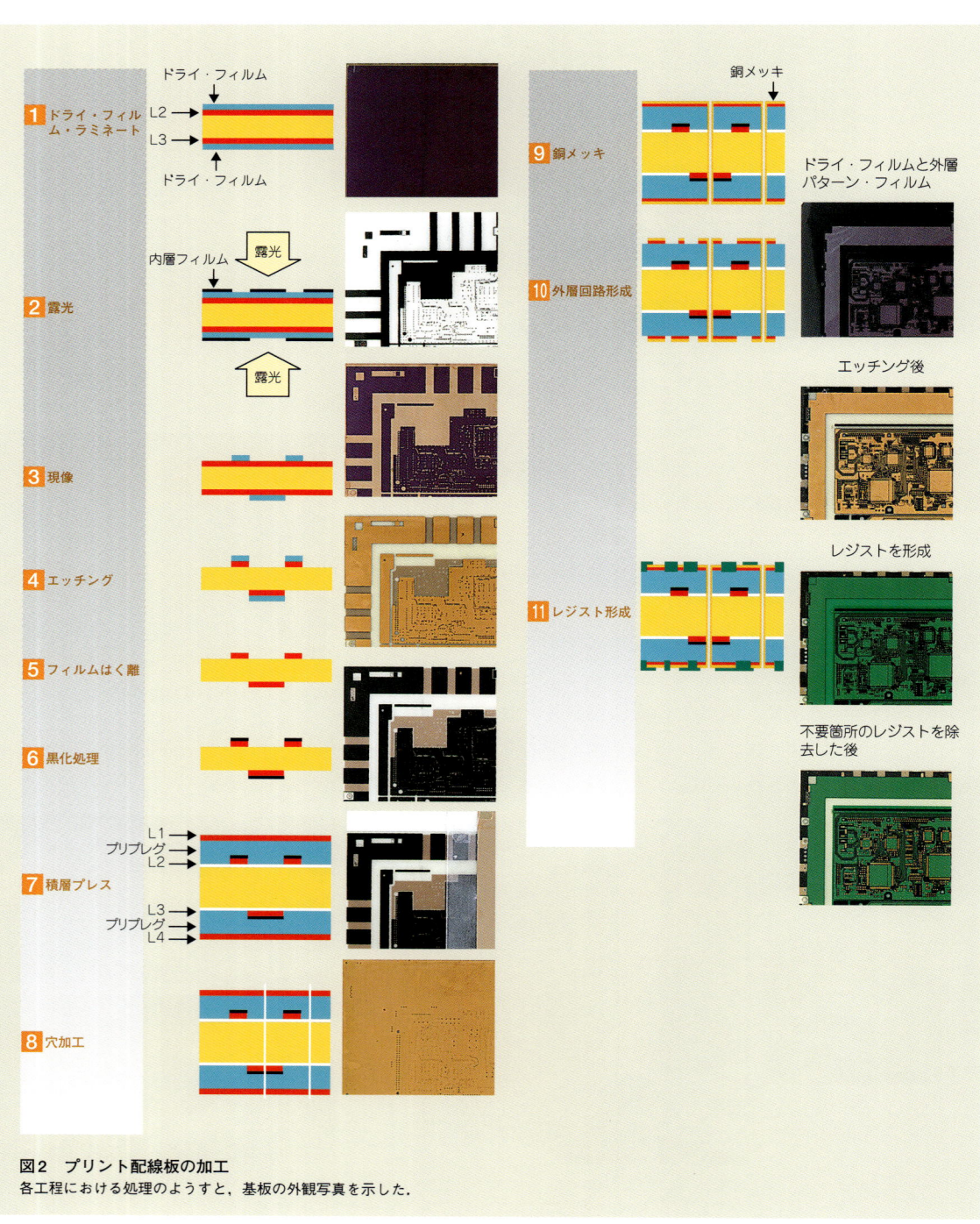

図2 プリント配線板の加工
各工程における処理のようすと,基板の外観写真を示した.

これがプリント基板の製造工程だ！

(5) 積層プレス

積層プレスを行います（**図2**の⑦）．黒化処理が終わった内層回路にプリプレグを載せ，さらに銅はくを載せ，真空状態で加熱しながら積層プレス機（**写真4**）で加圧します．プリプレグが接着剤と絶縁層の役目を担います．積層プレス後の外観は，ちょうど両面銅張積層板（両面基板）のようになります．これ以降の工程は，両面銅張積層板の場合も同じです．

(6) 穴加工

穴あけデータを用いて，NC（数値制御）ドリル加工機〔**写真5**，**写真6**(a)〕で貫通穴の加工を行います（**図2**の⑧）．

(7) スミア除去

ドリル加工を行うと，熱によって樹脂が溶融し，スルー・ホール内の導体上に付着します．これをスミアと呼びます．ここでは薬品を使ってスミアの除去と平滑化を行い，銅メッキの信頼性を向上させます．

(8) 銅メッキ

内外層を接続するため，銅メッキを施します（**図2**の⑨）．まず無電解メッキで，電気を流すための最小限の厚みにします．次に，必要なメッキ厚にするため，電解メッキを行います．外層の銅はくにもメッキが付くので，表層の導体層の厚さは「積層プレス時の銅はく厚＋メッキ厚」となります．

(9) 外層回路形成

内層回路形成のときと同様に，感光性のドライ・フィルムを貼り，外層パターン・フィルムを密着させ，露光を行います．露光の後で現像を行い，パターンとして残す箇所のフィルムのみ残します．両面についてこの工程を行い，エッチングし，不要な銅はくを除去します（**図2**の⑩）．

写真5 NCドリル加工機
6軸の加工機を用いて製造効率を上げている．

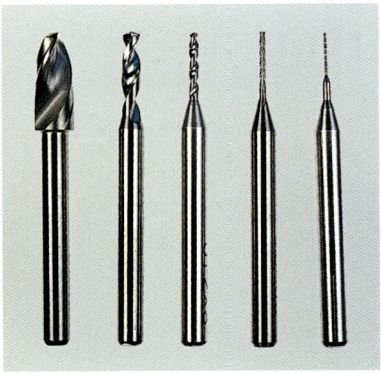

(a) ドリル・ビット

(b) ルータ・ビット

写真6 加工機の刃
NCドリル加工機の刃（ドリル・ビット）はらせん状になっている．
NCルータ加工機の刃（ルータ・ビット）は網の目状になっている．

（10）レジスト形成

　はんだ付けパッド形状を形成するため，レジストを形成します（図2の⑪）．また，レジスト形成には，銅はくの保護や絶縁性向上の目的もあります．フィルムを貼り付けるか，あるいは樹脂の塗布を行い，フィルムを密着し，露光と現像を行って不必要な箇所を除去します．

（11）マーキング印刷

　スクリーン版を用いてマーキングを印刷します．

写真7　NCルータ加工機

（12）外形加工

　NCルータ〔**写真6(b)**，**写真7**〕または金型による打ち抜きで，基板の外形を加工します．

（13）検査

　工程の途中でも随時不良品を取り除きながら作業を進めていますが，この段階で改めて検査を行います．導通や絶縁については導通検査装置を使います．レジスト・マーキングのニジミや欠陥については，回路のショート・オープン検査装置による検査（**写真8**）と人間による目視検査を併用します．

（14）表面処理

　銅はくの表面はすぐに酸化してしまいます，これでははんだ付けに支障が出ます．そこで金メッキやはんだコートで表面を保護するか，耐熱プリフラックスを塗布します．

（15）出荷

　外観と数量をチェックして出荷します．必要に応じて脱酸素材とともに梱包して出荷する場合もあります．社内に電子機器（最終製品）の製造ラインを持っている会社の場合，プリント配線板はそのまま工場に送られ，部品実装機（**写真9**）で部品が実装されたり，テスト装置でシステム検査が行われます．

　写真10は，製造されたプリント配線板の一例です．このプリント配線板は，ワークステーションのハード・ディスク装置に搭載されるもので，層数が6層（リジット配線板4層＋フレキシブル配線板2層）

これがプリント基板の製造工程だ！

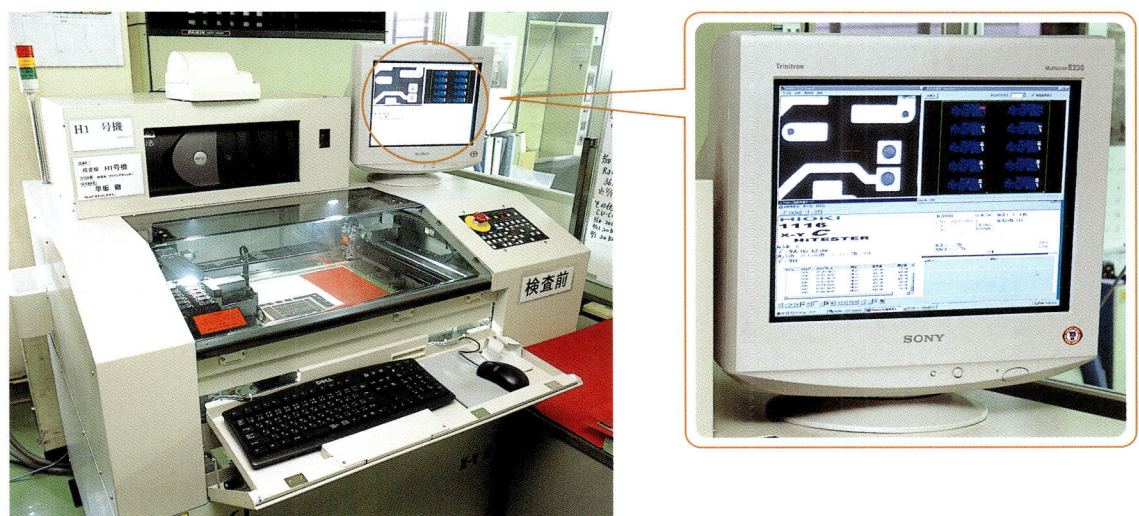

写真8　フライング・プローブ・チェッカ
プリント配線板のパターン・ショート・オープン検査を回路ブロックごとに行っている．設計データから情報を取り，検査プログラムによって柔軟に自動検査を行っている．右上のモニタには，検査対象となる基板の表面が映っている．

写真9　部品実装機

のビルドアップ構造を持った多層基板です．
　このプリント配線板は，ハード・ディスク装置を構成するうえで必要な3種類の基板を1シートで実現しています．機器に必要な基板を1シート化することにより，効率よく部品を実装できます．また，通常，プリント配線板間はコネクタを用いて接続するのですが，このプリント配線板の場合，フレキシブル基板を中心に挟むことによって接続を実現しています．コネクタが不要となるだけでなく，小型化にも寄与しています．この方式だとプリント配線板のコストは高くなりますが，部品実装の効率化，コネクタの削減，さらに組み立て工程の簡略化を図れるので，トータルではコストを引き下げることができます．

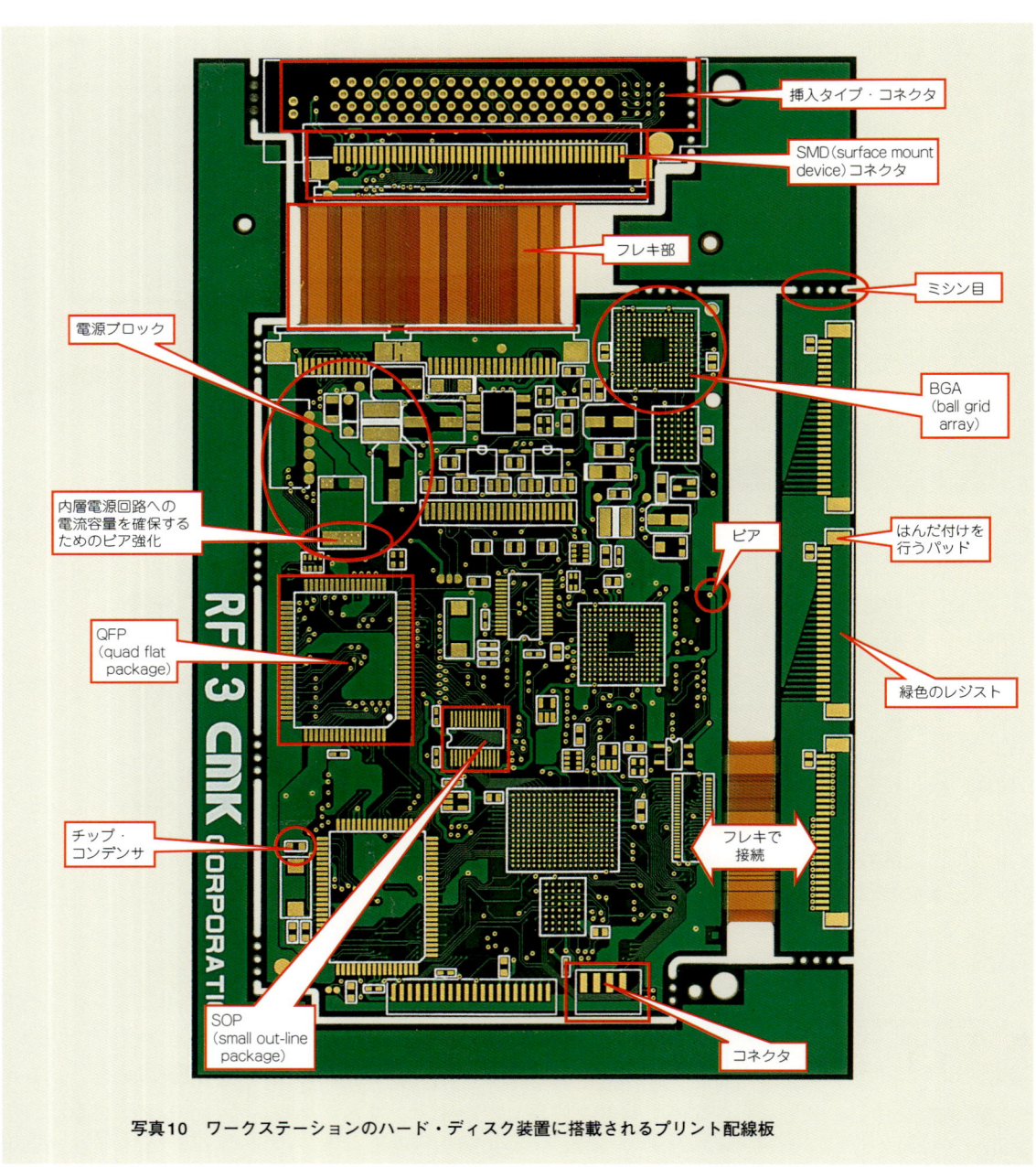

写真10　ワークステーションのハード・ディスク装置に搭載されるプリント配線板

第1章 プリント基板は回路設計者が設計しよう

　筆者は，1995年に本稿の元にもなっている「プリント基板設計の設計法 完全理解」という特集を「トランジスタ技術」誌に執筆しました．このころは，1台が数千万円もするような高価なCADシステムを導入した基板設計メーカが，プリント基板設計を行う際に重要な位置を占めていました．

　したがって，各種のボードを開発しようとする会社は，良い基板設計メーカと取引がないと開発に費用と時間が多くかかるだけでなく，開発自体に支障をきたすこともありました．

　そこで筆者は，当時はまだ日本であまり認知されていなかったパソコン用PCBCAD（Printed Circuit Board Computer Aided Design）を用いて回路設計者が自らプリント基板の設計を行うことを提案しました．

　時は流れ，現在ではパソコンPCBCADはボードを開発しようとする会社の間にも広まり，ボードの開発速度が向上すると同時に，基板設計価格も大きく低下してきました．

　当時は，回路設計側のメリットのみを強調しましたが，超高密度配線などは回路設計者の片手間にできる仕事ではないので，基板設計メーカに基板設計を依頼する必要がなくなったわけではありません．それぞれに特長を生かした設計が，これからも必要なことは言うまでもありません．

1.1 なぜ，回路設計者が基板を設計するのか

　基板の設計そのものが商品となるような超高周波回路や超高密度回路などは，どこまで回路設計者が手を出せばよいかは判断の難しいところです．しかし，一般的なボードであれば，やはり回路設計者自身が基板の設計まで行うことを筆者は推奨します（図1.1）．

　PCBCADを使えば，数日あればたいていの回路の基板は設計できますし，規模が多少大きくなっても1週間もあれば設計は終わります．

図1.1 回路設計者がプリント基板も設計すればよい

(1) PCBCADは，価格が高いものや安いものなどさまざまですが，基板設計自体の機能は似たようなものです．数万円から数十万円程度でPCBCADが揃うのは以前と変わりません．

(2) ほとんどの基板業者のCAMツールは，各種のCAD出力フォーマットに対応しています．CAD自体も，出力が標準化されてきているので，よほど古いCADを持ち出さない限りは問題ありません．零細な基板設計メーカでも，ガーバ・データを圧縮してメールで転送すればたいてい対応してくれます．

(3) 基板設計スキルが未熟な場合は，4層基板ぐらいから始めるのが手ごろだと思います．電源を引き回す苦労が少なく，試作費用も以前より安くなっています．

　筆者が利用している基板設計メーカは，2層基板なら7万円，4層基板なら12万円くらいで試作してくれますが，これは国内相場です（2004年5月現在）．

　たとえば，

　　　P板.com（`http://www.p-ban.com/index.jsp`）

というインターネットで基板製造サービスを受け付けているWebサイトで見積もってみると，100 mm角基板で2層なら3万円，4層なら5万円くらいで試作基板4枚を作ってくれます．

　筆者の場合，試作時は複数の基板を1枚の基板に面付けして作成することが多いので，1枚あたりの試作単価は3万円以下になることが多いです．

注1：本書では，プリント基板または単に基板と記述しているが，JISでは電子部品が実装されていない状態のプリント基板を「プリント配線板（Printed Wiring Board）」，電子部品が実装された状態のプリント基板を「プリント回路板（Printed Circuit Board）」として明確に定義されている．

(4) 基板設計を他人に委託しても，資料作成や打ち合わせ，検図など，重要ではあっても非生産的な作業によって時間をかなり浪費します．簡単な基板なら，打ち合わせをしている間にできてしまいます．
(5) 回路設計者が基板を設計すると基板の設計効率がきわめて向上するので，納期を短縮できます．
(6) 基板設計は意外とおもしろく，回路図をよく見るため回路設計のミスを見つけやすいという利点もあります．
(7) 開発予算の節約になります．ただし，回路設計者の負担は増えるので，人件費を含めて安くなるかどうかは，十分検討しなければなりません．
(8) ノート・パソコンに追い出されて邪魔物扱いされているデスクトップ・パソコンがあれば有効活用ができます．
(9) 回路設計者が基板設計もできると，基板設計を外注するときも有利な立場に立つことができます．

1.2 回路設計者の基板設計とは

回路設計者にとって，回路図の出図後から基板納入までの時間は，積み残しの業務や納品される基板のテスト装置を作ったり，有給休暇を消化（これが一番重要）したりする貴重な時間です．

そのようなときに，基板設計者から，やれ資料が足りないとか，配置ができてない，パターンが引けないといった苦情を聞くのはつらいものです（図1.2）．とはいえ，基板設計者側では，検討不足の資料を渡されたため，パターン設計が進まずに苦しんでいるのかもしれません．

図1.2 出図してほっとしたのも束の間

第1章

　回路設計者側の資料の不備と指示不足なら問題ですが，新人の基板設計者に当たってしまうと，かなり幼稚な問い合わせも多く，これにつらい思いをすることもあります．

　基板設計を外注する場合は設計メーカにもよりますが，基板設計の資料を基板メーカに渡しても，営業から設計へ渡り，それから順番待ちをして設計担当が目にするまでに1週間ぐらいはすぐにかかってしまいます．そこで資料を見て，「あーだ，こーだ」といっているうちに，さらに1週間が過ぎます．

　もし，回路設計者がPCBCADを使って2,3日我慢すれば，たいていの基板（数千ピン程度）は配置できます．そして，あと1週間もあれば，基板はできてしまいます．

1.3　回路設計者は最高の基板設計者

　どんな優秀な基板設計技術者と比べても，回路設計者自身が基板の設計をしたほうがはるかに効率的です．なぜなら，回路設計者は配線が苦しくなると平気で回路を変更したり，基板形状を変更することができるからです．一方，基板設計者はその間，苦しみながら配線を進めています．

　回路設計者の配線能力は，有能な基板設計者に比べれば当然落ちますが，手抜きができるところとできないところが，その場で判定できる点できわめて有利です（図1.3）．

　優秀な基板設計技術者は，すべての配線を美しく処理するように心がけるので，確実ではありますが必ずしも時間的に効率的ではありません．

　さらに重要なのは，本当に配線や配置が苦しくなって基板形状の変更が必要となり，工場部門と調整する必要が生じたときです．

　基板設計者と回路設計者が調整し，さらに回路設計者が工場部門と調整するよりは，回路設計者が直接工場部門と調整したほうがはるかに効率的です．

図1.3　プリント基板のできに満足できない

ただし，高密度設計が必要な場合などは，無理をしないで時間と費用をかけることを覚悟して専門家に任せたほうがよいでしょう．

1.4　基板設計者から見た回路設計

基板設計者側から見た場合，回路設計者の不注意や怠慢も実際にはかなり見受けられます．コネクタ配置やピン配列などの設定にもう少し気を配れば，基板がコンパクトになるのにと思える点も多々あります．

また，さほど意味があるとは思えない基板設計条件を，会社の伝統にしたがって無条件に継承しているケースも見受けられます．

回路設計者が基板設計をこなすことができれば上記の問題を改善し，回路設計上のスキルアップが図れるようになると思います．

基板設計者は，商品としての基板設計をしなければなりません．その1例がシルク文字です．基板設計をするとき，シルク文字の配置作業は部品配置の効率をかなり落とします．部品は小さくなっているのに，シルク文字は人が読める文字より小さくできないからです．

シルク文字は手実装をするときは必要ですが，シルク文字を見ながら実装できる基板はかなり実装密度の低い基板です．表面実装を多用した基板では，拡大したシルク図の部品外形線を部品ごとに色分けした実装指示書を別に書いて作業者に指示します．

機械実装では，部品座標データあるいは基板と実装指示書からマウント・データを作成します．つまり，シルク文字は実装上はたいした意味はなく，デバッグやフィールドサービスに必要になる程度のものです．

だからといって，基板設計者が勝手にシルク文字を省略したり，読めないほどに小さくしたりすることはできません．シルク文字も配線パターンも，大事な商品でありおろそかにはできません．その意味で，基板設計者は不合理なハンディを背負っています．

1.5　試作回路の製作とPCBCAD

動作確認のために回路を試作するときは，一般に次のような方法をとります．

(1) 手はんだ，またはラッピング配線で基板を組み立てる

昔はこの方法が主流で，LSIの開発もこの方法で進められました．LSIと言っても3000素子程度の回路ですが，手ではんだ付けして試作回路を組み立てて，動作を確認した後，IC化します．

ロジック・シミュレーションもあるにはありましたがまだ初期のころで，筆者の場合，大型コンピュータと接続して行い，苦労した経験があります．

手はんだは，外れたりショートしたりすることが多く，たいへんです．きれいにはんだ付けできる者が，優れた回路設計者でもありました．しかし，手はんだで1000ピン以上の回路基板を作るのは大変ですし，1週間くらいはすぐに過ぎ去ってしまいます．

(2) 基板を外注する

基板を外注する場合，時間と費用が問題になります．大手メーカなら量産することを前提に，ただで下請けに設計させるところもあるかもしれませんが，普通はお金を払います．

日本では1000ピンの設計では設計費が30万円くらいかかります．

(3) シミュレーションで済ます

ゲート・アレイなどのロジック設計には有効かもしれませんが，CPUを搭載したボード設計をソフトウェアまで含めて実用的にサポートしてくれるシミュレーションCADは，現在のところ残念ながらまだ見あたりません．

(4) 自分で基板を設計する

試作基板なら，パソコン・ベースのPCBCADを使って，少し大きめの基板に部品配置したうえで，自動配線すれば，アートワーク作業は楽に終わります．

あとは，基板データを基板製造メーカに送るだけでよく，費用も基板代だけで済みますし，パソコン用PCBCADは5～100万円もあれば導入できます．

1.6 基板設計専門の会社について

基板設計を専門とする会社はバブル時代に隆盛を極めましたが，パソコン・ベースのPCBCADの普及もあってかなり淘汰されました．しかし，基板設計メーカも黙って見ていたわけではありません．

高価な大型CADを導入し，従業員をその端末に座らせる時代から，現在ではパーソナルCADシステムを利用して設計スキルの高い技術者だけでネットワークを構成し，基板製造メーカと個別に契約して設計を受注するようになっています．

●●● プリント基板の材質 ●●●

ここで，プリント基板の各材質の特徴について簡単にまとめておきます．

① PP材（紙フェノール）

PP材は，クラフト紙にフェノール樹脂を含侵した後，積層したものです．プレスで穴があけられるので，おもに安価で低価格の民生用に使用されています．

しかし，寸法変化や吸湿性が大きく，スルー・ホールを形成できないので片面基板しかできません．吸湿性が高いので，テレビや自動車，トイレの洗浄器などで問題を起こし新聞沙汰になったこともありました．

② GE材（ガラス・エポキシ）

GE材は，ガラス布にエポキシ樹脂を含侵させたものです．ドリルによる穴あけが必要で，価格も高い基板材料です．しかし，寸法変化や吸湿性が少なく，多層板を構成できるので，産業機器やパソコン，その周辺機器などに広く利用されています．

③ CPE材，CGE材（コンポジット）

これらはコンポジット材と呼ばれます．CPE材は表面にガラス布，芯材にセルロース紙を，

筆者も時折設計を依頼することがありますが，新人らしき担当者に悩まされることもなく，高いスキルで綺麗に仕上げてくれます．上手に使い分けることが必要でしょう．

1.7 基板設計をするには様々な情報が必要

● 未経験者がいきなりPCBCADに取り組んでも…

ローエンドのパソコンPCBCADでも，本格的な基板（数千ピンの6層基板程度）を作ることはできますが，基板設計の経験のない回路設計者がいきなりPCBCADを購入し，アドバイスもなしに短期間（2〜3か月）で基板設計から基板発注までをマスタすることはかなり難しいでしょう．

EWS向け製品を販売しているCADシステム・ベンダは，教育や設計作業の代行を行っており，手取り足取り指導してくれますが，その分CAD代やメンテナンス費はべらぼうに高くなります．

それに比べて，パソコン用PCBCADは基本的には売りっぱなしです．世の中にはプリント基板について解説した本はたくさん出ていますが，ほとんどは基板自体の特性や製造方法などの解説が中心です．また，パターンの描き方については，初歩的なものしかありません．

● 基板設計に必要な作業・情報・基礎知識

基板設計には，下記のような作業が必要です．CADのマニュアルを見ると，わからなければ基板製造メーカに相談しろと書いてあるケースが多いようです．しかし，実際に基板製造メーカに相談しても，そちらで決めてくれといわれるのが落ちです．

(1) PCBCADの使い方をマスタする

当然，そのCADのマニュアルを読むことになりますが，その内容は正直言って不親切で，プリント基板の知識がないと理解しにくいものばかりです．

コラムA

CGE材は表面にガラス布，芯材に不織布を利用しています．

いずれもガラス布の使用量が少ないので，プレスで穴あけができ，GE材に比べて価格が安く，両面基板にすることができます．寸法変化や吸湿性はGE材とPF材の中間です．

④ フレキシブル基板

これは，30μm程度のポリエステルやポリイミド・フィルムに銅箔を接着した基板です．昔からカメラの内部回路などに使われており，折り曲げて押し込まれていました．最近は多層基板を構成したり，一般のプリント基板を組み合わせて利用されています．

⑤ セラミック基板

セラミック上に導体ペーストを印刷した後，焼結して構成します．寸法変化が少ないのが特徴です．

⑥ 金属基板

アルミ板にアルマイト処理した後，銅箔を接着して構成します．放熱性が優れるのが特徴です．

CADの代理店に問い合わせても初歩的な回答しか得られないことが多く，たぶんまともなプリント基板を作った経験がないのではないか…とさえ思えるケースが多いのです．

(2) プリント基板に関する基礎知識が必要

材質や特性，用途，用語などを一通り覚えないと，基板製造メーカにうまく注文できません．

(3) 基板製造メーカの能力に合わせた設計基準が必要

基板製造メーカの能力に合わせて，パターン幅，ギャップ，ドリル径，ソルダ・レジストの精度などを設定する必要があります．

(4) 組み立てメーカの能力に合わせた設計基準が必要

パッド寸法を決めるためには，基板の形状や部品配置条件などの基準を作る必要があります．

(5) 設計を検証する

PCBCADの設計検証機能(DRC)を使用しますが，その限界を知る必要があります．また，限界を越えたところは，人間がチェックする必要があります．

(6) CADの出力条件を決める

一般に，ガーバ・フォーマットのパターン・データとEIAフォーマットのドリル・データが標準ですが，細かい設定を行う必要があります．

(7) 基板製造資料をまとめる

基板外形加工図や基板仕様をまとめ，定型化する必要があります．

第2章 プリント基板の基礎知識

本書の読者の多くは，すでにプリント基板についてかなりの知識をもっておられるかもしれませんが，本章では再確認の意味で簡単にプリント基板の基本について話をしましょう．ただし，日本プリント回路工業会(http://www.jpcanet.or.jp/)などからはもっと詳しい多くの書籍が出版されており，プリント基板の歴史や材料，将来性などを高らかに謳っています．実用上はそれらについてあまり詳しく知る必要はないと思いますが，もっと詳しく知りたい方はそれらの専門書を参考にしてください．

2.1 プリント基板の歴史と種類

プリント基板は，1920年頃からラジオの量産用にフェノール基板のようなものが作られ始めたのが最初で，1950年頃にはエポキシ樹脂が利用されるようになりました．ついで，1960年頃にスルー・ホール技術が開発され，1960年から1970年にかけてほぼ現在の技術が完成しました．また，1980年頃からピン間3本の配線が利用されるようになり，今日に至っています．

表2.1に，基板材の種類を示します．基板材の記号は，JISよりNEMA(米国電気製造業者協会)のほうが一般的です．

基板材	NEMA記号	JIS記号
紙フェノール	XPC	PP材
紙ポリエステル	FR-2	PP材
紙エポキシ	FR-3	PE材
ガラス紙エポキシ	CEM-1	CPE材
ガラス基材エポキシ	CEM-3	CGE材
ガラス布エポキシ	G-10	GE材
ガラス布エポキシ	FR-4	GE材

表2.1 基板材の種類   NEMA：米国電気製造業者協会

第2章

　表面実装部品の場合，基板寸法の経時変化は大敵で，はんだはがれの原因になります．このため，GE材でも基板寸法の経時変化が心配なときはセラミック基板が利用されます．

　また，エポキシ樹脂は誘電率が高いため，高周波回路では誘電率の低いテフロン樹脂が使用されることもあります．これら以外にも，ポリイミドやBTレジンなどが高多層基板に利用されています．

2.2　プリント基板の製造工程

　図2.1に，一般的なプリント基板の製造工程を示します．これはサブトラクティブ法と呼ばれるもので，4層基板の場合を示しています．

　次に，プリント基板を設計したり発注したりする場合に必要な用語を，図2.1に示した順に説明します．丸付き数字は，図2.1の中の番号です．

- サブトラクティブ法とアディティブ法

　サブトラクティブ法（Subtractive process）は，銅張積層板の銅箔の不要部分をエッチングで除去する

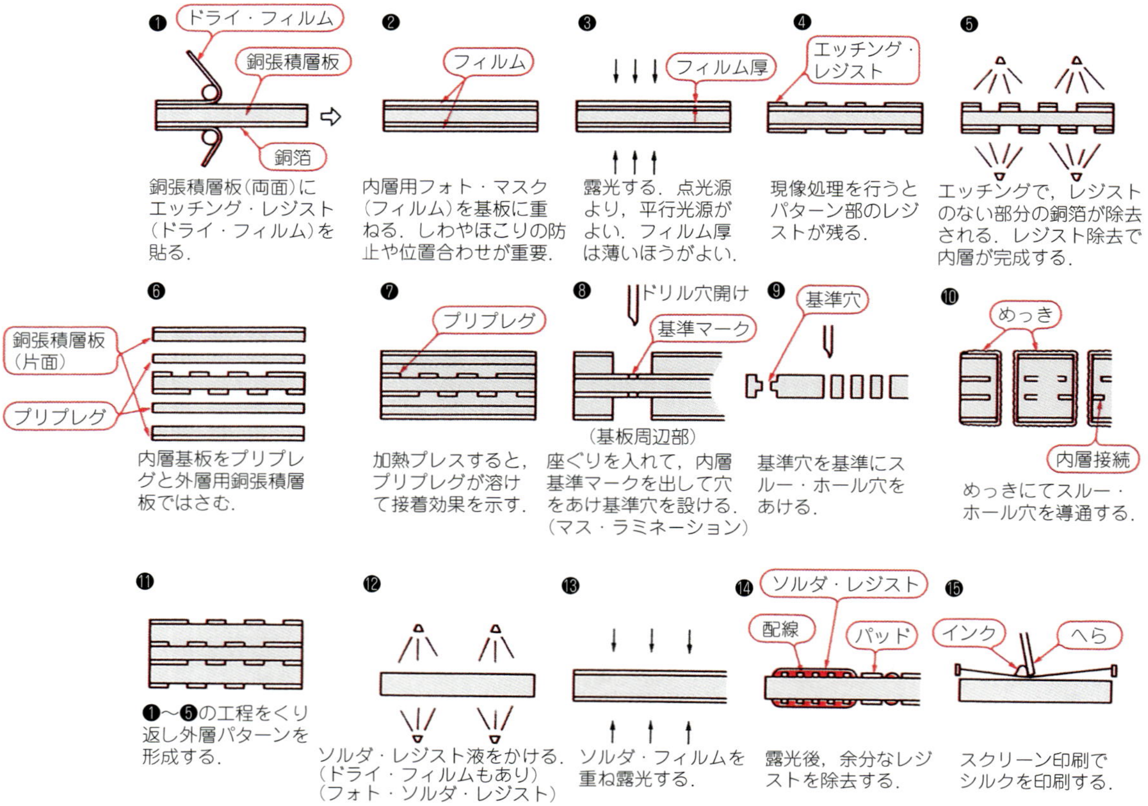

図2.1　プリント基板の製造工程

方法で，現在の主流です．

それに対し，アディティブ法(Additive process)はサブトラクティブ法とは逆に，パターンを銅めっきで形成する方法です．めっき以外にも，蒸着や焼成，接着などの方法があります．

● 銅張積層板❶

銅張積層板は，紙やガラス基材に樹脂を含侵させ，銅箔を片面または両面に加熱プレスして接着したものです．厚みは各種あり，基板厚によって選択しますが，多層板で積層する場合は材料厚が減少します．

● 銅箔❶

銅箔の厚みは$18\mu m$(1/2オンス)，$35\mu m$(1オンス)，$70\mu m$(2オンス)が主です．信号用には$18\mu m$，$35\mu m$が，電源層用には$35\mu m$，$70\mu m$が使われます．$18\mu m$はファイン・パターンの表面層に利用されますが，メッキ工程で$20～30\mu m$程度の銅箔がつきます．

電源層に信号パターンを通すときは$35\mu m$を使用しますが，スルー・ホール接続は$70\mu m$のほうが確実だと言われています．

● エッチング・レジスト❶

パターン形成用の感光レジストは，液状タイプとドライ・フィルム・タイプがあります．

ドライ・フィルムは取り扱いの良さやピン・ホールの発生がないという点で多用されていますが，フィルムが$50\mu m$と厚いため露光時にずれが生じやすく，パターン幅は0.1mmが限度とされています．

液状レジストは$10\mu m$前後の厚みであるため露光ずれは低減しますが，スプレーなどの塗布むらによるピン・ホールが発生しやすいという欠点があります．この対策として電着型レジストというものがあり，膜厚は$5\mu m$程度で，0.05mmのパターンが可能です．

● フォト・マスク❷

フォト・マスクは，一般的には厚手の透明フィルムに乳剤を塗ったものが使用されます．フィルムは伸び縮みがあるので，とくに大型基板用フィルムでは保管管理が重要です．この欠点を解決するために，ガラス・フォト・マスクがあります．$175\mu m$のポリエステル・ベースのフィルムでは温度係数は0.002％/℃，湿度係数は0.001％/RHと言われていますが，ガラスでは温度係数は半分以下になり，湿度係数は無視できます．

フォト・マスクを基板に重ねる作業はきわめて重要で，基板品質に大きな影響を与えます．手作業によって目視で行われ，しわがよらないようにエア抜きしたり，埃の発生を防ぐことが重要です．

● 露光❸

エッチング・レジスト付きの銅張積層板に，パターンが描かれたフォト・マスクを合わせて露光します．光源は，点光源より平行光源が良好です．

● 現像❹

露光していないエッチング・レジストを，現像液をスプレーして除去します．この後，エッチングすることでパターン部だけ銅箔が残ります．

● エッチング❺

エッチング液を銅張積層板にスプレーしてエッチングし，レジスト・パターン以外の部分を溶融除

去します．時間と液の管理が重要で，オーバーエッチングやアンダーエッチングを防ぎます．

オーバーエッチングとはエッチング過多でパターンがやせたり断線することであり，アンダーエッチングはエッチング不足でパターン間に銅箔が残り，最悪の場合はパターンどうしでショートしてしまうものです．

● プリプレグ❻

プリプレグは，ガラス・クロスなどに樹脂を含侵させたもので，銅張積層板のコア材に使ったり，多層板では銅張積層板の間に挟んで積層接着するものです．加熱プレスすると接着効果が出ます．プリプレグは，低温低湿の保存管理が必要です．

● 積層❼

銅箔，銅張積層板，プリプレグをはさみ，$50kg/cm^2$前後の圧力で180℃程度の加熱を行い，接着します．

● ピン・ラミネーション

外層用銅張板，内層用銅張板，プリプレグの基準穴を設け，内層パターン形成後に基準穴にピンを通して位置決めし，その後に積層を行い，さらに外層を形成します．主として，6層板以上の多層基板の積層方法です．

● マス・ラミネーション❽

内層パターン形成後，積層を行い，外層板を座ぐり，内層の基準点を見つけて穴をあけ，その後の外層の形成や穴明けの基準穴とします．おもに4層板に使われます．この方法により，従来の両面基板の設備でも多層基板ができるようになりました．

● 基準穴❽

積層，パターン形成，ドリル穴の基準になる穴で，基板メーカが設定します．

● 穴あけ❾

積層後，基準穴を基準にスルー・ホールや導通穴をあけます．2, 3枚を重ねて同時に穴あけを行いますが，ドリルの交換や速度を十分管理しないと，位置ずれや発熱で穴の樹脂が溶けだして樹脂スミアが生じ，後のめっき工程に影響が出ます(図2.2)．

● ヒット数

ヒット数は，1分間の穴あけ数を示します．通常の部品穴は毎分200〜250穴，合計5000穴程度でド

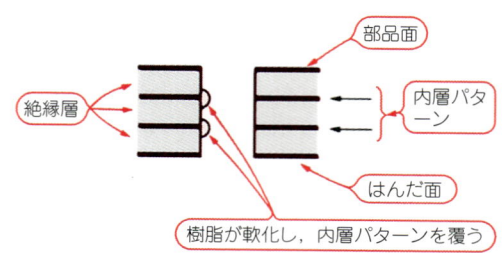

図2.2[(1)] 樹脂スミア

リルを交換します．また，通常は3枚重ねて穴あけするので，最大穴あけ数は合計5000×3穴です．

また，小径穴は毎分150〜200穴，合計3000穴程度でドリルを交換します．通常，2枚重ねて穴あけするので，最大穴あけ数は合計3000×2穴です．

- **めっき❿**

積層穴あけ後は，スルー・ホールの穴にめっき処理をして導通させます．めっきは，外層銅箔や穴に20〜30μm程度の厚みでめっきされます．めっきしないところは，めっきレジストを印刷します．

- **スルー・ホール❿**

一般には，スルー・ホールは銅めっきされた穴〔図2.3（a）〕で，リード部品取り付け穴や層間接続に使用されます．めっき厚は25〜35μmに管理されています．

また，基板面積を有効に使うため，スルー・ホールのまわりにランドを設けないものをランドレス・スルー・ホールと呼びます．

- **ビア・ホール**

ビア・ホールは，層間接続するためのスルー・ホール〔図2.3（b）〕のことで，バイア・ホール，ビヤー・ホールなどと呼びます．また，内層で閉じているものをブラインド・ビアといいます．

- **ソルダ・レジスト❷❸**

ソルダ・レジストは，はんだが付着しないように基板表面にコーティングするものです．スクリーン印刷によるものと，感光レジストで写真印刷によるものがあります．表面実装などパッド間隔の少ないものは，精度の高い写真タイプが利用されます．

- **スクリーン印刷❺**

スクリーン印刷とは，ソルダ・レジストやシルクを印刷する方法で，メッシュ状の版を起こしてガリ版の要領で印刷する方法です．

- **基材の定尺とワーク・サイズ**

図2.4（a）に示すように，基板材は1m×1mまたは1.2m×1mが定尺です．基板メーカは，これを整

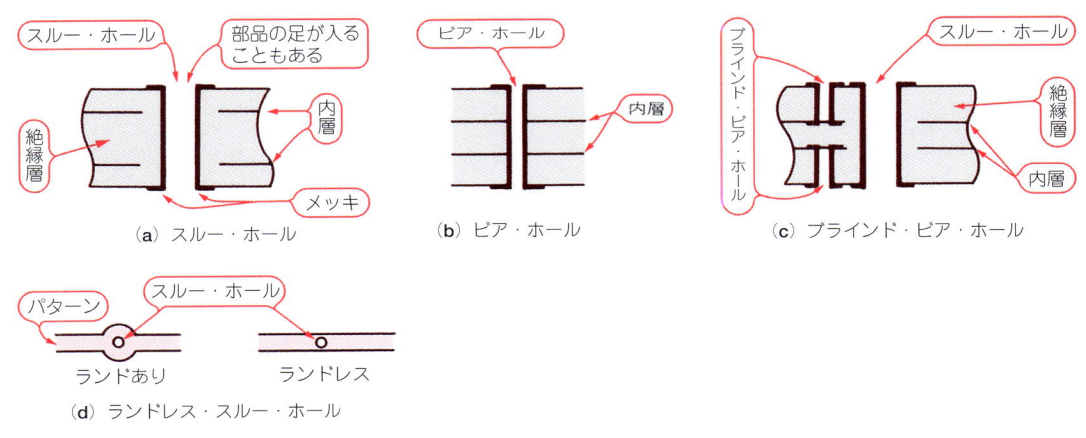

図2.3(1) 各種ホール

数で割った基板の大きさを製造の基準として，これをワーク・サイズと呼びます．

各辺の長さは250mm，330mm，400mm，500mm，600mmが基本です．基板メーカは，この組み合わせのいくつかを標準で用意しています．

フィルム・サイズは，250mm×330mmと330mm×400mmの組み合わせが中心です．

● ワーク・サイズと製品サイズ

図2.5に示すように，基板材には製品となる基板の外にツーリング・ホールやレジストレーション・マーク，テスト・クーポンなどのスペースが必要なので，製品可能サイズはワーク・サイズより小さくなります．330×400mmのワーク・サイズの場合，製品サイズは300×350mm程度です．

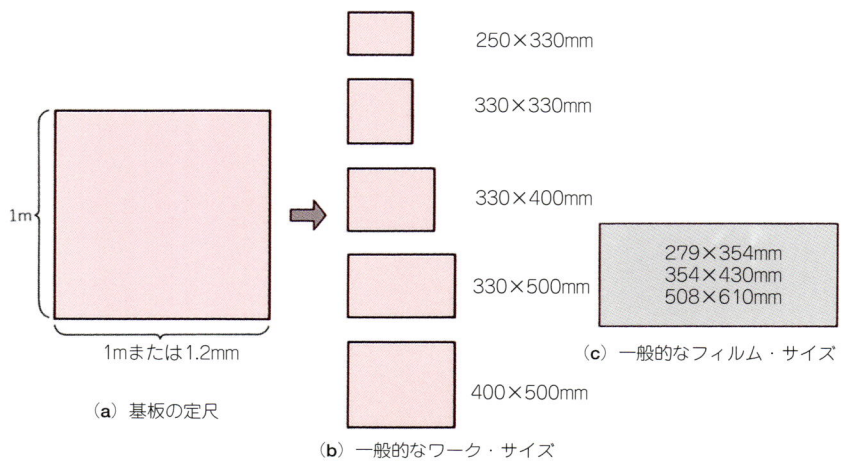

図2.4 基板の定尺とワーク・サイズ

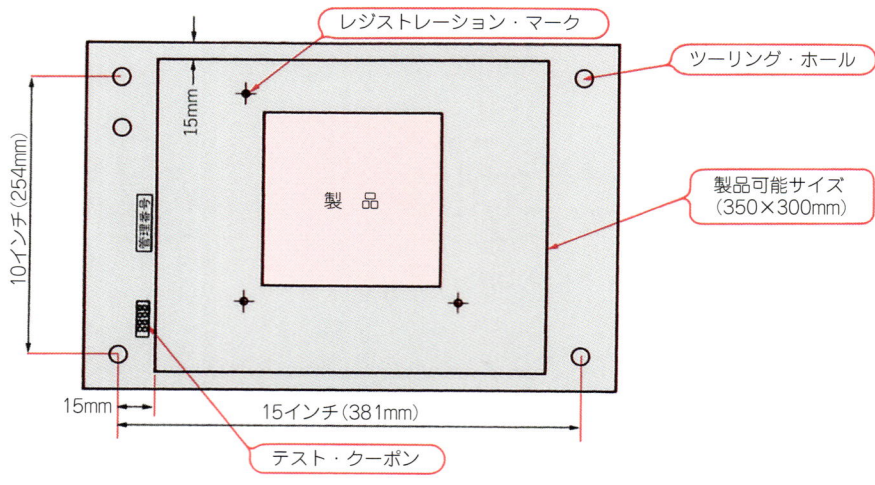

図2.5 ワーク・サイズと製品サイズ

実際の有効なサイズは，基板メーカによって回答が一様ではありませんので確認してください．

筆者の取引先である基板メーカでは，製品サイズとして縦横サイズを100・120・140・150・160・190から選択するように求めてきます．

● テスト・クーポン

テスト・クーポンは，スルー・ホールのめっきの良否やスミア（スルー・ホール不良）の有無を確認したり，インピーダンスを測定するためのチェック用のスルー・ホールと配線のことです．

● ツーリング・ホール

積層するときのガイド穴です．

● レジストレーション・マーク

フィルムを合わせるときのターゲット・マークです．

● 多面付け

図2.6に示すように，100×100mmの基板を取るためには，ワーク・サイズ330×400mmの基板を使ったのでは効率が悪いので複数枚の製品がとれるようにします．

多面付けは，基板設計者が行うときと，基板製造メーカが行うときがあります．基板サイズの決定では，多面取りの効率を高めるのがコスト・ダウンのポイントになりますが，これは基板製造メーカに確認を取ってください．

● クリーン・ルーム

半導体に限らず，基板においても露光工程ではほこりを嫌うのでクリーン・ルームが必要とされています．クリーン度は1 ft^{3}当たりの塵埃数で示されます．塵埃が100個以下ならクラス100です．

半導体工場では，クラス10から100が要求されています．基板工場でもクラス10000が必要とされています．一般事務所では，クラス数100万とされています．零細な基板メーカがクリーン・ルームを備えているとは思えませんが，外注する場合の一つの目安となるかもしれません．

● 基板検査

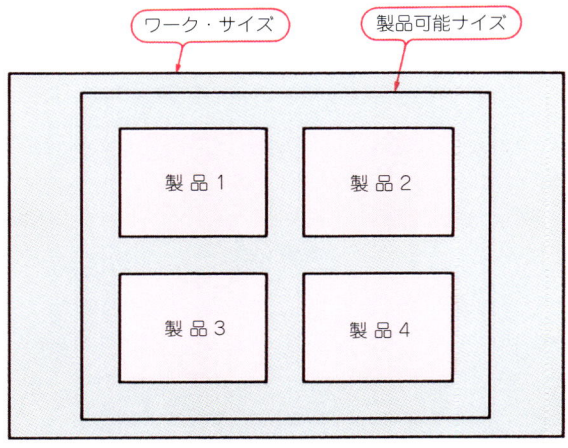

図2.6 多面付け

第2章

　基板の電気的検査を行うものには，良品と比較検査を行うタイプと，ネット情報から検査するタイプがあります．基板が試作品で，良品がない場合は完成品が同一であることをチェックします．ただし，この方法では同じ不良がある場合は見つけることはできません．

　テスト・プローブは，基板に合わせて専用に製作する場合と，基本格子と1/2格子程度の限定したポイントだけを測る場合があります．

　光学的に欠陥を検査する装置もありますが，あまり利用されていないようです．

● マルチ・ワイヤ

　これは米国で開発された方法で，NC布線機によってネット・データを元にパターン設計をすることなく，絶縁被覆銅線で配線するものです．優れたものですが，残念ながら独占的に運営されており，そのため基板の価格は高く量産には向きません．生産数の少ない10層を越える多層板の代わりに利用されているようです．

● ポリマ配線

　ソフィア・システムズが開発したものでマルチ・ワイヤに似た方法です．パターン設計は必要で，ガーバ・データを変換して利用します．専用基板を削り出し，導電ポリマで配線した後，絶縁ポリマで被覆します．同社では，試作基板の納期短縮用として機器を売り出していますが高価なものです．

● ミリング加工機

　これはドイツLPKF社が開発したもので，銅張積層板を基板のガーバ・データをもとにドリルで加工するものです．カタログによるとピン間5本の基板が加工でき，さらにスルー・ホール加工や多層基板にも対応しています．これも小ロット生産用として機器の販売も行われています．

2.3　プリント基板の寸法精度と電気的特性

　一般的なプリント基板の寸法精度を**表2.2**に，電気的特性を**表2.3**にまとめて示します．

● 板厚精度

　積層を行う多層基板は，板厚の寸法公差が2層基板に比べて大きくなります．選別管理を行うことで，1.6mmから2mm厚の基板で±0.1mm程度の公差に抑えることもできます．

● 外形精度

　一般的に外形精度は±0.2mm程度ですが，たとえばVMEボードの外形寸法の指示公差は＋0〜−0.3mmですので注意が必要です．これはルータ加工の精度であり，プレス加工やVスリットによる加工の精度はさらに落ちます．

● 穴位置精度/穴径精度

　基板量産時には，部品取り付け穴などのきり穴はプレス加工が可能です．プレス加工をすると基板コストは下がりますが，穴位置精度と穴径精度が落ちます．また，内層の逃げ寸法も大きくする必要があります．これが問題になる場合は，ドリル加工を要求します．

● ソルダ・レジスト位置精度

　表面実装部品などのように端子間隔が狭いものは，フォト・レジスト・タイプを指定します．

2.3 プリント基板の寸法精度と電気的特性

表2.2 基板の一般的な寸法精度

項　目		精　度
板厚		基板板厚の±10％または0.18mmの大きいほう
外形寸法		±0.2mm以内
穴位置	一般穴	±0.1mm以内
	ガイド穴	±0.05mm以内（加工穴などの指定穴）
	きり穴	±0.2mm以内（プレス加工穴）
穴径	一般穴	±0.1mm以内
	ガイド穴	±0.05mm以内
	きり穴	±0.2mm以内（プレス加工穴）
フィルム仕上がり幅	設計幅	基板上の仕上がり幅の最小値
	0.35mm	0.25mm
	0.25mm	0.15mm
	0.20mm	0.13mm
	0.15mm	0.08mm
ソルダ・レジストの位置	フォト・レジスト・タイプ	±0.1mm
	印刷レジスト・タイプ	±0.2mm

● パターン仕上がり幅

基板の配線パターンは，設計幅より細かくなります．したがって，電気的な性能を議論するときは仕上がり幅で考えます．

● 配線抵抗

配線の1cmあたりの直流抵抗は，銅の電気抵抗から次式で表せます．

$$R = 0.00017/(w \cdot t) \,[\Omega/\text{cm}]$$

ただし，w：導体幅[mm]，t：導体厚[mm]

ディジタル回路ではさほど影響はありませんが，アナログ回路で不用意に0.15mm幅の35μm厚パターンを200mm長で使うと配線抵抗は約1Ωにもなります．

● スルー・ホール抵抗

スルー・ホール抵抗は，表2.3(b)に示すとおりです．電流容量はめっき厚を20μmとすれば穴径0.4mmのビアでも断面積は0.024mm²となり，厚さ35μmの銅箔で考えると0.7mm程度の導体幅に相当します．

● 静電容量

静電容量について正確に論じ始めると，これだけで1冊の本になりそうですが，本書の主旨から外れますので，結論だけを示します．

静電容量は，誘電率とともに絶縁層の厚みが大きな影響を与えていますので，層構成を決めるときは注意してください．絶縁層が薄いと静電容量が増し，耐ノイズ性やクロストークの影響を減らすことができますが，伝搬速度は遅くなります．

表2.3(c)では，とりあえずの値として条件を無視しておおよその数値を示してあります．一般の基板では，ほぼこの範囲に収まります．

第2章

表2.3 プリント基板の電気的特性

幅〔mm〕	長さ1cmあたりの抵抗値〔Ω〕	
	$t=0.035$ mm	$t=0.07$ mm
1.0	0.0048	0.0024
0.5	0.0096	0.0048
0.3	0.016	0.008
0.2	0.024	0.012
0.1	0.048	0.024

t：導体厚（mm）
(a) 配線抵抗

穴径(mm)	抵抗(mΩ)
1.0	0.8
0.8	1.1
0.6	1.4
0.5	1.6
0.4	2.0

(b) スルー・ホールの抵抗

▶ 平行ストリップ線路
　平行な導体間の容量は（パターン幅：0.2〜1mm，ギャップ：0.2mmのとき）0.2〜0.4pF/cm

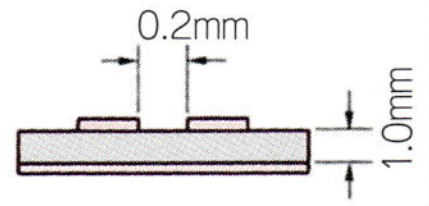

▶ ストリップ線路
　電源層に挟まれた信号と電源間容量は2〜4pF/cm

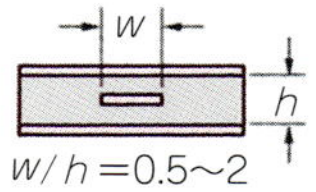

▶ マイクロストリップ線路
　表面の配線と電源層間の容量は0.5〜2pF/cm

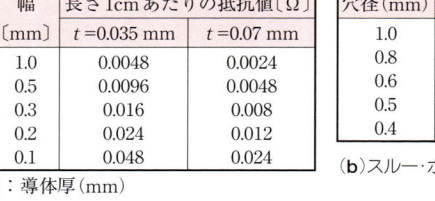

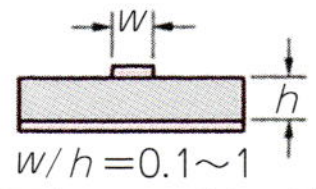

誘電率5のエポキシ基板
(c) 静電容量

(d) インダクタンス
　平行な導体間の相互インダクタンスは（パターン・ギャップ：0.2〜1mmのとき），2〜10nH/cm

(e) 遅延時間
　誘電率5程度のエポキシ基板では，0.06ns/cm

導体幅(mm)	許容電流(A)		
	10℃上昇	20℃上昇	45℃上昇
0.1	0.24	0.7	0.9
0.2	0.8	1.2	1.7
0.5	1.4	2	3
1.0	2.2	3	4.2

導体温度上昇と電流（表面層，銅箔厚：0.035mm）
(f) 電流容量

導体幅(mm)	破壊電流(A)
0.25	5
0.50	7
1.0	16

導体溶断電流（銅箔厚0.035mm）
(g) 破壊電流

パターン・ギャップ(mm)	耐電圧（V_{ACpeak}，V_{DCpeak}）
0.127 (5 mil)	0〜9
0.254 (10 mil)	10〜30
0.381 (15 mil)	31〜50
0.508 (20 mil)	51〜150
0.762 (30 mil)	151〜300
1.524 (60 mil)	301〜500
0.00305 mm/V	500以上

(h) パターン・ギャップと耐電圧

パターン・ギャップ(mm)	耐電圧(V)
電取法（日本）	
2.5	51〜150
3.0	151〜300
5.0	301〜400
UL（米国）	
1.59	51〜125
2.38	126〜250
12.7	251〜440
ヨーロッパ規格（ドイツ）	
2.0	51〜130
3.0	131〜250
4.0	251〜440

(i) 各国の規格

● インダクタンス
　これもとりあえずの値として数値だけを示せば，**表2.3(d)**のようになります．

● 特性インピーダンス，クロストーク
　これらはあまり簡略して説明できませんが，重要な項目なので配線設計の章で詳しく説明します．

● 遅延時間
　誘電体の内部では，信号の伝搬速度は誘電率が高いと遅くなり，誘電率の高いエポキシ基板では問題となります．誘電率5程度のエポキシ基板では，配線長に10cmの違いがあると0.6nsの遅れとなります．これは，ECL回路や数nsの速度のデバイスでは無視できません．タイミングずれの対策としては，等長パターンなどを使う方法があります．

● 電流容量

表2.3(f)のような数値が提案されています．この表では導体の温度上昇と電流値が示されていて，一般には温度上昇が20℃以下で使用するように提案されています．

基板は，60℃を長時間越えると変色が始まります．80℃を越えると比較的短時間で変色し，120℃を越えると導体のはがれが始まります．機器の使用温度を40℃とすると，内部は60℃くらいになっている場合が多いと思われますので，電流による温度上昇は避けたいものです．一般には，1A/mmを目安にしたほうがよいでしょう．

● 破壊電流

破壊電流として表2.3(g)のようなデータが出されていますが，本当に破壊するかどうかはわかりません．これを期待してヒューズ代わりに利用するのは避けるべきでしょう．

● 耐電圧とパターン・ギャップ

耐電圧とパターン・ギャップに関して，JISでは表2.3(h)のような提案がされていますが，これには疑問があります．この表ではAC100Vのラインのパターン・ギャップは0.508mm，500Vで1.524mmとなっていますが，これでは電取法に適合しませんし，実感でも少なすぎます．基板の汚れなどを加味して，もう少しギャップを広げたほうがよいでしょう．参考までに，各国の規格を表2.3(i)に示します．

2.4 プリント基板の品質と信頼性

プリント基板の信頼性ですが，筆者としては試作基板の品質については言いたいことが山ほどあります．しかし，市場における品質に対する評価は意外に良いようです．もちろん，そんなに悪ければ今日の電子産業は成り立ちません．

● 故障率

MILでは，あらゆる電子部品について基礎故障率を定め，環境，品質，用途，複雑度を係数として掛け合わせて故障率を設定しています．

この故障率を電子部品について一般の使用条件で算出してみると，100万時間当たりの故障数は以下のようになります．ただし，このデータは古いので，技術の進歩もあるため正確には個々に算出する必要があります．

〔故障率の例〕

MOSメモリ	0.58
シリコン・トランジスタ	0.011
コンデンサ	0.01
抵抗	0.0034

これに対して，プリント基板の故障率の算出結果を示すと，以下のようになります．

　　　　基板故障率　　　　　0.1～1（1000ピン）

品質ファクタ1は，G-10以上でスクリーニングやバーン・インを必要とします．とにかく，1000ピンの基板の故障率はメモリ1～2個分です．

第2章

　MILで定められた基板の故障率の算出方法は，コネクタなどに比べれば簡単です．おそらく，当時は基板の信頼性はさほど問題にならなかったのでしょう．

　実際の用途で考えると，市場における基板不良の原因としては，発熱部分に熱ストレスが加わってパッドがはげたり，湿気の混入で銅マイグレーションが発生し基板のパターンがショートしたり，基板外の負荷がショートして過大電流が流れて基板が焦げたりすることはよくあることです．

　しかし，出荷時に正常につながっていたパターンが，市場で突然切れたりするような基板自体に起因する不具合はあまり見かけません．初期に不良が多いのは，スクリーニング効果が高いと考えればよいでしょう．

● **信頼性工学**

　信頼性工学なるものが確立したのは，第2次大戦で米軍が行った兵器の不良対策からといわれています．当時，航空機の稼働率は60％で電子装置の50％は貯蔵中に壊れ，爆撃機の電子装置は20時間しかもたず，海軍の電子装置は70％が不良だったといわれています．

　それでも日本に勝てたのは，日本の兵器の信頼性がもっとひどかったのでしょう．日本では精神力で信頼性の克服を図っているとき，米国ではReliability and Quality Controlを確立しました．皮肉にも，それを産業に実践したのは日本でしたが…．

● **システム信頼性**

　システムの信頼性はデバイスの信頼性の合計で決まりますが，たんに不良の発生率を算出するのではなく，故障の内容で管理します．車でいえばブレーキが効かなくなるのと，ブレーキが効いたまま解除できなくなり，車が動かなくなるのとは同じ深刻さではありません．町中では前者は許されず，砂漠では後者は命とりです．システムは全体の故障だけでなく，個別の不具合についてその重みに対して信頼性設計を適切に行うことが必要です．

● **フェイル・セーフ**

　ブレーキ・システムでは，図2.7のような構成を一般に取ります．アクチュエータに電流が流れたときブレーキを解除し，電流が切れたときブレーキがかかるのが基本です．CPUはトランジスタで制御しますが，モニタ回路が異常を検出するとリレーを切ります．それでもだめな場合は人間がスイッチを切ります．ブレーキ本体が壊れたらだめです．

　それがいやならブレーキを独立した2系統にしますが，部品点数が増えた分だけ故障率は増加します．

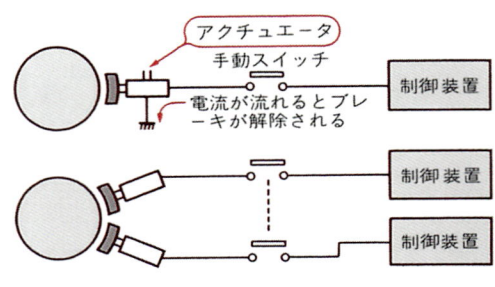

図2.7　フェイル・セーフ

2.5 プリント基板関連べからず集

基板でもこれらの問題と無関係ではありません．重要なパターンに関しては，断線が困る場合は線を太くしたり，ビアを禁止したり，線を二重にしたりします．ほかの配線とのショートが困る場合は，ギャップを広げたりしてその可能性を減らします．

2.5 プリント基板関連べからず集

プリント基板設計を外注する場合に，筆者自身が失敗したことや人から聞いた話，盗み聞きした話(!)などを公開します．

- **手書き回路図には電源を書くこと**

ひどい例ですが，電源を記入していない回路図で基板を作ったため，電源が全部抜けてしまったことがありました．それ以後，手書き回路図で出図するときは，必ず電源を記入しています．ネット・リストが生成される回路図入力CADの場合は不要ですが，それでもネット・リストは確認してください．

- **回路図には未入力端子処理を書くこと**

未入力信号をプル・アップまたはプル・ダウンする場合は，口頭による指示や文書だけでなく，回路図上にも記載します．さもないと，オープンにされてしまうケースが多いのです．

- **部品表には形状記号を書くこと**

同じICでも，いろいろな形状のものがあります．中には，同じDIPのICでも300mil幅や600mil幅が混在していたり，SOP，QFP，PLCCなどさまざまなバリエーションがあります．そこで，単純にDIPとかSOPと書かずに，カタログに記載された形状番号を正確に示す必要があります．

- **ICのピン配置は時とともに変わる?!**

O社のCPU 80C51の44ピンQFPで設計したことがありました．このICのピン配列がある時期に変更されてしまったため，基板の相当数を捨てたことがありました．常に，最新カタログの入手と部品番号末尾の確認が必要です．

- **SOPとDIPでピン配列が異なるものがある**

同じピン数のSOPとDIPは，たいていはピン配置が同じですが例外もあります．したがって，信用しないで確認することが必要です．

- **配線指示は一つにまとめる**

配線指示を回路図や部品表，そのほかの文章で指示することが多いようですが，一つの書類に項目だけでも網羅して，できたらチェック・リストを作成して記入してもらいます．

- **基板設計者と喧嘩するな**

回路設計者はプライドが高いのか，よく配線条件の緩和を求める基板設計者と喧嘩しています．回路特性については，当然，回路設計者が理解しているはずで，それに基づいて配線の条件を示したわけです．しかし，基板設計者ははるかに多くの設計図面をみており，多様な回路設計者と接しています．目の肥えた基板設計者は貴重な情報源ですから，仲良くして情報を得るようにしましょう．

- **シルクの間違いは致命的**

シルクの部品記号を修正するのを忘れて，まちがった部品を実装されたことがあります．シルクは

部品実装の目標にされる場合もあり，実装ミスの原因になります．
- **ULマークを忘れた**

  これはよくあるミスですが致命的です．ボードの交換が必要になります．
- **日本のメイドさん（?）**

  基板設計指示書を書かずに，口頭で"MADE IN JAPAN"の記入を頼むとこんなスペルになります．

  　　MAID IN JAPAN，MAD IN JAPAN
- **基板を固定すること**

  表面実装部品は，基板がたわむとはんだがはがれる危険があります．市場で操作されるスイッチや

●●● プリント基板の価格 ●●● コラムB

表2.Aに，2000年頃と2004年現在のプリント基板の価格の比較を示します．この表にあるセットアップ費は，従来はCAM費やフィルム代，版代，NCテープ代といったように，今日では意味のない項目別に価格設定されていました．

プリント基板の製作費用として，プレス金型代に40万円程度，チェッカー治具代に30万円程度が量産前にかかる場合があります．また，プレス加工しない場合は，100円〜200円ほど単価が上がります．

表2.Aを見ると，2000年頃に比べて最近では基板の相場が下がっていることがわかります．また，中国に直接基板を発注すると基板単価は国内の1/4に，まとまった数を手配するとセットアップ費や金型代は無料になることもあると聞きますが，筆者は利用したことはありません．

以前に，一度見せてもらった中国製の基板サンプルではレジストのにじみが酷く，とても利用する気にはなれませんでした．

とはいえ，すでに世界中の基板は中国で作られているという現実があるので，品質の高いメーカを見つけて何かのチャンスがあれば利用してみたいと思っています．

表2.A　プリント基板の国内相場

●2000年前後（単位，円）

基板材	基板サイズ	基板単価	数量(LOT)	セットアップ費
FR-4　2層(両面)	59×22×0.8	29	10K	114,000
FR-4　2層(両面)	230×130×1.6	940	100	114,000
FR-4　2層(両面)	130×130×1.6	680	100	114,000
FR-4　2層(両面)	42×47×1.2	80	700	114,000
FR-4　2層(両面)	560×450×1.6	6500	50	300,000
FR-4　4層	299×178×1.6	1540	5000	210,000
FR-4　4層	230×130×1.6	2000	100	190,000
FR-4　4層	230×130×1.6	1400	100	150,000

●2004年前後（単位，円）

基板材	基板サイズ	基板単価	数量(LOT)	セットアップ費
FR-4　2層(両面)	147×152×1.6	400	1000	77,000
FR-4　4層	147×152×1.6	650	1000	177,000

着脱されるコネクタを直接基板に実装する場合（できたら避けたい），必ずスイッチやコネクタの部分に基板固定穴を設けましょう．

● 基板の寸法精度に期待するな

一般の基板外形寸法は±0.2mm程度です．VME基板の場合，基準寸法は±0.15mmですので注意してください．本当に精度が必要なら，基板製造メーカと調整が必要です．

● 寸法指示は中央値で

基板寸法は指示数値がそのまま使用されることが多いので，指示数値が中央値でない場合，期待した寸法にならないことがあります．指示数値は，中央値を使用しましょう．

● 古いフィルムは捨てろ

何年か前の基板を再度生産するために，古い基板を引っ張り出してきて使用する場合がありますが，フィルムは汚れや傷，寸法変化が避けられません．大型の高密度多層板などでは危険がともないます．思い切ってフィルムを作りなおすことも必要です．

● DRCを忘れるな

昔，コンピュータの処理速度の遅い時代にはDRC（デザイン・ルール・チェック）には時間がかかったため，帰る前に実行して翌朝確認するようなこともありました．そのため，小さな変更をしたような場合はDRCを実行しないですませてしまい，つまらない事故を起こすことが多かったように思います．現在では，規模の大きな基板でも数分で終わりますので必ずDRCを最後に実行してください．

● 基板のショートや断線は常識

高い信頼性が必要な回路設計を行うとき，基板パターンが断線したりショートしたりするのは当たり前と考えたほうが間違いありません．もし，これが原因で重大なトラブルを起こした場合，PL訴訟を受けると負けることになると思いますので注意が必要です．システム上，致命的なトラブルにならないような設計が重要です．

● パワトラに注意

パワー・トランジスタは発熱します．放熱板に固定されていると基板にストレスが加わり，ランドがはがれることがあります．また，固定しなければ振動でパターンがはがれます．したがって，ストレスの低減，大きめのランドの使用，パターンの引き出しを両面で行います．

● 小径ビアはよく切れる

かつて，1枚の基板に500個の小径ビアを使用したものを1000枚部品実装したとき，2個のビアのオープンがありました．ビアの不良率は1/250000ですが，製品不良率は1/500です．最近は，小径ビアを嫌がる基板会社はさすが減ってきました．淘汰されたのかもしれません．基板を見ても，ビアのランドとドリル穴が大きくずれている基板も見かけないので，現在では安定していると考えてよいでしょう．

● 外部信号に0.15mm幅パターンを使うな

外部と直接接している信号は，誤結線などにより過電流が流れることが多いのです．部品で保護機能を設けてもパターンが焼ければ製品は不良となります．できるだけ太くしたほうが良いでしょう．ほかが燃えるかもしれませんが…．

第2章

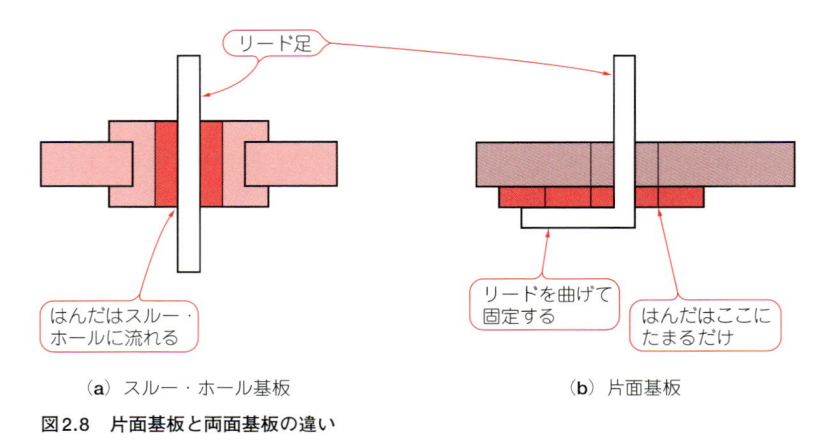

（a）スルー・ホール基板　　　　（b）片面基板

リード足／はんだはスルー・ホールに流れる／リードを曲げて固定する／はんだはここにたまるだけ

図2.8　片面基板と両面基板の違い

● **基板耐圧に注意**

　JISでは，電圧とパターンの必要ギャップの基準は500Vで0.76mmとなっています．さらに，基準の根拠は不明ですが，内層では耐圧が高いということでギャップを0.3mmくらいにしている基板メーカもありました．これを信じて，300Vから400Vを発生する信号のギャップを0.3mmとしてクレームが多発した例があります．

　電取法ではAC100Vで3.0mmとなっていますので，これを採用します．しかしその後，5V信号を325V信号に変換する高耐圧LSI　SupertexのHV507との出会いがありました．0.65mmピッチQFPに325Vを印加するものです．抵抗を介した接続ではありますし，325V信号はグラウンドと隣り合ったピンはありませんが，ロジック信号とは隣り合っています．

　絶句して，基板耐圧との関係と基板設計の注意点を同社に問い合わせたところ，「そんなものは知らない．当社のLSIは市場実績があるので安心しろ．もし，心配ならコーティング剤を添付しろ」という回答でした．そのようなデバイスが世に流通しているなら認めざるを得ません．ルールは，無視したほうが勝ちなのかもしれません．

　基板自体が絶縁破壊する電圧は1kV/1mm程度ありますので，もつかもしれません．使用環境やショートした時の安全性を確認して取り込むべきでしょう．

● **面取りしすぎに注意**

　フィルムには伸び縮みがあります．多面付けを多くしてフィルム・サイズが広がりすぎると，フィルムの周辺のパターンにずれが生じます．

● **パターンをヒューズに使うべからず**

　パターンの溶断電流に期待して，パターンを故意に細くしてヒューズ代わりに使う設計者がいまだにいるようです．ヒューズは，溶断時間の管理が重要です．プリント・パターンによるヒューズでは条件によっては溶断せずに発熱が進み，周辺のはんだを溶かしてとんでもないことになります．必ずヒューズを使用して溶断時間を測定するようにします．

● **片面基板は別基準**

　片面基板には，両面基板とは別の基準が必要です．表面実装部品については，両面基板と同じよう

な考えで設計できますが，リード部品の場合はスルー・ホールがないため，はんだを表面だけで支えるので，パターン剥離がすぐに起きてしまいます(**図2.8**)．

　そこで，ランドを大きめにします．たとえば，ランドをティアドロップ・タイプにして，その方向にリードを曲げるようにします．

引用文献
(1) 井内正明；プリント配線基板の基礎知識，トランジスタ技術1991年11月号別冊付録，p.6，p.10，CQ出版(株)．

第3章 プリント基板のアート・ワークと版下の作成

プリント基板の配線パターンを描く作業をアート・ワーク（art work）といいます．初期の頃は，文字どおり版下を手描きで作成していたのです．今でも，試作基板を手で描く会社が残っているかもしれませんが，熟練した人が描くパターンはみごとで美しく，アート・ワークの名に恥じないものでした．

現在では，CADによるアート・ワークが一般的です．しかし，CADの自動配線で描いたパターンは冗長だったり，電気的にみると不適切だったりするので，結局は人間が手を入れたりすることも多くあります．油性ペンがインスタント・レタリングに代わり，ディスプレイ上の表示になろうとも，アート・ワークの基本は変わらないように思います．

本章では，アート・ワーク版下の作成方法について説明します．

3.1 手作りのプリント基板

● 油性ペンでパターンを描いてそのままエッチングする方法

筆者が最初に製作した基板は，図3.1のようにして作りました．銅張紙フェノール基板に油性ペンでパターンを描き，エッチング液につけて液をかき混ぜながら不要な銅箔を溶かします．油性ペンのインクがレジストの役目をします．パターン幅は1〜2mmです．パターンができたらドリルで穴をあけ，油性ペンのインクをシンナで拭き取ります．

この方法は原始的ですが，アマチュアの間では今でも利用されているようです．

● フォト・マスク・フィルムと版下と感光レジスト基板を使う方法

前述の方法では，製作する基板の枚数だけ毎回プリント・パターンを手描きする必要がありました．これでは不便なので，アート・ワークしたフィルム版下（フォト・マスク）を1枚作成し，それを使って複数の基板に同一パターンを作成する方法が考え出されました．

3.1 手作りのプリント基板

① パターン描き
- 専用油性ペン
- 銅張紙フェノール基板
- 銅張基板に油性ペンでランドと配線のパターンを描く．

② エッチング
- 基板
- エッチング液
- エッチング液に浸し，ピンセットでゆらしながら待つ．

③ 穴あけ
- ドリルで部品の穴をあける．

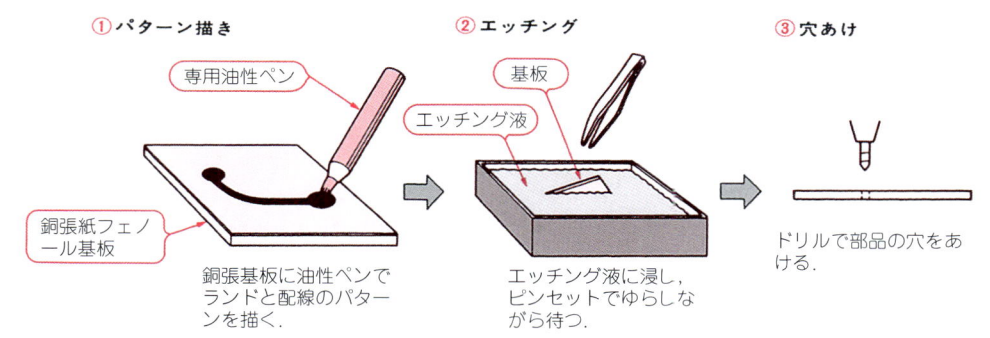

図3.1 油性ペンでパターンを描きエッチングする方法

　版下用の透明フィルム，感光レジストを貼付した銅張基板と，露光装置やエッチング装置などが基板製作キットとして販売されています．やりかたによっては，パターン幅0.2 mmが可能だそうです．
　およその工程は，**図3.2**のようになります．厚手のフィルムにパッドや配線パターンを貼り，フォト・マスクを作ります．その後，露光，現像，エッチング，穴あけ，めっき，スルー・ホール接続，フォト・ソルダ・レジストまで用意されています．
　これは，本格的な基板の製造方法と基本的に同じです．あとはプリントごっこなどでシルクを印刷すれば完成です．

① フォト・マスク作成
- 部品面
- はんだ面
- レタリング・パターンを部品面とはんだ面用フィルムに貼る

② 露光
- フォト・マスク
- 基板
- 感光済付きの銅張基板にフォト・マスクを合わせ，紫外線で露光する

③ 現像
- 現像液に浸けて現像するとパターン部以外のレジストが除去される

④ エッチング
- エッチング槽でパターン部以外の銅箔を除去する

⑤ めっき
- 端子部
- 端子部をめっきする

- スルー・ホール接続，ソルダ・レジスト塗付，を行い基板完成

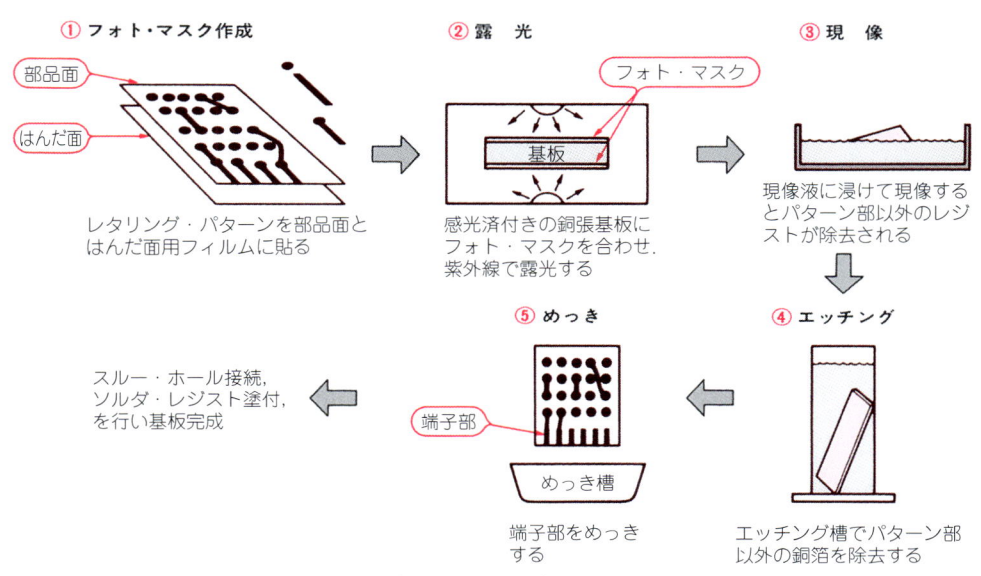

図3.2 フォト・マスク・フィルムと感光レジスト基板を使う方法

3.2 手貼りによるフォト・マスクの作成

● 手貼りで版下を作る

　これは現在でも行われている方法で，フォト・マスクを手作業で作る方法です．図3.3に示すように，黒いテープやレタリング・パターンを厚手のフィルム紙に手貼りして，層ごとのパターンを描きます．一般に，2倍寸の設計を行い，縮小カメラで撮影して原寸に戻します．

　手貼りで作る場合は，ドリル・データの代わりにドリル径と位置を示したドリル図が必要です．2.54 mmの格子がある用紙で下書きして，層ごとに色分けした鉛筆を使い，パターンやランドやビアを描きます．

　次に，下書きの上にフィルムを乗せ，層ごとにパターンを貼ります．もし，4層基板ならシルク層，部品面ソルダ・レジスト層，部品面配線層，電源層，グラウンド層，はんだ面配線層，はんだ面ソルダ・レジスト層，ドリル図が必要です．

● ソルダ・マスクと電源層の版下

　ソルダ・マスクと電源層は，貼り付けた所のマスクや銅箔が抜けます．ソルダ・マスクは，部品パッドの外形よりやや大きめのパターンとします．

　表面実装がない場合は，ソルダ・マスク・パターンははんだ面と部品面が共用できます．電源層はドリル穴を通すため，ドリルより大きめの穴をあけます．電源と接続する所はサーマル・ランドを構

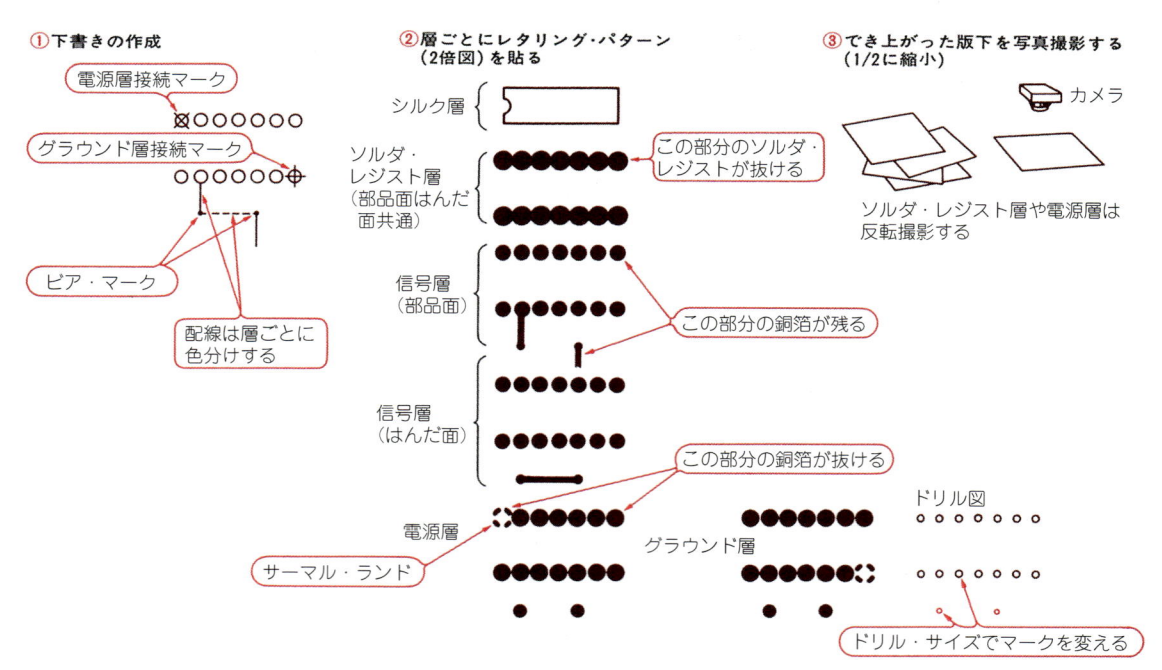

図3.3　手貼りによる版下の作成

成します．

● パターン・チェック

　パターン・チェックはたいへんで，ライト・テーブル上で各層のパターンを重ね，抜けがないかをチェックします．もし，レタリング・パターンが抜け落ちたら，それで基板不良となりますので，原紙管理がきわめて重要です．この方法は，ライト・テーブルが1台あれば設計を始められるので，ひところは個人で行っているところがたくさんありました．ただし，ライト・テーブルはけっこう高くて，安いパソコン並みの価格です．

3.3　手貼り版下とディジタイザ

　初期のLSIの設計用としてこの方法が開発され，その後プリント基板にも利用され始めました(それ以前は，やはり手貼り設計)．LSIの設計では，厚手のフィルム紙に1000倍図のトランジスタを描き，プロセスごとにディジタイズしてCADに入力してギャップやショートをチェックしました(図3.4)．

　プリント基板でも同様に，フィルム紙に層ごとに色分けした2倍図のパターンやランドやビアを描きます．2.54 mm(100 mil)格子の用紙が使われ，定規と色鉛筆を駆使して正確にパターンを引きます．これをパターン幅やランド・サイズごとにディジタイザでCADに入力して，ギャップやショートをチェックします．

　以後の工程は現在のCADと同じです．自動的に，層ごとのパターンとドリル・データを出力します．この方法は，色鉛筆とフィルム紙だけで設計ができます．シルクは，手貼りと同じ方法を使います．

　自宅で色鉛筆とフィルム紙を使い，基板設計メーカを相手に個人で商売する人もいましたが，ガーバ・データは基板メーカが出力します．

3.4　PCBCAD

　半導体技術の進歩とともに，LSI設計用に開発されたCADがベースとなり，プリント基板設計用

ディジタイザ
下書き図面
CAD
MT
(ガーバ・データ，
ドリル・データ)
シルクは手書き

下書き図面からパッド，ビアや層ごとのパターンをディジタイズする

コンピュータ内でソルダ・レジスト層や内層を自動生成し，DRCを行う．修正はCADで行う．

その後，ガーバ・データやドリル・データはCADが出力する．

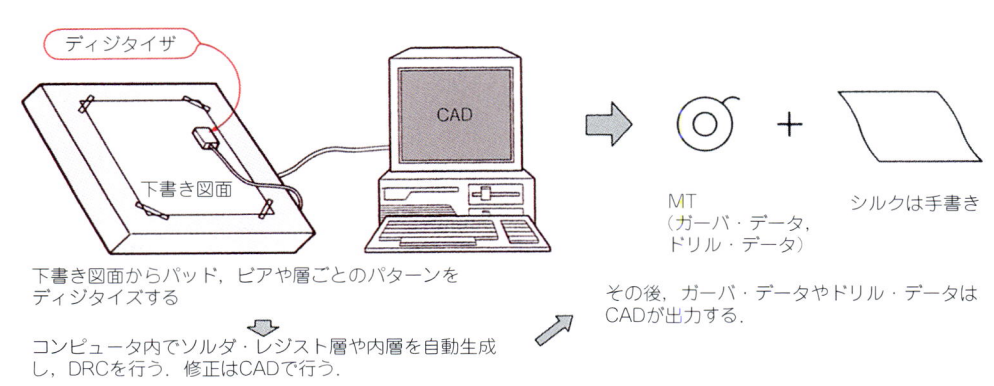

図3.4　手貼り版下とディジタイザ

CADも急速に広がりました．LSIと基板の設計のもっとも大きな違いは，基板は見た目にもきれいな配線を要求されることです．

　ICを顕微鏡で見て，パターンが気に入らないとクレームをつける人も中にはいるかもしれませんが，たいていは電気的特性しか見ないでしょう．

　技術的にも，LSIの設計はICメーカが主導するので，ユーザは設計自体に口を出せないのです．これに比べると，基板は設計に対して好きなだけ文句を言えます．これがPCBCADによる自動化の利用が遅れ，いまだにCADとの対話による手設計が幅を利かせている理由かもしれません．

　PCBCADはそのルーツがLSI開発にあったためか，当初は高価な設備として開発されました．そのためユーザも限定されたものでした．その後，EWSベースのCADシステムが開発され，多くの基板メーカに導入され今日に至りました．

　対話設計を中心に考えると，CADの目的はパターン入力とパターン・チェック機能とガーバ・データおよびドリル・データ機能です．これらの技術は，今日ではほぼ確立していますので，PCBCADメーカは開発の力点を自動配線や自動配置の機能アップ，回路シミュレーション機能の開発，あるいは設計から量産までを一貫してサポートするCIM化などに置いています．

第4章 PCBCADによるプリント基板の設計手順

4.1 設計資料の作成

　プリント基板を外注するのではなく，自分で設計する場合でも，設計に必要な書類はきちんと整理する必要があります．さもないと，あとの管理がおろそかになります．そこで，本章では基板設計を外注する場合に必要となる設計資料の作成について考えてみましょう．
　一般に，**表4.1**に示す資料が必要です．この中で最低必要になるものは回路図と外形図で，これがないと話になりません．各資料を作成するには，以下の注意が必要です．

4.1.1 回路図
　いまだに手書き回路図で出図する人が多いようですが，なるべく回路図入力CADを使用するようにしましょう．その理由は，
(1) 文字の読み違いを低減できる
　手書きでは，どうしても1とlとI，Oと0，UとVなどの文字の読み違いを起こしやすいのですが，CADを使えばかなり低減できます．
(2) ネット・リストを生成できる

表4.1　プリント基板の設計に必要な資料

回路図	回路図入力CADを使用する
部品表	部品の外形形状の指示を記入する
外形図	外形加工図の元になるのでしっかり書く
配置図	インチ・ベースを頭に入れて書く
配線指示書	チェック・リスト形式で書く
部品外形資料	最新の資料を揃える
ネット・リスト	回路図入力CADがないときはテキスト・エディタで入力する

CADが出力するネット・リストのチェックを行うことで，回路図面の文字入力や接続入力ミスを見つけやすくなります．

(3) 基板から生成される逆ネット・リストと比較できる

PCBCADには，完成した基板データからネット・リストを発生させる機能があります．これを逆ネット・リストといいます．回路図の出力したネット・リストとの比較（ネット・コンペア）を行うことができ，より基板設計の検証精度を高めることに利用できます．

(4) 基板上の回路変更を回路図に反映できる

一般に，同じ会社の回路図CADとPCBCADは，基板設計とリンクして変更情報を授受するバック・アノテーション機能があります．

(5) 回路図CADはネット・リスト作成ツールと割り切って使う

手書き設計をしていた年配の設計者に回路図CADを紹介したことがありますが，この人の場合，回路や基板の設計上の注意点を図に記載したがって閉口しました．図面で設計者の力量が見えるといわれた時代の残滓かもしれませんが，回路図CADは細かい表現をしようとすると設計効率が落ちます．

あくまでネット・リスト作成ツールと割り切って，言いたいことは別の設計仕様書で表現するようにします．

(6) 回路図でパスコンは省略しない

パスコンなどを回路図に書かず，「20ピン以下IC1個には各1個のパスコンをつける」，「QFPには4隅にパスコンを配置すべし」，などのように基板設計指示書を書く人がいますが，回路図上に必ず記載するようにしてください．

● **パソコンで基板設計するなら回路図CADは必需品**

最近では，高機能な回路図入力CADを比較的安く購入することができます．また，CADメーカは，CADのファミリの販売を拡大する先兵として回路図入力CADを設定しているようです．このため，回路図入力CADは比較的安い価格設定がされています．理由はともかく，ユーザにはうれしいことです．

また，回路図入力CADは，他社のCADのネット・リスト・フォーマット出力もサポートしていることが多いので，たいていのメジャなPCBCADならそのまま利用できます．

とくに，回路設計者が基板設計をする場合は絶対に必要です．さもなければ，テキスト・エディタを使ってネット・リストを打ち込むような悲しい作業をしなければなりません．

なお，CADを使って回路図を書くときは，パスコンや未入力信号の処理も必ず記入して，正確なネット・リストを出力できるようにしてください．そうしないと，ネット・リストの正確なチェックができません．

4.1.2 部品表

一般に，回路設計者は部品表を部材手配用に作成しますので，部品のメーカ名や型番は慎重に記述されますが，部品形状はあまり詳細に記述しないことが多いようです．

プリント基板設計では，部品表を元にPCBCADの部品ライブラリ（部品別パッド形状データ）を作成します．

表4.2 紛らわしい形状の部品の例

メーカの部品コード	外形形状
μPD74HC00C	DIP, 300 mil, 14 ピン
μPD74HC00G	SOP, 225 mil, 14 ピン
μPD74HC00GS	SOP, 300 mil, 14 ピン
TC74HC00F	SOP, 300 mil, 14 ピン
TC74HC00FS	SOP, 300 mil, 14 ピン
SN74ALS00AN	DIP, 300 mil, 14 ピン
SN74ALS00ANS	SOP, 300 mil, 14 ピン
SN74ALS00AFH	チップ・キャリア, 20 ピン
SN74ALS00AFN	PLCC, 20 ピン
M5M82C55AP	DIP, 600 mil, 40 ピン
M5M82C55AFP	SOP, 525 mil, 40 ピン
M5M82C55AJ	PLCC, 44 ピン

(a) 部品形状例①

メーカの外形コード	外形形状(寸法は端子先端間寸法)
P64G-80-22-1	64ピンQFP, 18.4 mm × 18.4 mm, 端子ピッチ0.8 mm
P64GC-80-3BE	64ピンQFP, 17.6 mm × 17.6 mm, 端子ピッチ0.8 mm
P64G-100-12	64ピンQFP, 24.2 mm × 18.7 mm, 端子ピッチ1 mm
P64GF-100-3B8	64ピンQFP, 23.6 mm × 17.6 mm, 端子ピッチ1 mm

(b) 部品形状例②

　部品表がなければ回路図から読み取りますが，この場合はどうしても間違いやすくなります．回路図入力CADを使えば部品表も自動生成しますので，それを利用します．

　部品表の記述で注意が必要なのは，表4.2に示すような表面実装用ICなどの部品形状です．これらはきわめて雑多であり，よく注意しないと使用する部品と寸法の合わない部品ライブラリを選択してしまいます．

　このため，部品の型名を最後まで間違えずに記入することが必要です．正確に記入しても，その意味が十分伝わらないことも多く，不慣れな新人作業者による基板設計のミスが絶えないようです．

　これを避けるため，部品表には部品の形状も必ず記入するようにします．形状名は，形状の大きさや端子ピッチがわかるように記入します．

4.1.3　基板外形図

　図4.1に外形図の例を示します．外形図は，基板の各寸法が記述されていれば問題ありませんが，以下の点に注意します．

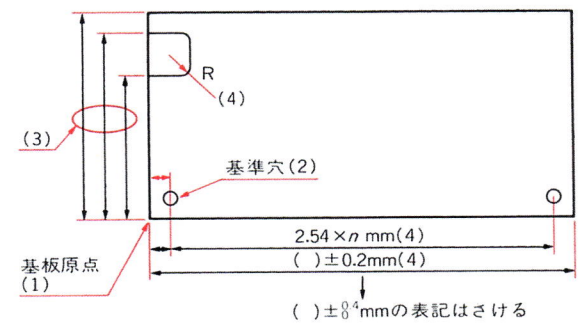

図4.1　プリント基板の外形図

(1) メトリックかインチか

一般に，基板を発注するときに基板サイズはmmで表現します．しかし，2.54 mm（100 mil）ピッチの部品が多い場合は，インチ系で座標を構成したほうが便利です．

外形線をmm座標で配置してインチ座標と混在すると，CADによっては内部の計算誤差が生じて，100 mm位置に配置したものが100.00001 mmなどと表示される場合があります．

(2) 長方形基板では長い辺を左右方向として，基板左下を基板原点として寸法を指示する

この理由は，CADの画面が横長であることと，基板の左下に作画原点があることに合わせたものです．

基板製造メーカに提出する基板加工図には，基板原点と作画原点の関係を示します．

(3) 基準穴を基本格子上に配置して，基板原点との位置関係を示す

基板取りつけ穴や加工穴は，その位置を自由に設定できるなら基本格子上に配置します．基本格子は，以前は100 mil（2.54 mm）グリッドを示しましたが，2.5 mmでも1 mmでもかまいません．基本とするグリッド上に載せると効率も上がり，ギャップの設定ミスを防ぎやすいというメリットがあります．

(4) 寸法指示は基準点や基準穴からすべて示す

CADでは，基板原点あるいは基準穴の原点から移動して作画しますので，寸法指示は基準点や基準穴からすべて示したほうが，作業者が余分な計算をせず入力できるのでまちがいを防げます．

(5) 基本格子上の寸法指示は基本格子の倍数であることを示す

これは基板設計を外注するときの表現ですが，**図4.1**のように基本格子の倍数であることを示せば，間違いなく基本格子上に載せてもらえます．

寸法指示は，値の中央値で指示してください．図のように，交差指示を－0 mm，＋0.4 mmなどと書くと表示した値で設計されてしまいます．

4.1.4 部品配置図

部品配置図の例を，**図4.2**に示します．

- **部品の配置指定はとくに必要な部品だけを指示する**

部品の配置指定は基板の配線効率に大きな影響が出ますので，とくに必要な部品だけを指示します．

- **基板外部品との位置関係が重要なものは，部品取り付け穴と基板取り付け穴の寸法を指示する**

フォト・カプラや特定のコネクタなど，基板外の部品との位置関係が重要なものは，部品取り付け穴と基板取り付け穴の寸法を指示します．

取り付け穴がない部品は，1ピンなどの位置を指定しますが，この場合は端子径と部品穴に0.3 mm～0.6 mm程度の隙間があるので，取り付け精度はあまり出ません．

- **スイッチ，LED，コネクタ**

スイッチ，LED，コネクタなど，およその指示をしたいものは，およその位置を図面に書き込み，寸法は指示しません．ただし，1ピン位置など取り付け方向や端子番号の配列がわかるように指示します．

スイッチやコネクタなどの配置で基板より外側にはみ出すと，製造の都合上，結果的に基板が大きくなることがあります．2面取りの基板で実装するときは，コネクタの配置は**図4.3**のように他の基板にオーバラップします．その位置に他の部品が載っていない場合はかまいませんが，載っている場合

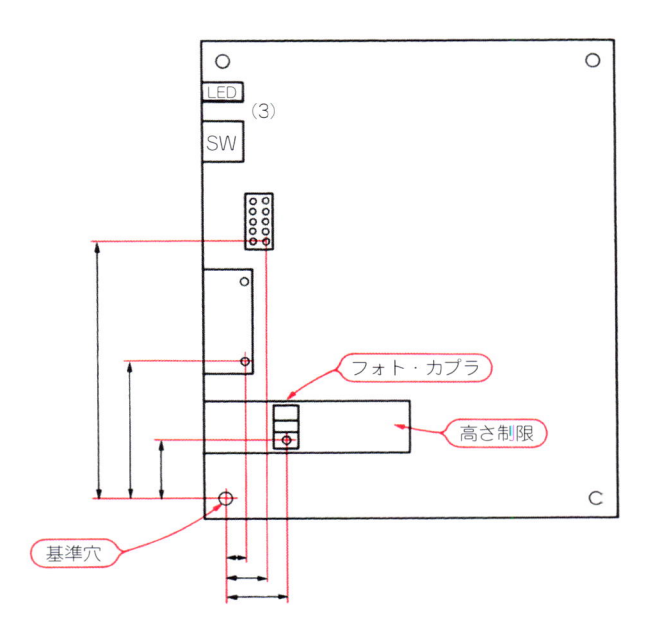

図4.2 部品配置図

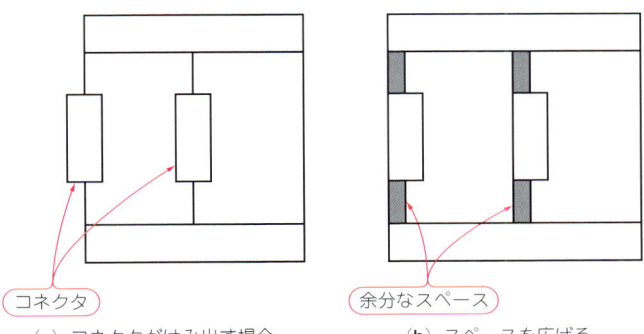

図4.3 実装部品が基板をはみ出す場合　（a）コネクタがはみ出す場合　（b）スペースを広げる

は図4.3のようにスペースを広げてやる必要があります．

● **端子ピッチが基本格子の倍数の部品はできれば基本格子上に載せる**

　これは管理のしやすさからであり，配線間隔や配置間隔を直読しやすいメリットがあります．基板製造上は自由に配置できます．

4.1.5　配線指示書

　配線指示書は，信号によって配線長や引き回し，配置などに注意が必要なことを指示します．ほかの書類に指示が書かれていても，必ず配線指示書にすべて網羅してください．できれば，チェック・リストの書式で作成するのが賢明です．

　配線指示には，以下のような項目があります

(1) 配線幅指定

流れる電流が多い場合は，配線幅を指定します．通常，1 A で 1 mm 幅とされていますが，1 A ではその倍の 2 mm 幅程度で設計されている例が多いようです．

また，ノイズ対策としてマイクロストリップ・ラインを構成している場合に回路インピーダンスを下げたいときは，0.5 mm 幅で 50 Ω，0.1 mm 幅で 100 Ω を目安とします（グラウンド・ベタ間ギャップ 0.2 mm の場合）．正確には，基板メーカへのインピーダンス指示が必要になります．

(2) 配線ギャップ指定

▶ 最小ギャップ

最小ギャップは基板製造上の限界 0.15 mm ですが，1990 年頃から例外はありますがほとんど変わっていません．実際に基板を製造すると，0.15 mm で設計したパターン幅は 0.12 mm くらいに痩せる場合が多く，設計上のギャップは 0.18 mm くらいになります．基板メーカの担当者は，これをもって 0.18 mm のギャップが必要と主張することもありますので，誤認しないようにしてください．

▶ 絶縁ギャップ

AC ラインなどの 100 V や 200 V に接続する場合は，汚れによるショート防止のためギャップを広めに設定します．とくに，法的に拘束力をもつ規格があるわけではありませんが，100 V では 2.5 mm，200 V では 6 mm 程度が必要とされています．それを無視して設計する場合はブレーカ接地など別の安全対策が必要ですが，それも無視すると事故が発生したときに責任が追及されます（事故があれば，一般の基準を満たさないと不利な扱いを受ける）．

AC ラインは，2 kV 程度のサージ試験や 500～1 kV のメガテスタでケースとの絶縁を測定されることを念頭に入れないといけません．多層基板の場合は，AC 回路部は内層を除去することも必要です．

▶ クロストークの防止

クロック・ラインなどとクロストークを避けるために，その配線とのギャップは広めに指示します．12.5 mil（0.3 mm）グリッドで 6 mil（0.15）の配線をするとき，25 mil グリッドで配線すれば 19 mil（0.48 mm）のギャップが確保されますので，クロストーク対策としては十分でしょう．

(3) 配線長指示

クロック・ラインやバス・ライン，外部接続ラインなど，配線長を制限した場合に指示します．

高速ラインは，100 mm 以下にするようにします．50 mm 以下では影響がほとんど出なくなります．

(4) 等長指示

高速なバス・ラインでスキュー・タイミングを合わせるために同じ長さになるよう調整しますが，一番長い配線にあわせて短い配線は蛇行させるので配線効率は落ちます．

(5) ガード・パターン指示

ベタ・パターンで完全に信号を覆う方法は，配線容量を増やし，ノイズの発生を防ぎます．

(6) 配線面指示

確認していませんが，高速な信号は部品面だけで配線するとビアによる電流の乱れが減り，ノイズが下がるといわれています．裏技として，EMI 試験のアンテナ方向がわかっていれば，その逆の面にクロック回路を配置配線すると測定値が下がることは確認済みです．

```
[
U1
DIP300-14      ← ライブラリに登録している部品形状番号
74HC14         ← 部品型名など（シルク表示）
             ← 部品番号（シルク表示）
]
[
U2
PGA112
MC68020RC
]
[
.
.
.
(
VCC            ← ネット名（配線名）
U1-14          ← 部品番号と端子番号
U2-40
.
.
.
)
(
N001
U1-1
U2-4
.
.
.
)
```

図4.4　ネット・リストの例
（Tangoフォーマット）

(7) ペア配線指示

LANの信号もそうですが，TX＋，TX－というような差動信号はその2線を隣り合わせて配線して，他の信号から離すか，またはグラウンドでシールドします．

(8) 部品の位置指定

フィルタ，ダンピング抵抗などは信号の始めに配置する，あるいは終端抵抗などは最後に配置する，などを指定する必要があります．

4.1.6　ネット・リスト

ネット・リストの例を図4.4に示します．ネット・リストには，部品番号や部品ライブラリの名称，部品端子間の接続情報が含まれます．

回路図入力CADで設計すればネット・リストを出力できますが，部品ライブラリ名は別に設定する必要があります．手書き回路では，ネット・リストはテキスト・エディタを利用して手で入力します．

第4章

CQ2004基板製作仕様書
（基板呼称は先頭に入れる）

（管理番号×××××）

発行日時　　2004/MAR/21
発行者　　　×××××××××
　　　　　　TEL　　FAX　　e-mail（問い合わせ用に必ず記載すること）

依頼内容
　基板試作　　6枚
　（してもらいたい作業を書く．量産用に金型検査時具，メタル・マスクが必要なら記載する）

特記事項（重要な項目を先に書く）
　ドリル・データ
　　（例）仕様書内ドリル・データに記載した赤字のmm表示寸法に従ってください．寸法は，仕上がり目標値です．0.35mmの穴は導通用で穴径指定はありません．
　シルク文字
　　（例）シルクの基板外は無視してください．
　　　　文字の太さは，0.15mmのものは0.18mmにしてもかまいません．
　GERBERデータ
　　（例）インチ・フォーマットで出力しています．（ミリかインチを必ず記載）
　設計条件
　　（例）一般配線は，配線幅とギャップとも 6mil（0.15）で 12.5milグリッドで配線しています．
　　　　ビアは，パッド 26mil（0.66 mm）とドリル 16mil（0.35mm）としています．
　ソルダー・レジスト
　　（例）φ26milパッドのレジストは，－8milで被っています．

基板仕様
　　　　（例）基板名　　　　　CQ2004基板
　　　　　　　基板サイズ　　　101×71×1.6mm（製品サイズ）
　　　　　　　材質　　　　　　FR4
　　　　　　　表面処理　　　　HAL
　　　　　　　レジスト　　　　フォト・レジスト両面
　　　　　　　シルク　　　　　白，部品面とはんだ面
　　　　　　　最小導体幅　　　6mil（0.15mm）
　　　　　　　最小導体ギャップ　6mil（0.15mm）
　　　　　　　最小ビア　　　　ドリル 16mil（0.35mm）　　ランド径 26mil（0.66mm）
　　　　　　　層構成　　　　　4層（1-2層，3-4層は0.2mm厚）
　　　　　　　　　　　　　　　1：部品面信号層　　　GTL
　　　　　　　　　　　　　　　2：内層ベタ層　　　　GP1（グラウンド）
　　　　　　　　　　　　　　　3：内層ベタ層　　　　GP2（電源）
　　　　　　　　　　　　　　　4：はんだ面信号層　　GBL

設計仕様
　　　　（例）シルクサイズ　　　　　最小高さ 40mil（1mm），文字太さ 6mil（0.15mm）
　　　　　　　ソルダー・レジスト逃げ　0.05mm幅
　　　　　　　ドリル穴内層逃げ　　　2mm穴まで16mil（0.4mm），2mm以上穴32mil（0.8mm）
　　　　　　　ポリゴン・プレーン　　なし（簾のような小さな穴が発生することがある）
　　　　　　　外形線等参考線　　　　4mil（0.1mm）

ファイル・リスト
　基板製作仕様書.DOC　　　本仕様書
　データ送付案内.DOC
　　*.NET　　　　　ネット・リスト
　　*.DRC　　　　　DRCレポート

（a）

図4.5　基板仕様書の例

*.PCB	基板CADデータ(Protel99)

ドリル・データ(ディレクトリ名　DRL)
　　*.APT　　　　　アパーチャ・データ
　　*.DRR　　　　　ドリル・レポート(ドリル・サイズと穴数)
　　*.DRL　　　　　エキセロン・フォーマット・ドリル・データ
　　*.TXT　　　　　テキスト・フォーマット・ドリル・データ

GERBERデータ(ディレクトリ名　GERBER)
　　*.GTL　　　　　部品面(TOP面)配線パターン
　　*.GTS　　　　　部品面ソルダー・レジスト
　　*.GTO　　　　　部品面シルク
　　*.GTP　　　　　部品面ペーストはんだマスク(メタル・マスク製作用データ)
　　*.GBL　　　　　はんだ面(BOT面)配線パターン
　　*.GBS　　　　　はんだ面ソルダー・マスク
　　*.GBO　　　　　はんだ面シルク
　　*.GBP　　　　　はんだ面ペーストはんだマスク(メタル・マスク製作用データ)
　　*.GM2　　　　　基板外形線
　　*.GD1　　　　　ドリル図
　　*.GG1　　　　　ドリル・ガイド
　　*.GP1　　　　　内層ベタ層(グラウンド)
　　*.GP2　　　　　内層ベタ層(電源)

図面データ
　　gerber.pdf　　　Gerberデータのプリント
　　outline.pdf　　　外形図のプリント(単面)
　　panel.pdf　　　　面つけ参考図
　　sch.pdf　　　　　回路図

(a) つづき

ドリル・データ
(CADが出力するドリル・レポート・ファイルを貼り付けて穴径指示を作成する)
Layer Pair : TopLayer to BottomLayer
ASCII File : NCDrillOutput.TXT
EIA File   : NCDrillOutput.DRL

Tool	Hole Size	Hole Count Plated	Tool Travel
T1	16mil(0.35mm)	146	33.30 Inch (845.72 mm)
T2	40mil(0.8mm)	54	23.48 Inch (596.43 mm)
T3	120mil(2.8mm)	7	20.53 Inch (521.36 mm)
T4	126mil(2.8mm)	2	9.29 Inch (235.91 mm)
Totals		209	86.59 Inch (2199.43 mm)

Total Processing Time : 00:00:00

注：穴径(Holesize)はmm表示で仕上がり穴径を示す．
　　T1はビアであり，仕上がり径は不問．
　　T2とT3はTH穴(スルー・ホール)．
　　T4はNTH穴(ノット・スルー・ホール)
(設計ドリル径は仕上がり穴径より0.1 mm以上大きくする．T3とT4は同じ穴径だが，スルー・ホールとノット・スルー・ホールを区分するため，設計値を違う値にする)

(b)

CAD仕様
ガーバ・タイプ	RS-274X
座標系	絶対座標
オフセット	なし
単位系	インチ系
出力桁数	2：5
基準マーク座標	y = 4000mil，x = 4000mil
ゼロ・サプレス	なし
NCデータ	
データ・タイプ	EXCELLON(TXTタイプあり)
座標系	絶対座標
オフセット	なし
単位系	インチ系
出力桁数	2：5
ゼロ・サプレス	なし

注：ファイル内　*.TXTデータはドリル・データ・テキスト・タイプ

(c)

図4.5　基板仕様書の例(つづき)

第4章

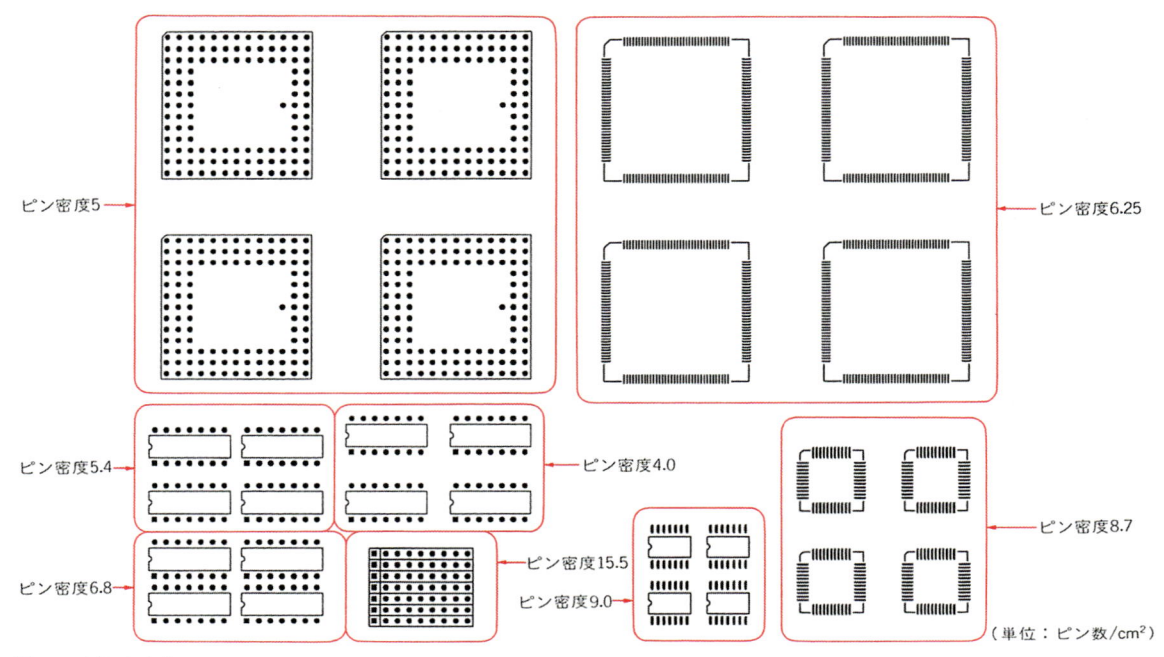

図4.6 ピンの密度

ピン密度5　ピン密度6.25
ピン密度5.4　ピン密度4.0　ピン密度8.7
ピン密度6.8　ピン密度15.5
ピン密度9.0
（単位：ピン数/cm²）

4.1.7　基板仕様書

　基板仕様書の例を図4.5に示します．基板設計時には不要な情報もありますが，基板製造の見積もりに必要な情報を含んでいます．必要なら層構成も指示します．

　この資料と回路図と外形図で基板設計費を見積もります．

4.2　見積もり

4.2.1　設計難度の見積もり

● ピン密度

　設計の困難さを測る指標として，使用部品の総ピン数を基板の有効面積で割って，ピン密度を算出します．このピン密度は，1cm平方当たりのピン数か，または14ピン当たりの基板面積（cm²）で表現します．ピン数には接栓やパスコンの数なども含みます．

　図4.6に，ピン密度の実際の様子を示します．表面実装部品では，はんだ面実装を行うとさらに密度が高まります．

　実際に設計難度を数値化するのは困難ですが，一つの指標として利用されています．もちろん，設計の難しさとの関係は，ピン総数や配線が単純なメモリ基板とベタ・パターンを多用するアナログ回路などでは，大きく条件は変わります．

　基板設計メーカでは，ピン密度と層数や配線条件などから設計費用を算出します．

4.2 見積もり

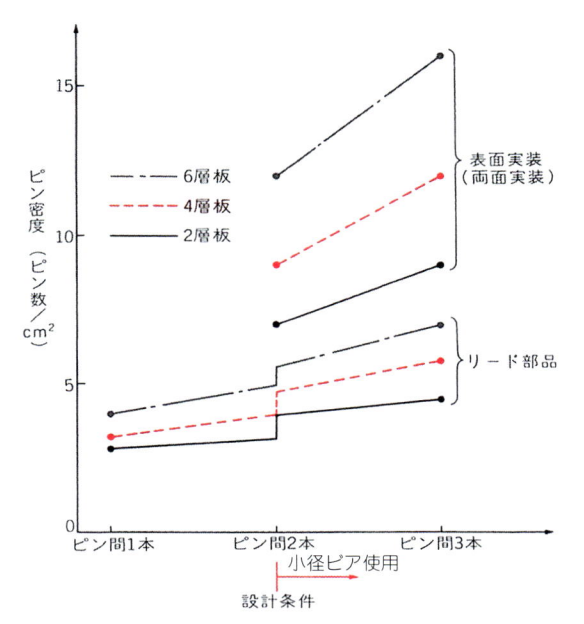

図4.7 ピン密度と目標設計密度

表4.3 初心者が目標とするピン密度と設計密度

	2層板	4層板	6層板
ピン間1本	3	4	
ピン間3本(小径ビア)	4	6	7
表面実装ピン間3本(小径ビア)	5	7	8

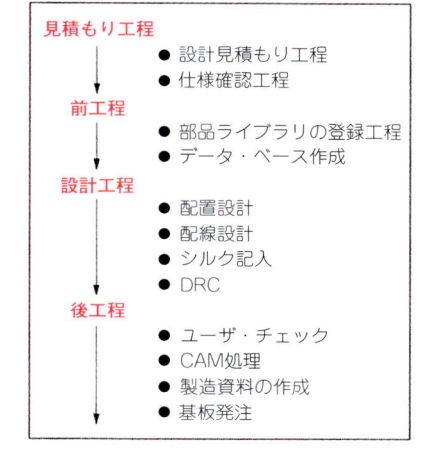

図4.8 工程の流れ

見積もり工程
- 設計見積もり工程
- 仕様確認工程

前工程
- 部品ライブラリの登録工程
- データ・ベース作成

設計工程
- 配置設計
- 配線設計
- シルク記入
- DRC

後工程
- ユーザ・チェック
- CAM処理
- 製造資料の作成
- 基板発注

● ピン密度と配線条件

　ピン密度が高くなると，層数の増加や配線密度も高めないと対応できません．図4.7は，基板設計メーカの資料や筆者の経験で割り出したピン密度と設計条件の目安を示しています．

　この図では，リード部品では基板の層数を増してもさほど配線効率が上がらないことを示しています．リード部品では，内層にも部品取り付け穴があくために内層の配線効率を落としています．

　これに比べ，表面実装部品はかなりピン密度が高くなっていますが，これははんだ面にも部品を実装しているからです．部品面だけでは2/3程度に効率が下がります．

● ブラインド・ビア

　表面実装でもビアをたくさん使用すると，内層に穴があき，基板層数を増やしても配線効率がやはり下がります．

　ほかの層に穴をあけないブラインド・ビアを使用すると，かなり配線効率を高めることができます．ある設計会社の話では6層基板にブラインド・ビアを組み合わせると，ピン密度20以上も可能だとのことです．

● 初心者の目標

　表4.3に，初心者の目標とする設計密度を示します．いずれにしてもピン密度が5を越えると，慎重な配置が必要です．もちろん，この表以上の密度でも配線できますし，この表以下の密度でも配線できないことがあります．これは，基板設計メーカに発注するときの目安で，初心者がいきなりこのピン密度で設計することは無謀です．

基板の形状が厳しく制限されている基板より，動作検証をするためのような基板を使って，基板サイズの制限がないものから始めるとよいでしょう．できれば，4層基板から始めるようにします．

4.2.2　工数の見積もり

図4.8に工程の流れを示します．

● 見積もり工程

基板仕様書を元に，基板代と設計見積もりを行います．

(1)　設計費の見積もり

一般に，基板設計費は，ピン単価にコネクタやパスコンを含めた部品の総ピン数を掛けた値が基本となります．ピン単価は，ディジタル回路やアナログ回路，ピン密度，設計仕様，層数などがパラメータになりますが，2000年頃からは300円ぐらいが相場です．

工期見積もりは，基板設計者のスケジュール調整がポイントで，あとはピン数と設計条件から推定します．

基板設計メーカの中には，受注を取りたいがために納期でほらを吹く会社があるようです．このような会社は，遅れの理由を客側の資料不備などに責任転嫁することがあるので注意が必要です．

(2)　仕様確認工程

基板設計者は，設計を開始する前に設計資料が完全かどうかをチェックして不明点を客先に問い合わせます．資料を渡しても問い合わせがない場合は，資料がチェックされずに放置されているケースが多く，とんでもない時期に初歩的な問い合わせがきて客が怒ることもあります．

設計を外注する場合，書類の授受，仕様確認，見積もりなどで1週間はすぐに過ぎますが，回路設計者が設計する場合はこの工程は不要になります．

● 前工程

(1)　部品ライブラリ登録工程

客先の部品表を元に，PCBCADに部品登録されていない部品パッド形状のライブラリを登録します．

登録はおもに新人の基板設計者の仕事になることが多いようですから，設計資料に添付するカタログは明瞭なものを用意します．

コネクタなどで，1ピンの位置が回路図の指示とカタログの表示で異なることもありますので，その旨を配線指示書などで明記します．普通は，多ピンの表面実装部品やコネクタやスイッチなどの部品登録が中心で，半日で終了する作業です．ただし，シルク形状やパッド形状に特殊なものを要求すると，一般的な部品も再登録する必要が生じ，そのぶん部品登録に時間がかかります．

(2)　PCBデータ・ベースの作成

ネット・リストにPCBCADに登録した部品形状番号（部品ライブラリ）を割り付けたものをネット・データと呼びます．そして，これをCADで作成した外形図のファイルに読み込んだものをPCBデータ・ベースと呼びます．

ネット・リストがない場合は，テキスト・エディタを使って手で入力します．エディタでネット・データを作成するのは非生産的作業で，1000ピン程度でも作成するのに1日，確認に半日程度が必要で

す．回路図入力CADのデータを利用できる場合は，この工程は不要になります．

● 設計工程

(1) 部品配置

　配置作業自体は，たいていの配置は1日でできます．しかし，密度の高い基板の配置を適当にすると，後の配線が苦しくなります．ベテランの設計者は，配線をイメージしながら配置に多少多めに時間をかけるようにしています．高密度な基板では2,3日かかります．

(2) 配線工程

　慣れた設計者でも1日に処理できる配線量は300～500本と言われています．これはピン間2本の配線数です．3000ピンの基板ではだいたい1000本程度の配線量があります．配線の処理数は配線が進むにつれ減っていきますので，

　　　1日目……300本
　　　2日目……300本
　　　3日目……200本
　　　4日目……150本
　　　5日目……50本

といったところでしょう．

　一般的な対話設計によるディジタル基板の配線工数の見込みは，下記のイメージです．

　　　1000ピン……2日から3日
　　　3000ピン……5日から10日
　　　5000ピン……15日から20日

(3) シルク記入

　部品配置をすると自動的にシルクも配置されますが，ほかの部品に重なったりするので，移動したりサイズを変えたりします．また，部品番号の振り分けもします．

(4) DRC（デザイン・ルール・チェック）

　設計が終了したら，配線の接続がネット・リストの接続情報と一致していることと，パターン間のギャップが維持されているかをPCBCADのDRC機能で確認します．

　DRC機能は，PCBCADのもっとも重要な機能です．また，CADにより性能差が大きいので注意が必要です．

● 後工程

(1) ユーザ・チェック

　設計を外注した場合はユーザによるチェックが必要ですが，データの引き渡しを含めると2,3日がすぐに過ぎます．CAM出力は，1日でできます．

(2) CAM処理

　CADの出力であるガーバ・データをフィルムを作成するフォト・プロッタに適合させるために，データの割り付け表であるアパーチャ・リストを作成します．これにミスがあると，すべてが台なしになります．これについては，あとの章で説明します．

第4章

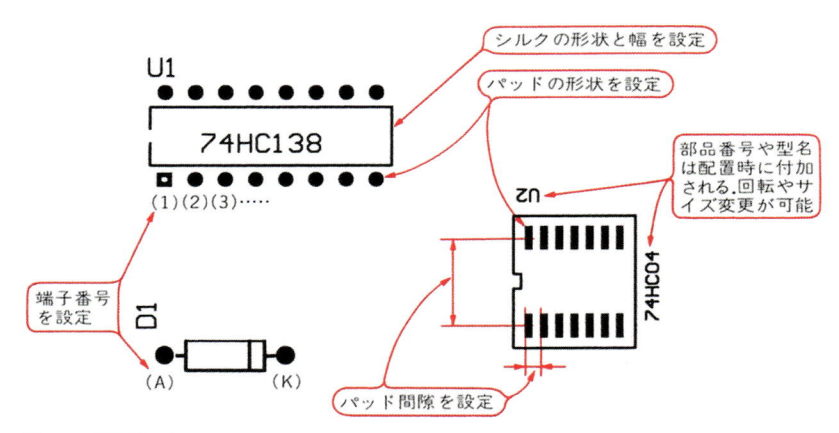

図4.9 部品データ

(3) 製造資料作成/基板発注

基板設計の終了後，基板製造メーカに渡す資料は慎重に作成する必要がありますが，これについてもあとの章で説明します．

4.3 部品ライブラリの作成

4.3.1 部品データ

PCBCADは，ネット・リストで指定された部品のパッドやシルクの形状を参照します．参照される部品の形状のデータ・ベースを部品ライブラリと呼びます．

部品ライブラリには，次の情報が入力されています．図4.9に，部品データの例を示します．

● パッドや穴のサイズ

詳細はあとの章で述べますが，部品に適合したパッドや穴サイズのデータが入力されています．DIPやQFPなどのように，比較的統一されたパッド形状をもつものや，チップ部品のように，その部品固有のパッド形状をもつものがあります．

CADによっては，パッドの大きさや穴の大きさは部品配置後個々に変更できますが，パッド単位の移動や消去はできないものがあります．このような変更が必要なときは，部品ライブラリを再登録します．

● 端子番号

1，2，3とかA1，B2とか，A，Kなどです．端子ごとに設定できますが，ネット・リストの接続データと一致していなければなりません．コネクタやPGAパッケージなどでは，同一形状でも端子番号が連番のものやA1，B1などのものが混在していますので，注意が必要です．

部品配置後の番号変更も可能ですが，番号の付けまちがい（重複や未定義）を警告してくれないPCBCADもありますので慎重に行います．

● 部品形状シルク

部品形状シルクは，外形サイズを正確に，あるいはやや大きめに記載します．これは，他の部品との配置ギャップを目視で確認できるようにするためです．操作などのため，周囲に他の部品を配置してもらいたくない場合は，その領域をシルクで表現すれば間違いを防ぐことができます．

4.3.2 部品ライブラリの作成

部品表や部品外形図から，部品ライブラリを作成します．標準的な部品形状はPCBCADに標準で登録されていますし，配置後，パッド形状や穴寸法の変更は可能ですから，そのまま利用するのもよいでしょう．

しかし，複数のCADを利用したりする場合もあり，パッド・サイズやシルク形状を揃えるために，統一したオリジナルのライブラリを作成したほうがよいでしょう．番号も覚えやすく管理も楽です．これについては，あとの章で説明します．

4.4 基板外形データ入力

● 作業エリア

PCBCADの作業エリアは，一般に図4.10のような構成であり，30インチ角から100インチ角程度あります．

このエリアの大きさがCADで設計可能な最大の基板外形ですが，実際は配置前に部品を一時配置する作業エリアになりますので，実用的にはもっと小さいことになります．

外形データの入力は，部品配置や基板周辺部の配線などの参考にするために引きます．寸法線を入れると外形図になりますので，各部の寸法を正確に書くようにします．たいていのCADでは，外形データ用の作業層が用意されています．

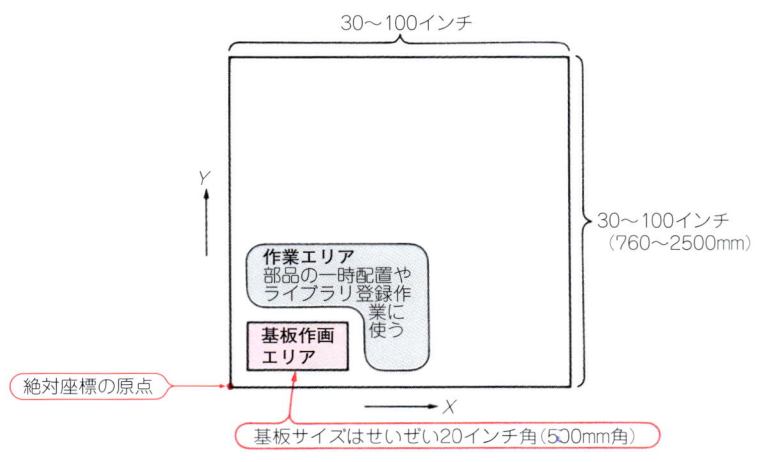

図4.10 PCBCADの作業エリア

第4章

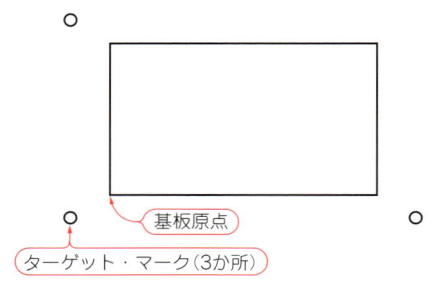

▶ターゲット・マークと基板原点は基本格子上に，インチ系なら1000milグリッド，ミリ系なら10mmあるいは25mmグリッド上に配置するのがよい．
▶インチ系で座標を設定してミリ系で基板外形配置を行いたい場合は，座標原点を基板原点に移動してミリ系に切り替えるようにする

基板原点
ターゲット・マーク（3か所）

図4.11 基板外形データ

● ターゲット・マーク

図4.11に，外形データの例を示します．ターゲット・マークは，レジストレーション・マークとして，図のように基板最大外形から5mm程度離れたところの基本格子上の3か所に基準マークを設定します．なぜ3か所かというと，フィルムを裏返しにしたときにわかりやすくなるようにです．

CADで記載したターゲット・マークは，フィルム作成上では基板メーカにより無効とされ，基板メーカのマークが付加されます．ただし，設計が完成したパターンは，最終的に印刷して層ごとの目視確認が必要になり，場合によってはOHP用紙に印刷して重ね合わせる作業を行いますが，その場合にも有効です．基板に寸法線を入れる都合上，CADの原点よりオフセットした位置（たとえば，4000 mil，4000 mil）に最初のターゲット・マークを入れ，さらにオフセットした位置（たとえば，5000 mil，5000 mil）も基板原点とします．たいていのPCBCADは原点を自由に設定できるので，基板原点をCAD原点として外形線記入や配置配線を行います．メートル法で設計する場合は，ここでインチ系からメートル系に切り替えて設計します．

4.5 ネット・データをロード

外形データを作成したあと，同ファイル内に部品形状や接続情報を記入したネット・データを読み込みます．ネット・データに誤りがある場合のチェック機能は，PCBCADによって差があります．ほとんどチェックしないもの，同一ピンに対する接続ネットの重複やライブラリにない部品が指定されたとき正確にエラー表示できるものなどがありますが，ここの作業はきわめて重要で，ここでのミスは次工程では発見されないことが多いので，PCBCAD選択の重要な要素です．

外形データにネット・データを読み込んだファイルは，基板データ・ベースと呼ばれていますが，ほとんどのCADでは*.PCBのファイルでASCIIまたはバイナリ形式で登録されています．一般に，基板設計メーカではここまでを前工程としています．回路設計に専念して基板設計はしたくないという人も，ここまでは自分でやってみるとよいでしょう．

基板外形図や配置指示図は，どうしても書かなくてはなりません．このデータを利用して，後述する配置作業の一部を行い寸法線を書き込めば完成です．ライブラリ登録もCADメーカが発行しているものを使えば手間が省けます．

第5章 プリント基板の設計基準とPCBCAD

　プリント基板の設計基準は，基本的には基板製造メーカと部品実装組み立てメーカが決めます．しかし，実際は基準がない状態で基板発注が行われることが多いようです．このため，基板設計側が基板の製造や部品の組み立てに対して，汎用性のある基準を定める必要があります．

　「ルール（基準）は破るためにある」というのは一面の真理ですが，そのルールさえ知らなければ酷い目に会います．ルールは，基板設計メーカ，基板製造メーカ，基板実装メーカ，基板材メーカなどが，都合のよいように安全サイドに定めます．そのため，すべての基準を守っていてはコストを含めて満足するものはできませんが，ルールにはそれなりに誕生した経緯もあるので心に留めることは重要です．

　設計基準は，あくまでも基板製造メーカと交渉しながら基板を設計する者が定めるものでなければなりません．

5.1　基準の種類

5.1.1　プリント基板を製造する際の基準

　表5.1に，標準的な基板製造メーカの製造基準書を示します．これは，国内外を含む一般的な基板製造メーカが対応可能な仕様です．もちろん，対応できないこともありますし，対応できても品質は各社まちまちですが，一応この仕様で基板は作ってもらえます．

　この基準は1995年当時の古い資料から持ち出したものですが，内容は今でもあまり変わりありません．ただし，多少の変更がある部分について以下に説明します．

(1) 板厚

　板厚は，FR-4の0.2mm材でスルー・ホール基板を製造するところも増えましたが，仕上がりはメッキやレジスト厚みが加わり0.3mm程度になります．

表5.1 標準的な基板製造メーカの設計基準（スルー・ホール基板以上）

基板材料	CEM-3, G-10, FR-4	コネクタ部めっき処理	ニッケルめっき＋金めっき
最大基板サイズ	500 mm × 400 mm 以内	ソルダ・レジスト処理	フォト・タイプは精度±0.1 mm，最小幅0.15 mm 印刷タイプは精度±0.2 mm，色は緑が標準
層数	2, 4, 6, 8, 10, 12層程度（それ以上） 奇数層は個別取り決め	シルク幅	0.15 mm以上，色は白が標準
板厚	0.6〜3.2 mm（0.6 mmは4層以下，1.6 mmは10層以下）	最大スルー・ホール径	ϕ 2.8 mm
板厚公差	±10%以上	穴径公差	スルー・ホール穴径±0.1 mm（めっき前），きり穴径±0.2 mm
銅箔厚	表面層：18/35 μm 内層　：35/70 μm（70 μmは10層以下）	穴位置精度	±0.1 mm
導体幅	0.15 mm以上（設計値）	アスペクト比	5（板厚/ドリル径）以下
アニュアリング	外層：ドリル径＋0.2 mm以上 内層：ドリル径＋0.2 mm以上	ブラインド・ビア	個別取り決め
導体クリアランス	0.15 mm以上	外形加工精度	±0.2 mm
内層クリアランス	0.15 mm以上	Vスリット仕様	位置精度：±0.2 mm 残り板厚：0.3 mm（G-10，FR-4）
穴導体クリアランス	0.5 mm以上	ミシン目加工	幅1.5 mm以上
小径ビア仕様	外層ランド径：ϕ 0.65 mm，内層ランド径：ϕ 0.8 mm，ドリル径：ϕ 0.35 mm	サーマル・パッド形状	個別取り決め
表面処理	はんだめっき，銅めっき＋HAL処理，金めっき	電気検査方法	個別取り決め
		インピーダンス	個別取り決め

　フィルム基板の場合は，0.1mm程度のスルー・ホール基板が可能で，いずれも通常の基板設計基準でそのまま製造できます．

(2) 小径ビア

　小径ビアは，ϕ 0.65mmではBGAチップのパッド設計ができない場合が出てくるので，基板メーカに相談してさらに小さくする必要があります（0.5〜0.6mmの0.3mm穴程度）．

(3) 最大スルー・ホール径

　表5.1にはϕ 2.8mmと書いてありますが，実際はもっと大きな径でも作ってもらえます．

(4) TH穴とNTH穴

　ランドを有し，穴にメッキされてはんだ面と部品面を導通する穴をTH穴（スルー・ホール穴），ランドがなく，穴にメッキされていない穴をNTH穴（ノット・スルー・ホール穴）といいます．

　これは，基板を製造する際の穴あけ時期が異なるので，明確に区別しなければなりません．

5.1.2 部品を組み立てる際の基準

　大手の組み立て工場は基準を作るのが大好きで，山のように基準書をもっています．工場側の都合で決められる場合が多く，これを遵守すると小型化や高密度化ができないので，開発部門と製造部門のけんかになります．

　また，景気が良いときは工場が強くなり基準外の製品の製造など拒否しますが，景気が悪くなると何でも製造してくれるようになります．

　手で実装するつもりならこの基準は不要ですが，ある程度は基準の意図を反映しないと，合理的な部品の実装ができなくなります．**図5.1**にこれらの基準を示します．

(1) フェデーシャル・マーク

(a) QFPマーク　　(b) 基板周囲マーク

図5.2　フェデーシャル・マーク

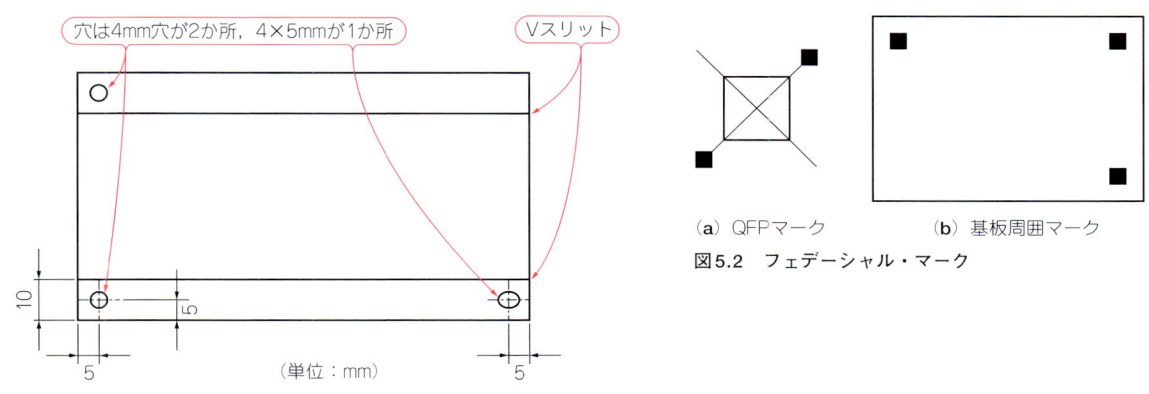

図5.1　部品組み立て上の基準

古い基準ですが，稀に要求されることがあるので工場に確認する必要があります．

図5.2のようにQFPの対角線上に，あるいは基板周囲に1ｍｍ■または●のパターンでマークを入れ，レジストは除去します（しない場合もある）．

(2) 基板サイズ

基板サイズは，はんだ槽やリフロー炉，部品実装機などの能力で決まります．表面実装部品を使用する場合，大きくてもせいぜい300×350mm程度が限界で，これを越えるときは手実装となることがあります．

小さい場合は60×100mm程度で，これを下回るときは多面付けにして基板サイズを広げます．多面付けにする場合は，前述したように部品が基板外に出るときは他の基板の部品と干渉しないようにしないと，基板に余分なスペースが必要になることがあります．

(3) 基板つかみしろ

はんだ槽のレールに乗る部分は，10mm程度，部品実装を避けます．このスペースを確保できないときは，余分に基板を広げ，Ｖスリットを設けて実装後に余分なスペースをカットします．

(4) 部品実装基準穴

4mmの穴と4×5mmの長穴を，図5.1のように3か所設けるのが一般的です．この穴の寸法公差は，±0.5mm以下に指定します．

(5) 部品配置条件

これは工場によってまちまちに決められていますので，確認が必要です．しかし，世の中の基板を見ると，びっくりするような高密度の基板があります．これらを見ると，部品が干渉しないかぎり問題ないでしょう．

古いタイプのリード部品実装機を使っていた頃は，図5.3に示すように実装機の部品をつかむ空間を確保する意味で部品間隔を広く取ることを要求されましたが，表面実装が主流になった今日では一般的には部品やパッド間は0.5〜1mm程度のギャップで設計する場合が多くなりました．

実際は，シルク外形線をパッドから0.3mm程度に配置して，隣り合う外形線が相手側にオーバラップしないようにします（重なり合いはOK）．

第5章

背の高い部品が隣り合うと実装済み部品とぶつかるので，5mm程度のスペースが要求された

表面実装部品はスポイトのようなもので吸いつけて実装するので，他の部品との干渉がないようにする

実装機で挿入される部品の下は衝撃を受けるので実装が禁止された

← シルク外形線でスペース確保 →

図5.3　リード部品をつかむ実装機の場合の制限

0.6　　0.6　　0.6　　0.84
（単位：mm）

図5.4　部品取り付け穴に注意

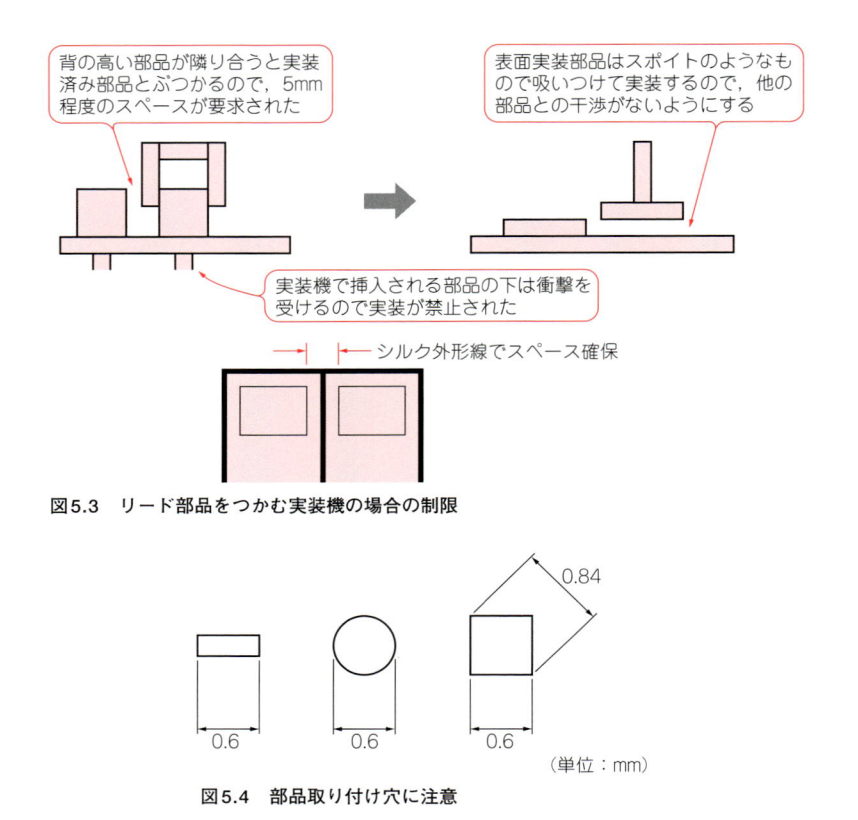

(6) 部品取り付け穴

最近は，実装工場でははんだ槽（フローはんだ）を使用せず，表面実装部品をはんだ付けした後に，リード部品を手で挿入して手はんだするケースが多いようです．穴が小さすぎて部品が入らないことは論外ですが，大きすぎて問題になることはあまりありません．しかし，リード部品が多い場合ははんだ槽が使われることもあります．

部品取り付け穴が大きすぎると，はんだがあふれたりすることもあるので実装メーカと相談したほうがよいでしょう．また，ビアは小径を用いてレジストで埋めたほうがよいでしょう．

部品リード径は，四角のリードならリード辺の1.4倍以上の穴であることが必要です．丸や薄いリードなら最大径0.3mmから0.6mm程度が一般的な穴サイズで，0.6mmと0.3mmのリード径を同じ1mmの穴ではんだ槽に通すと問題が起こる場合があり，従来の基準に従ってそれぞれのリード径にあわせて穴サイズを求められることがあります．

また，0.6mmの丸や板は0.8mmの穴に入りますが，0.6mm角は入らないので注意が必要です（**図5.4**）．

5.1.3　基板設計側が決める基準

プリント基板設計側は，上記の二つをベースにして基準を定めます．客先から指定される場合もあ

りますが，ある程度きちんとした基準を定めないと設計の管理ができなくなります．

　PCBCADでは，パッドやパターンの形状や幅の設定はいくらでもできます．パターンの太さやパッド形状をばらばらに決めるとアパーチャの種類が不必要に増え，限界の99個などすぐに越えてしまいます．基板製造工場では，手作業でこの設定を行うので誤りも増えますので，基準を決め極力種類を減らしています．

5.2　一般的な設計基準

　とにもかくにも，何らかの基準がないとプリント基板の設計はできません．この基準は，基板設計メーカ，基板製造メーカ，基板組み立てメーカが，ばらばらに制定している基準を元に中間的な値にしています．

　パッド形状は，普通の基板製造メーカや組み立て工場で対応可能な値にまとめています．ただし，大量生産する場合は，組み立て工場と調整しなければなりません．

5.2.1　使用グリッド単位

　主要な電子部品やPCBCADは米国で開発されたため，単位はインチ系が基本になっています．DIP ICなどの端子間隔は1/10インチ(2.54mm)です．1/1000インチが1milですので，DIP ICの端子間隔は100milとなります．

　このため100milが基本グリッドであり，基本格子とも呼んでいます．これに対して，日本やそのほかのメートルを基本単位にしている国ではDIP ICの端子間隔を2.54mmとしていますが，結果的に100milと同じで米国に合わせているだけです．

　一方で，QFPなどの表面実装部品を中心に，メートル単位の部品も増えたため，メートルとインチの混在が進んでいます．最近の米国製PCBCADでもメートル系とインチ系の両方の単位で出力可能なので，基本はインチ系で配置や配線を行い，メートル単位の部品登録はメートル系で登録します．ただし，CADの制御グリッドが1milのものは精度が出ないので，すべてインチ系で登録します．

　表5.2に，使用グリッドとその用途を示します．また，表5.3によく利用する寸法のmilとmmの関係を示します．これは単純にmilに0.0254mmをかけたものではなく，一般的に変換されている数値です．覚えておくと便利です．

　図5.5には，設計基準とグリッドの関係を示します．配線条件に応じて，使用グリッドと配線幅と使用パッド・サイズを固定することで，パターン・ギャップを自動的に確保します．

　配線幅やギャップは，最小幅さえ確保すれば基本的には設計者の好みに合わせればよいわけで，0.3mmグリッドで0.15mmパターン幅，0.15mmギャップの配線をしてもよいわけです．

　最近のCADは，DRC機能により配線間や配線パッド間など任意にギャップの設定ができますし，ギャップ不足はすぐ警告してくれます．筆者の場合，従来はすべてインチ単位で設計していましたが，最近は基板外形ライン，基板取り付け穴および部品固定穴は1mm，0.5mm，025mm座標で配置して，それ以外は25mil座標を使い，配線は12.5mil座標を使っています．

第5章

表5.2 使用グリッドと用途

●配置グリッド

100 mil	ターゲット・マーク，100 mil 単位部品，（基準穴）
25 mil	表面実装部品やシルクの配置

●配線グリッド

25 mil	ピン間1本仕様の配線
20 mil	ピン間2本仕様の配線
12.5 mil	ピン間3本仕様の配線
1 mm，1 mil	基板外形線，その他

●部品ライブラリ作成グリッド

100 mil	100 mil 単位パッド配置
70 mil，35 mil	70 mil 単位パッド配置，シルク配置
50 mil	50 mil 単位パッド配置
25 mil	25 mil 単位パッド配置，シルク配置
1 mm，0.5 mm	1 mm 単位パッド配置，シルク配置
0.8 mm，0.4 mm	0.8 mm 単位パッド配置，シルク配置
0.5 mm，0.25 mm	0.5 mm 単位パッド配置，シルク配置

表5.3 milとmmの換算表（常用的な換算値）

mil	mm
600	15.25
300	7.62
100	2.54
80	2
70	1.78
56	1.4
50	1.27
25	0.635
20	0.5
12.5	0.375
10	0.25
8	0.2
6	0.15
4	0.1
1	0.025

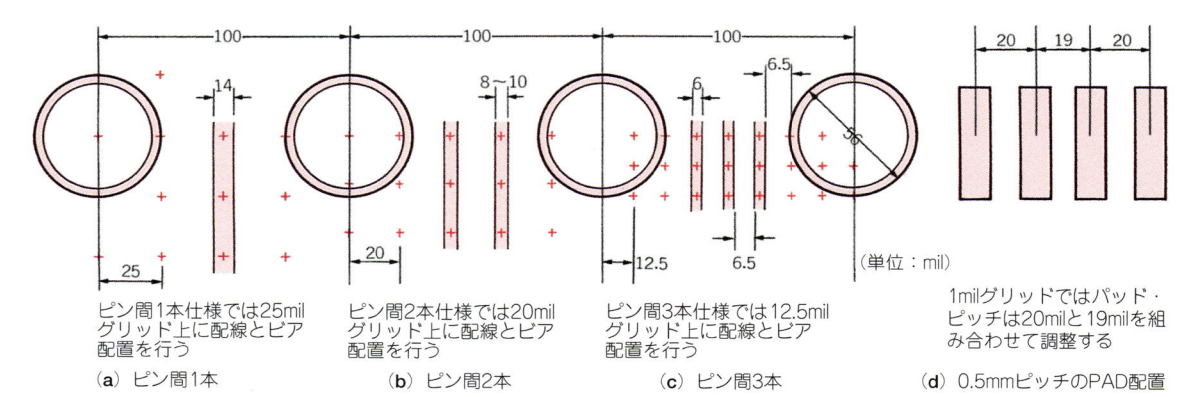

(a) ピン間1本　ピン間1本仕様では25milグリッド上に配線とビア配置を行う

(b) ピン間2本　ピン間2本仕様では20milグリッド上に配線とビア配置を行う

(c) ピン間3本　ピン間3本仕様では12.5milグリッド上に配線とビア配置を行う

(d) 0.5mmピッチのPAD配置　1milグリッドではパッド・ピッチは20milと19milを組み合わせて調整する

図5.5 設計基準とグリッドの関係

　いわゆるピン3仕様で設計する場合に0.15mmグリッドで設計すると0.3mmグリッドが中心になりますが，100mil，50mil，25mil，12.5mil単位で設計して6mil幅で設計したほうがわかりやすく，また配線やギャップに多少の余裕もあります．

5.2.2 使用ライン幅

　配線や外形線，塗りつぶしの線幅などは任意に設定できますが，これも**表5.4**のように定めます．
　設計仕様に応じてグリッドを固定して配線幅を決めます．最小配線幅以外は，どんな幅で設計するかは自由ですが，何らかの基準を決めたほうがよいでしょう．従来は，0.15mmパターンは切れやすいので0.2mmパターンを使用すべきだとの意見もありましたが，もはや関係ないでしょう．電流に対しては，1A/1mm幅が一般的ですから，その倍程度の配線幅を取ったほうがよいでしょう．0.15mmパタ

表5.4 使用ライン幅

使用ライン幅	用途
4 mil(0.1 mm)	外形線，禁止帯指示，その他の参考線
6 mil(0.15 mm)	ピン間3本仕様の配線幅
8 mil(0.2 mm)	シルク幅
10 mil(0.25 mm)	ピン間2本仕様の配線幅
14 mil(0.35 mm)	ピン間1本仕様の配線幅
50 mil(0.5 mm)	一般

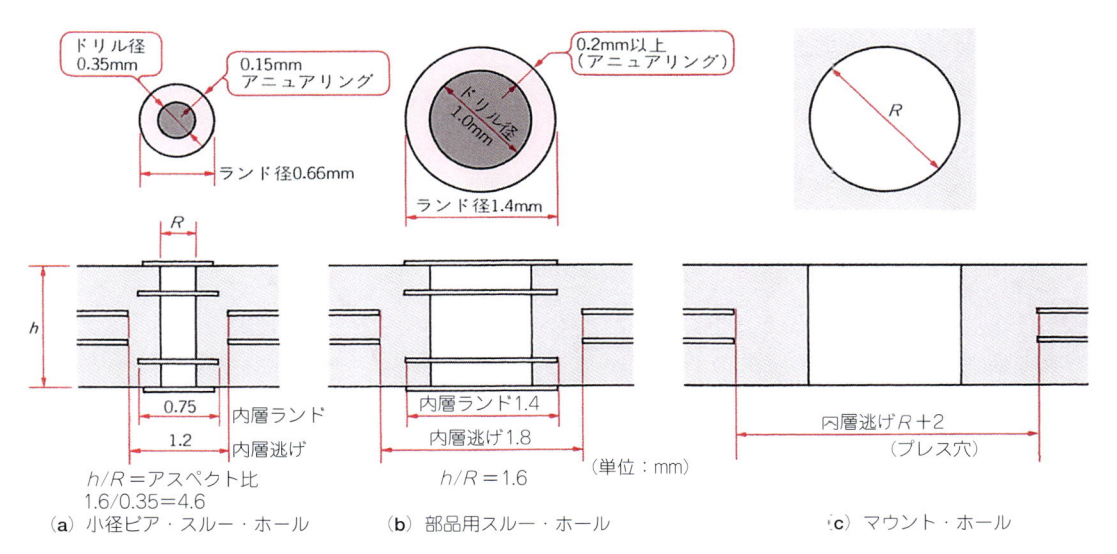

図5.6 穴の形状と種類（断面図は6層の場合を示す）

ーンに流す電流は150mA/2ということになりますが，一般には20mA程度の電流に使用します．

0.15(6mil)，0.25(10mil)，0.5(20mil)，1.0(40mil)，2.5(100mil)といったパターン幅を利用します．表面実装部品から引き出す電源パターンは，とくに根拠はないですが10mil(0.25mm)パターンで引いています．

5.2.3 穴仕様

図5.6に，穴の形状と種類を示します．スルー・ホールは，外層や内層を相互に接続するため，穴の内壁に20μm程度の銅めっきをしたものです．信号接続用のビア（via）スルー・ホールとリード部品取り付け用のスルー・ホールがあります．

マウント・ホールは，基板取り付け穴や部品取り付け穴に使用します．表5.5に，穴の仕様を示します．基板製造メーカによっては穴径2.8mm以上の大きなスルー・ホールを嫌い，図5.7のような接続をするところもあります．

最近は，穴ごとに内層逃げギャップを変えるのを単純化して，16milと32milの2種類とし，2mm以上の穴を32milとしています．

第5章

表5.5 穴の仕様

(a) ビア・スルー・ホール

パッド名	パッド径	ドリル径	内層逃げ径
VIA26	26 mil (0.66 mm)	14 mil (0.35 mm)	48 mil (1.2 mm)
VIA32	32 mil (0.8 mm)	16 mil (0.4 mm)	48 mil (1.2 mm)
VIA40	40 mil (1 mm)	24 mil (0.6 mm)	56 mil (1.4 mm)
VIA48	48 mil (1.2 mm)	32 mil (0.8 mm)	64 mil (1.6 mm)

(b) 部品用スルー・ホール

パッド名	パッド径	ドリル径	内層逃げ径	挿入リード線径
TH48	48 mil (1.2 mm)	32 mil (0.8 mm)	64 mil (1.6 mm)	0.4 mm 以下
TH56	56 mil (1.4 mm)	40 mil (1 mm)	72 mil (1.8 mm)	0.6 mm 以下
TH64	64 mil (1.6 mm)	48 mil (1.2 mm)	80 mil (2 mm)	0.6 mm〜0.8 mm
TH80	80 mil (2 mm)	56 mil (1.4 mm)	88 mil (2.2 mm)	0.8 mm〜1 mm
TH100	100 mil (2.5 mm)	64 mil (1.6 mm)	120 mil (3 mm)	1 mm〜1.2 mm
TH120	120 mil (3 mm)	80 mil (2 mm)	140 mil (3.5 mm)	1.2 mm〜1.6 mm
TH140	140 mil (3.5 mm)	100 mil (2.5 mm)	160 mil (4 mm)	1.6 mm〜2.1 mm

(c) マウント・ホール

穴名	ドリル径	内層逃げ径
MH100	100 mil (2.5 mm)	180 mil (4.5 mm)
MH120	120 mil (3 mm)	200 mil (5 mm)
MH140	140 mil (3.5 mm)	220 mil (5.5 mm)
MH160	160 mil (4 mm)	240 mil (6 mm)
MH180	180 mil (4.5 mm)	260 mil (6.5 mm)
MH200	200 mil (5 mm)	280 mil (7 mm)

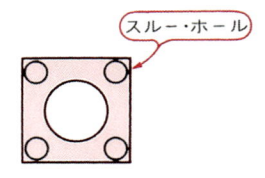

図5.7 大きな穴のスルー・ホール接続

● アニュアリング

ランドの半径からドリルの半径を引いた値をアニュアリング値と呼びます．ドリルとパッドの位置ずれを0.2mm以下として0.2mmとしますが，小径ビアは例外とします．内層接続用ランドは，内層ずれを加味してさらに大きくすることもありますが，ここでは外層と内層を同じ値にしました．これで問題はないと思います．

一度，設計を間違えてアニュアリング・ゼロで設計したときも，スルー・ホールのメッキとパターンはすべてつながりました．ドリルの中心精度がよく出ていたことによるものと思います．

● パッド径

表5.5ではドリル径＋0.4mm以上を基本としていますが，小径ビアは例外とします．穴径の大きなものは部品も大きいので，パッドの強度を増すという意味で，さらにサイズを増やしています．内層パッド径も外層と同じにしています．

最近は，穴ごとにパッドを変えるのを単純化して，内層逃げと同じサイズにして穴径＋16milと32milの2種類とし，2mm以上の穴を32milとしています．

● ドリル径

めっき後の径は，めっき厚とめっきムラの影響などから0.1mm程度小さくなります．取り付け部品リード径と穴径の関係は，ドリル径＋0.3〜0.6mm程度とします．ドリル径とリード径のすき間が少な

いと部品の挿入がしにくくなりますし，表面張力ではんだが部品面で広がる危険もあります．

1mmのドリル径を使用すると0.8mmのリードも挿入できますが，手はんだで慎重にはんだ付けする必要が生じるので，リード部品径に合わせた穴径設定が必要です．

基板メーカでは，穴あけは1mmの穴をあけるためには1.1mm程度のドリル径を使用してメッキ厚を加えて1mmとなるようにします．しかしこれでは，1mmのドリル径に対してパッドや内層逃げを設定すると1.1mmのドリルが使用されることになり，ギャップ不足が生じます．

これを防ぐため，CADにおけるドリル径の指定は，実際のドリル幅以上に設定しておきます．たとえば，ビアのドリル径の設定は16mil(0.4mm)，部品穴は40mil(1mm)として設計を進めます．

基板を作るときは，基板仕様書内にドリル指示表を添付して，それぞれ0.35mmとか0.8mmとか文書により仕上がり径を指示します．

ビアの場合は，ビアであることを明記して仕上がり径としてこだわらないことを示します．TH穴とNTH穴は同じサイズであっても，CAD上は多少違うサイズで設計して(40milと41mil)，後述するドリル指示表で区分しておきます．

● アスペクト比

板厚をドリル径で割った値をアスペクト比と呼び，一般的には5以下とします．板厚を1.6mm以上で設計する場合の小径ビアの使用は，基板製造メーカとの調整が必要です．

● 小径ビア

ランド径は0.5mmから0.65mm，ドリル径は0.3mm〜0.35mmが一般的ですが，BGAチップの信号引出しなどでは小さいタイプが使用されます．

● 内層逃げ

内層に電源プレーンがある場合，ドリル穴から逃げ穴を設定する必要があります．ドリル径＋0.8mmの径とします．

マウント・ホールは，(基準穴など以外の)寸法精度の不要な穴は量産時にはプレスであけられることがあり，位置精度が少し下がりますので，この場合はドリル径＋2mmとします．

5.2.4 その他の基準

● ソルダ・レジスト逃げ

図5.8に，ソルダ・レジスト(SR)の断面図を示します．ソルダ・レジストは，パッド間のはんだブリッジを防ぎ，配線パターンを保護する役目があります．したがって，パッドに被ってはならず，また配線が露出してはいけません．

ソルダ・レジストには，印刷タイプとフォト・レジスト・タイプがあり，精度的にはフォト・タイプが優れています．一般的には，ランドとソルダ・レジストの位置ずれはフォト・タイプで±0.1mm程度，印刷タイプは±0.2mm程度です．

ソルダ・レジストの逃げ径(SR逃げ径)はランドのソルダ・レジストかぶりを避けるため，ランド径＋0.2mm程度にしています．しかし，ランド径1.4mmでSR逃げ径1.6mmでは，ピン間3本の仕様ではソルダ・レジストの逃げとパターン間は0.08mmしかありません．これでは最悪の場合，配線パター

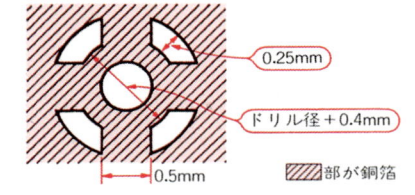

図5.8 ソルダ・レジスト(SR)逃げ

図5.9 サーマル・パッドの形状

ンが露出してしまいます．露出した異なる信号のパターン間は，はんだブリッジやマイグレーションが発生しやすくなります．これを避けるため，多少のソルダ・レジストのランドかぶりは許容してランド径＋0.1mmとしています．

リード部品の場合，ソルダ・レジストが多少ランドに被っても問題ありませんが，ランド面積の小さい表面実装部品は影響が大きいので，フォト・タイプのソルダ・レジストを指定するか，配線を離してソルダ・レジストの逃げを大きめに取ります．

実際は，基板製造メーカによっては，ソルダ・レジストのずれがかなりあります．パッドのかぶりやパターン露出は，はんだの濡れやはんだブリッジの原因になりやすいので，大量に基板を製造する場合は，基板製造メーカおよび組み立て部門と調整したほうがよいでしょう．

以前は基板の試作費が高く，海外基板メーカや零細基板メーカに試作を依頼することが多かったのですが，配線パターンはともかくソルダ・レジストには実際に自分ではんだ付けすることが多く精度的に不満がありました．そこで最近は，国内の比較的大手メーカに絞って，レジストを綺麗に仕上げるかどうかで試作依頼の判断をしています．

BGAや0.5mmピッチQFPでは，0.1mmレジスト精度では不足で2mil(0.05mm)逃げで設計してQFPの0.5mmピッチ間（パッド間は0.25mm程度）に綺麗にレジスト膜を貼れることを基板メーカ選定の条件としています．

● シルク(コンポーネント・マーク)仕様

文字の太さは，0.2mm(8mil)以上とします．文字の高さは，1.5mm以下では読みにくくなりますので，最低でも1mm以上とします．部品形状も太さ0.2mmとして，パッドから0.3mm以上のギャップを確保します．

先に説明したように，シルク仕様は回路設計者が基板設計を行う場合，もっとも手抜きするところです．

● サーマル・パッド

部品接続用のスルー・ホールを内層電源層に接続する場合に，直接，電源層銅箔に接続すると，はんだ付け時に熱が銅箔に奪われます．そのため，ほかのランドに比べてはんだ接続がうまくいきません．このため，図5.9のようなサーマル・レリーフ形状のパッド設定を行います．

表面実装部品のパッドや内層電源層に接続するスルー・ホール・パッドはサーマル・パッドにする必要はないので，無用な穴を作らないように直接接続するようにCADを設定してください．

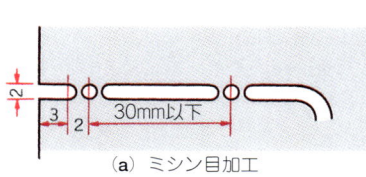

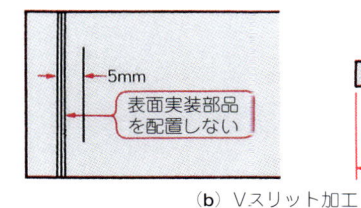

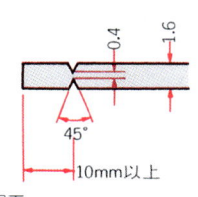

図5.10　外形加工指示　(a) ミシン目加工　(b) Vスリット加工

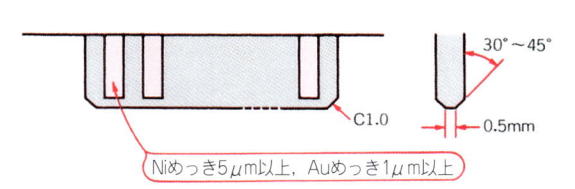

図5.11　コネクタ部

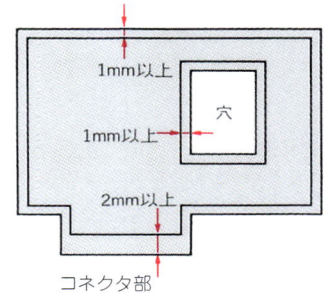

図5.12　内層の外形からの逃げ

- **最小導体幅**

  0.15mm（6mil）以上とします．

- **最小導体クリアランス**

  ギャップは，配線間，ランド間，配線ランド間などがありますが，0.15mmを最小とします．

- **外形加工指示**

  完成した基板を受け入れた後，分割するためミシン目加工かVスリット加工を行います（図5.10）．Vスリットを使用して基板を割るときは基板が変形しますので，はんだ剥がれを防ぐため，表面実装部品は5mm以上離します．

  Vスリット加工などは，基板材に応じて基板メーカで適切な溝で加工してくれるので，Vスリットの位置だけを指示すればよいでしょう．

- **カードエッジ・コネクタ部**

  図5.11に，カードエッジ・コネクタ指示例を示します．カードエッジ・コネクタであることと金メッキをすることを明記します．

- **内層ベタ層の外形線からの逃げ**

  図5.12に示すように，基板端より1mm以上逃げるようにします．コネクタ部は2mm以上逃げます．

  一般のPCBCADでは，電源層などに用いる内層ベタ層（プレーン層）では線を配置するところのメッキが除去されます．外形線に沿って，100mil（2.5mm）幅程度の線を引けば，内層部パターンの基板周辺部が1.2mm程度除去されます．コネクタ部は，余分にパターンを引いて2mm以上除去します．これは，周辺部がルータ加工され，エッジ部がテーパ加工されるので内層パターンが露出するのを防止するた

第5章

めの安全策です．

5.3 表面実装部品のパッド形状

　筆者が基板設計を始めたとき，一番苦労したのが表面実装部品用のパッドの設定でした．今でもパッドの設定には悩みますが，相変わらず部品メーカの標準設定は無視しています．実装工場の意見をいつも聞いていますが，回答に要領を得ません．

　実装工場としても同じパッケージで月産何万台という生産は中国に移管され，少量の生産が主体になってくるため，パッド条件の最適化を論じられなくなっているのかもしれません．これも，大量生産する場合は工場と相談しながら進める必要があります．

　本書の基準は，手作業ではんだ付けすることも前提としているので，部品外にパッドが現れるようにやや大きめのパッドとなっています．

● 表面実装のはんだ付け方法

　図5.13に示すように，表面実装部品のはんだ付け方法は，ペーストはんだを使用して部品面実装部品をリフロー炉に通す方法と，はんだ面実装部品を接着材で固定してはんだ槽を通す方法があります．

　リフロー炉を通す方法では，メタル・マスク(図5.14)を利用してペーストはんだをパッド面に塗布した後，部品実装を行います．リフロー炉を通るとき，はんだの表面張力によって多少の部品の位置ずれは自動的に修正されます．

　はんだ槽を通す方法では，部品は接着剤で固定されるため，部品の位置ずれは修正されません．このため，はんだ面の実装部品のパッドを，やや大きめに設定することもあります．

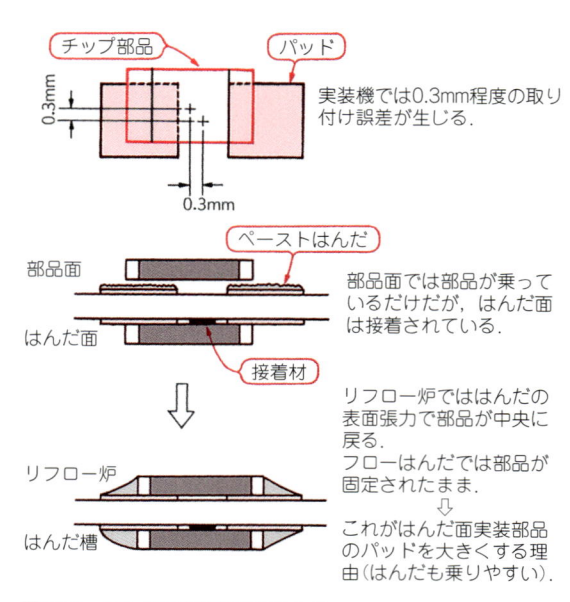

図5.13　はんだ面実装部品のはんだ

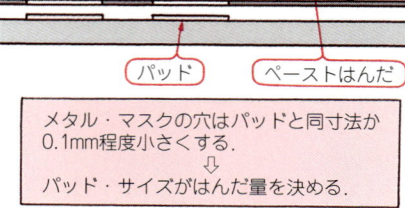

図5.14　メタル・マスク

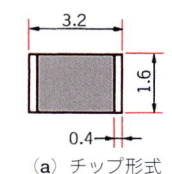

5.3 表面実装部品のパッド形状

図5.15 各社のパッド寸法（チップ部品）

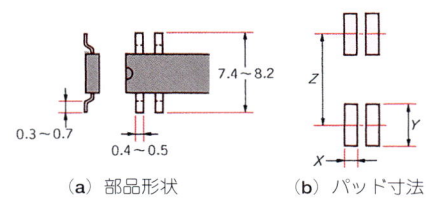

(a) チップ形式

(b) パッド寸法

(c) 部品面実装時のパッド寸法例

	チップ・メーカ	実装メーカ	セット・メーカA	セット・メーカB	基板設計メーカ
X	1.0〜1.2	1.3	1.0	1.55	1.0
Y	1.2〜1.6	2.0	1.3	1.6	1.8
a	1.8〜2.5	1.9	2.2	1.8	1.7
b	3.8〜4.8	4.5	4.2	4.9	3.7

(d) はんだ面実装時のパッド寸法例

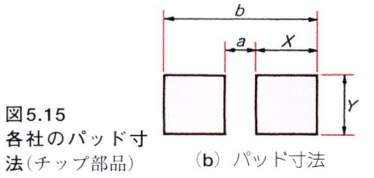

	チップ・メーカ	実装メーカ	セット・メーカA	セット・メーカB	基板設計メーカ
X	1.2〜1.3	1.5	1.3	1.55	1.3
Y	1.2〜1.6	2.0	1.9	1.8	1.9
a	1.8〜2.5	2.0	2.2	1.8	1.7
b	4.2〜5.2	5.0	4.3	4.9	4.3

図5.16 各社のパッド寸法（SOP部品）

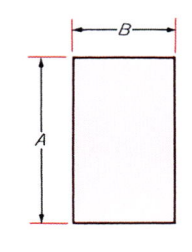

(a) 部品形状

(b) パッド寸法

(c) パッド寸法の例

	ICメーカ	実装メーカ	セット・メーカA	セット・メーカB	基板設計メーカ
X	0.76	0.6	0.76	0.6	0.5
Y	1.5	2.3	1.9	1.65	1.5
Z	7.62	8.0	7.23	7.35	7.6

図5.17 標準的なパッド寸法

Aの寸法	Bの寸法
1.0 mm (40 mil)	0.25 mm (10 mil)
1.5 mm (60 mil)	0.35 mm (14 mil)
2.0 mm (80 mil)	0.5 mm (20 mil)
2.5 mm (100 mil)	0.6 mm (24 mil)
3.0 mm (120 mil)	0.8 mm (32 mil)
3.5 mm (140 mil)	1.0 mm (40 mil)
	1.5 mm (60 mil)

＊使用パッドはAとBの組み合わせで使用する．

　生産数の小ロット化にともない，最近はリフロー炉を通さずにリード部品を手作業ではんだ付けを行うことが多くなり，はんだ面も部品面と同じようにリフロー炉を通し，接着はしない手法が使われるようです．この場合のパッド・サイズは，部品面とはんだ面とも同じ条件になります．

● 各社のパッド寸法

　図5.15と図5.16に，代表的なチップ部品とSOP部品のパッド寸法を示します．これらは，部品メーカや組み立て工場などにいろいろ問い合わせた結果です．

　パッド寸法は，各社で実装機やはんだの条件，外観検査の都合などで独自に設定されています．

　チップ部品では，はんだ面実装と部品面実装でパッド・サイズを変えていますが，会社間の違いのほうがはるかに多いようです．

第5章

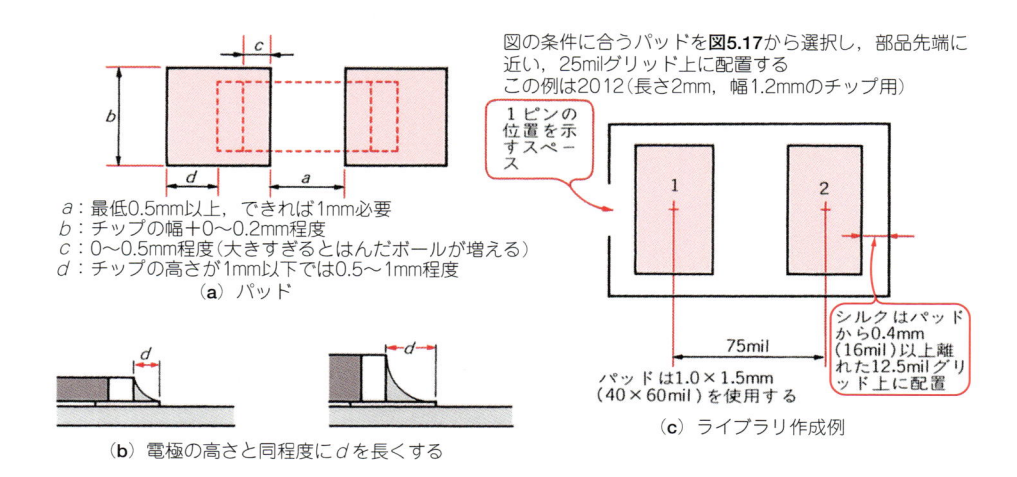

図5.18 パッドの設計基準（チップ部品）

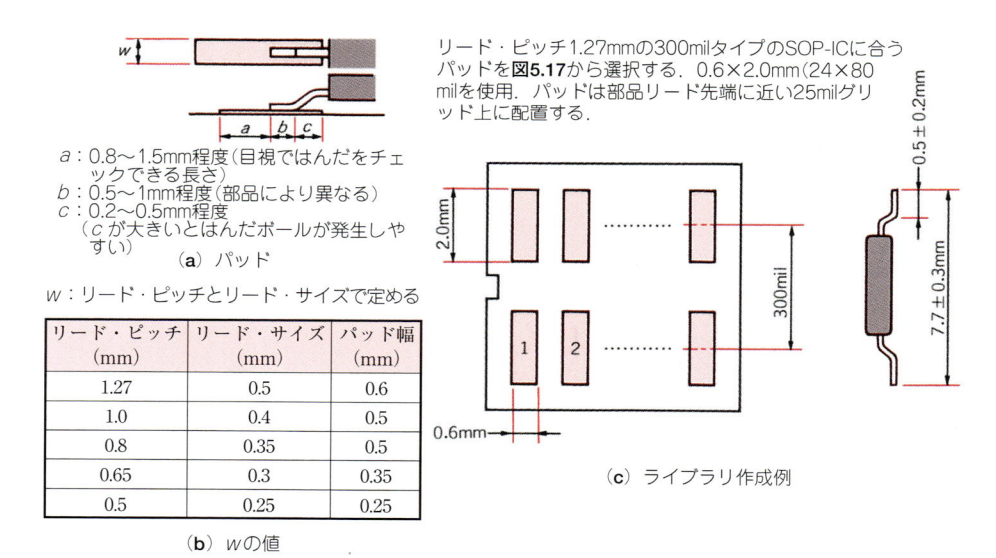

(a) パッド
- a：最低0.5mm以上，できれば1mm必要
- b：チップの幅＋0～0.2mm程度
- c：0～0.5mm程度（大きすぎるとはんだボールが増える）
- d：チップの高さが1mm以下では0.5～1mm程度

(b) 電極の高さと同程度にdを長くする

(c) ライブラリ作成例
- 図の条件に合うパッドを図5.17から選択し，部品先端に近い，25milグリッド上に配置する
- この例は2012（長さ2mm，幅1.2mmのチップ用）
- 1ピンの位置を示すスペース
- パッドは1.0×1.5mm（40×60mil）を使用する
- シルクはパッドから0.4mm（16mil）以上離れた12.5milグリッド上に配置
- 75mil

図5.19 パッドの設計基準（SOP部品）

(a) パッド
- a：0.8～1.5mm程度（目視ではんだをチェックできる長さ）
- b：0.5～1mm程度（部品により異なる）
- c：0.2～0.5mm程度（cが大きいとはんだボールが発生しやすい）

w：リード・ピッチとリード・サイズで定める

(b) wの値

リード・ピッチ (mm)	リード・サイズ (mm)	パッド幅 (mm)
1.27	0.5	0.6
1.0	0.4	0.5
0.8	0.35	0.5
0.65	0.3	0.35
0.5	0.25	0.25

(c) ライブラリ作成例
- リード・ピッチ1.27mmの300milタイプのSOP-ICに合うパッドを図5.17から選択する．0.6×2.0mm（24×80mil）を使用．パッドは部品リード先端に近い25milグリッド上に配置する．
- 2.0mm，300mil，0.6mm
- 0.5 ± 0.2mm
- 7.7 ± 0.3mm

● パッド寸法の基準

　パソコン・ベースのPCBCADでは，パッドの種類だけアパーチャが設定されます．フォト・プロッタでは，アパーチャは手作業で設定されますので，あまり種類が多いとミスを誘発します．このため，図5.17に標準となるパッドを設定しました．なるべく，これらのパッドを使用します．
　パッドの選択は，各社基準の中間的な寸法を採用しています．また，チップ部品は部品面とはんだ面は同形状としています．

● 各部品のパッド寸法

　図5.18～図5.21に，部品ごとのパッドの設計基準と，部品ライブラリ例の一部を示します．

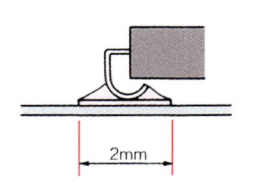

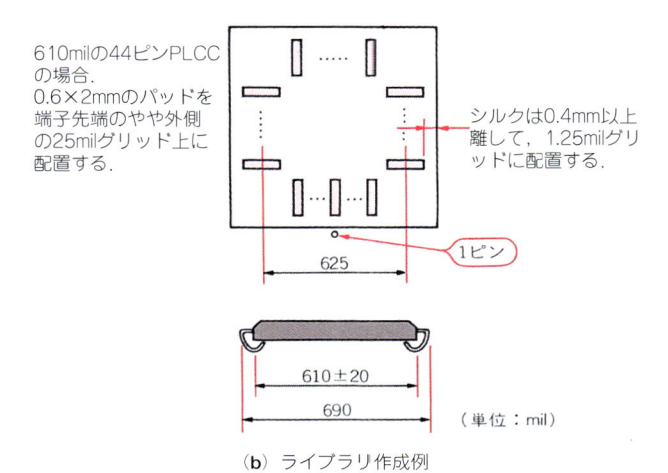

図5.20 パッドの設計基準(SOJ，PLCC部品)

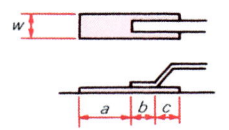

(a) パッド

パッド寸法は0.6×2mmを使用．端子先端部の中央部か，やや外側に配置する．

610milの44ピンPLCCの場合．
0.6×2mmのパッドを端子先端のやや外側の25milグリッド上に配置する．

シルクは0.4mm以上離して，1.25milグリッドに配置する．

(b) ライブラリ作成例

図5.21 パッドの設計基準(QFP部品)

(a) パッド

a：1mm以上
b：0.5〜1.5mm程度
c：0〜0.5mm
パッド長は2.0，2.5，3.0mmから選択

w：リード・ピッチとリード・サイズで定める

リード・ピッチ (mm)	リード・サイズ (mm)	パッド幅 (mm)
1.27	0.5	0.6
1.0	0.4	0.5
0.8	0.35	0.5
0.65	0.3	0.35
0.5	0.2	0.25

(b) wの値

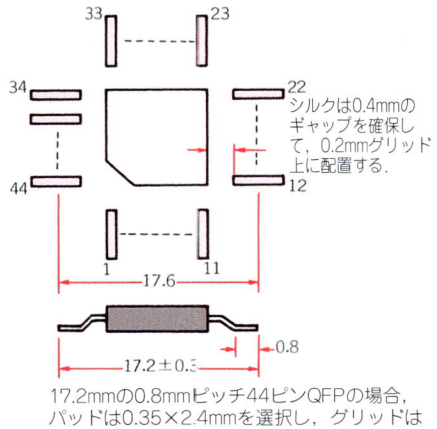

シルクは0.4mmのギャップを確保して，0.2mmグリッド上に配置する．

17.2mmの0.8mmピッチ44ピンQFPの場合，パッドは0.35×2.4mmを選択し，グリッドは0.8mmまたは0.4mmを使用する．

(c) ライブラリ作成例

5.4 部品ライブラリの作成

ICなどの一般的な部品は，PCBCADの部品ライブラリに標準で付属してきます．しかし，寸法関係を明示した，しっかりした基準書はほとんど付属していません．

第5章

　寸法関係が明確でないライブラリを使用するのは，ギャップ管理の上でも危険ですから，できれば読者のオリジナルを作成することをすすめます．

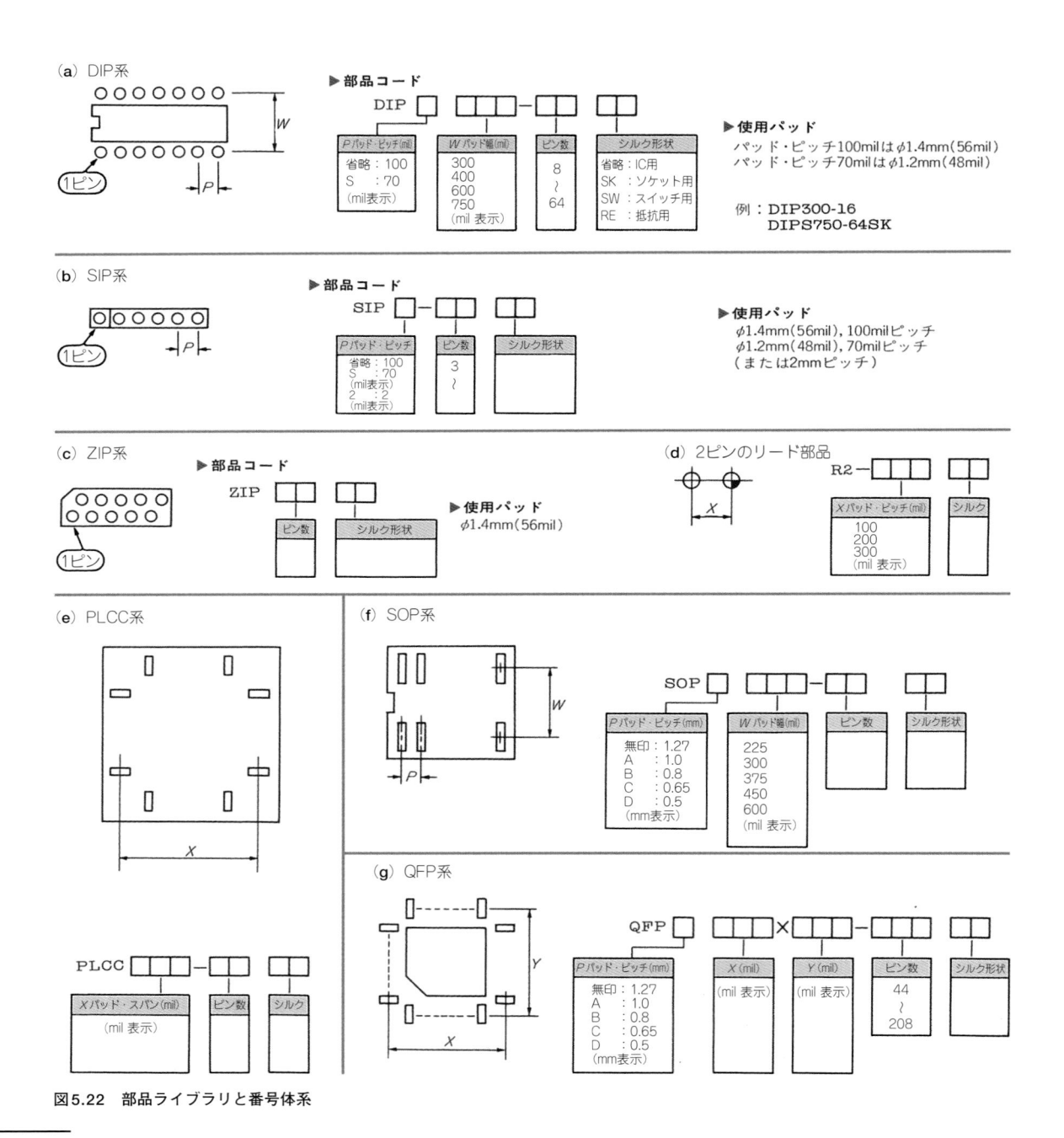

図5.22　部品ライブラリと番号体系

5.4.1 部品ライブラリ番号体系の作成

部品形状は様々で，とくに表面実装部品は煩雑でまちがいやすくなっています．部品外形はJEDECやJEITAなどの規格もありますが，あまり利用されていません．同じ部品形状でも，各部品メーカが好き勝手に形状番号を設定しています．

基板設計を行うときは，部品の形状とPCBCADの部品ライブラリを完全に一致させなければなりません．また，ライブラリの名前は覚えやすくすることも大事ですし，アルファベット順に検索する場合に同系統の部品が並ぶようにする必要もあり，ライブラリの名称は重要です．

図5.22に，番号体系とライブラリの内容の一部を示します．この中で使用しているパッド・サイズは，その部品における標準的な寸法としています．変更が必要なときは，部品配置後に修正します．

ただし，PGAタイプのICは，同じピン数でもピン配列やピン番号が異なります．これ以外にも，体系化しにくいものは無理に体系化せず，部品コード以降にそのメーカ名と部品型番を省略して登録します．この場合は，使用するたびに適合を確認します．

現在のところ，ICなどは一度設計するとほとんどそのまま再利用できますが，スイッチやコネクタは再利用が難しく，設計のたびに新規に登録しています．たとえば，スイッチなどでは，会社名とシリーズ名に必要に応じてサフィックスをつけています．

　　　SWS-ALPS-SKRM-A
　　　SW-NIKKAI-BB15AH

どちらにしても，覚えやすく間違いにくい統一した番号体系にしないと，せっかく登録しても呼び出すことができなかったり，間違えて使用して実装できないことがありますので，しっかりした体系化が必要です

5.4.2 部品ライブラリの作成

部品ライブラリの作成の流れを**図5.23**に示します．

● **パッドの選択**

部品に応じて，標準的なパッドを選択して，部品の端子間隔に合わせてグリッドを指定します．

DIP部品やSOP部品などは，1ピン位置に座標原点を移動すると配置しやすくなります．また，QFPのように4辺にパッドを配置する場合は，1ピンから1辺分のパッドを配置した後，部品中央に原点を設定するとほかの3辺のパッドやシルクが引きやすくなります．

CADによっては，mm単位をサポートしないものや，1milグリッドが限界のものもあります．その場合はグリッドを1milとし，ずれを修正しながら中心部から配置します．配線や配置では1milグリッドの精度があれば十分ですが，mm単位の部品登録のときはさらに細かく設定できたほうが便利です．

● **端子番号**

1，2，3とかA1，B2とか，A，Kなどで端子ごとに設定できますが，ネット・リストの接続データと一致していなければなりません．コネクタやPGAタイプのICなどでは，同一形状でも端子番号が連番のものやA1，B1などの番号が混在していますので注意が必要です．

部品配置後の番号変更も可能ですが，ネット・リスト上の番号の付けまちがい（重複や抜け，不一致）

第5章

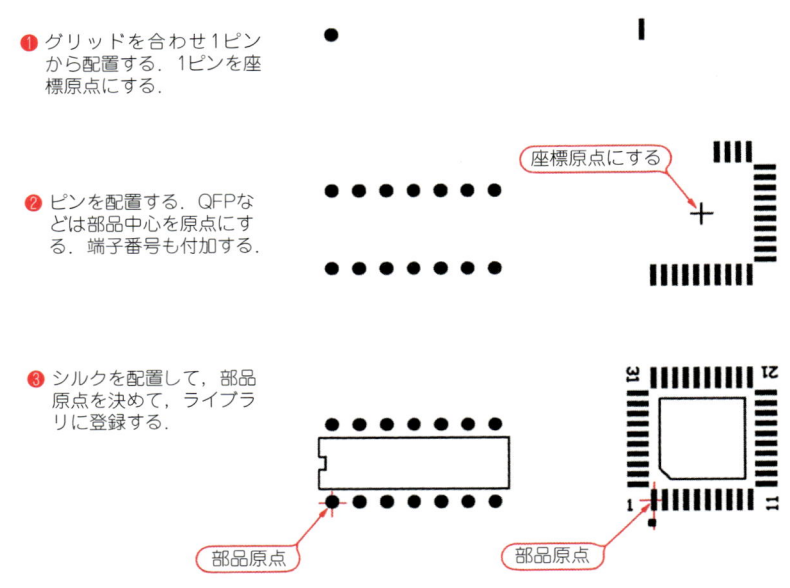

❶ グリッドを合わせ1ピンから配置する．1ピンを座標原点にする．

❷ ピンを配置する．QFPなどは部品中心を原点にする．端子番号も付加する．

座標原点にする

❸ シルクを配置して，部品原点を決めて，ライブラリに登録する．

部品原点　　部品原点

図5.23　部品ライブラリの作成の流れ

を警告してくれないPCBCADもありますので，慎重に行います．

　端子番号は，初期値を設定するとパッド配置ごとに自動的に端子番号を増加して付加していくことができます．CADによっては，自動的に付加できなかったり，端子番号を画面表示できないものがあります．このようなCADでは，パッドごとに手作業で番号設定しますが，多ピンの部品登録はまちがえやすくなりますので注意が必要です．

● **部品形状シルク**

　部品形状を表すシルクも部品登録します．シルクは部品配置後に，シルク幅の変更はできますが，消去や移動はできないCADもあります．部品番号や部品名は，配置のときに付加されますので，移動，消去，拡大，縮小などは自由です．CADによっては文字のロゴも変更できます．

　シルクの配置グリッドは，パッドの配置グリッドの1/2か1/4を使用しています．シルクはパッドに被らないようにパッドから0.3mm以上ギャップを確保します．シルク幅は0.2mm（8mil）として，パッドから25mil，または0.5mm以上離して配置します．

　部品番号や部品名は，ネット・リストから読み取った値が自動的に付加されます．部品配置後は部品番号や部品名は，移動したり，書き直したり，大きさを変更する作業が入ります．

　コネクタやQFPなどは，1ピン位置や端子番号の一部を付加します．

● **部品原点の設定**

　従来は1ピン位置に原点を置くことが多かったのですが，ピン位置をグリッドに載せる必要もないので，最近はリード部品，チップ部品に関わらず部品の中央に原点を置いて配置するようにしています．

第6章 PCBCADによる部品の配置

本章は，ほかの人が設計した回路を読者がプリント基板の設計をするものとして話を進めます．

現状では，まだCADの自動配置機能にはあまり期待できないので，ここでは自動配置については考えず，手作業による配置設計方法を考えます．

6.1 部品配置の準備

6.1.1 配置部品の表示と配置配線の禁止領域の設定

CADによって差はありますが，外形データ・ファイルにネット・データを読み込むことにより，または部品表示コマンドを使うことによって，図6.1のように部品が重なって配置された画面が現れます．あるいは，部品を基板の周辺にばらまくCADもあります．

あらかじめ配置グリッドを100 milに設定しておけば，部品の基準点がすべて基本グリッド上に乗ります．

たいていのCADには，禁止指定作業層が用意されています．この層を利用して，ラインを囲んだ部分が配置と配線の（あるいは個別に）禁止領域として設定できます（図6.2）．この層に，先の設計基準で定めた内容と，必要に応じて基板外形データに重ね合わせるように禁止領域を指定します．

この禁止を無視して配置配線を行うと，DRCやオンラインDRCでエラーが表示されます．また，自動配線を実施する場合，この領域は配線されませんので配線したくない部分にはこまめに設定します．

この場合は，コネクタやエッジ・コネクタなど基板周辺の部品が，禁止領域に重なる部分がでます．この場合は，配線終了後，その領域の禁止指定を解除してDRCを実行します．

禁止線の太さは任意ですが，外形入力と同じにします．

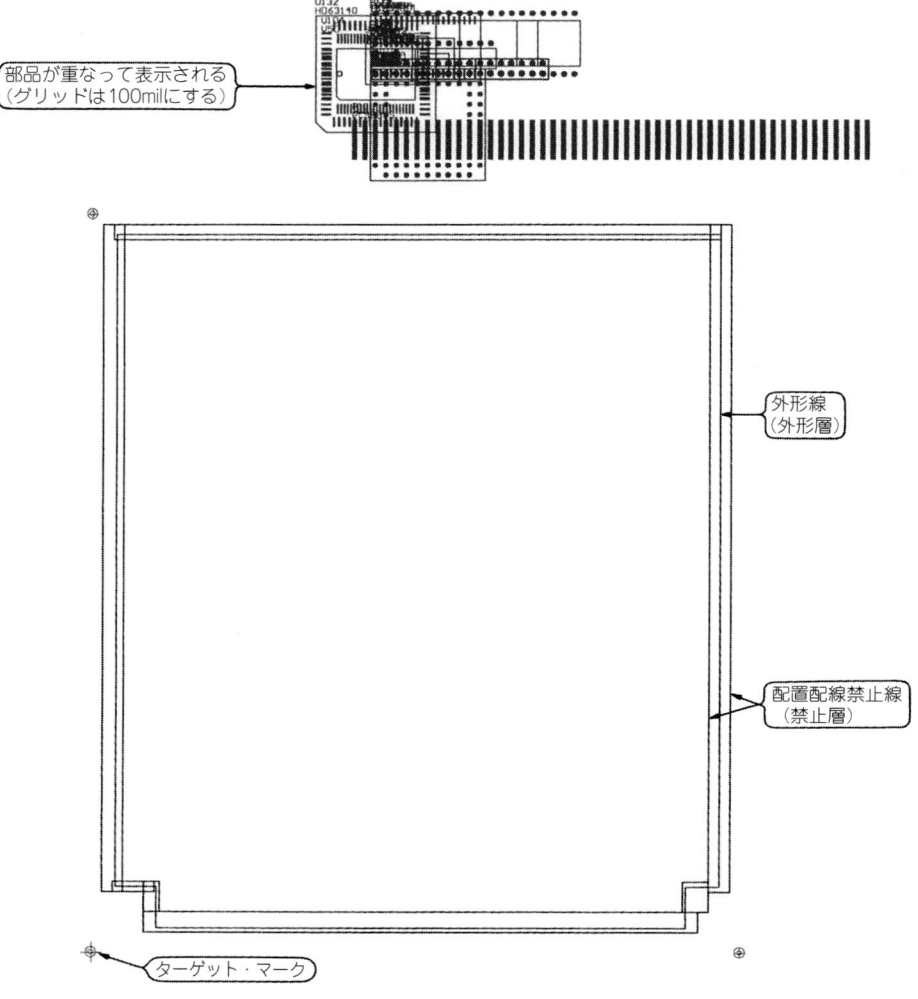

図6.1　これから配置する部品の表示

6.1.2　部品の展開

　部品が重なっていると部品の選択が困難なので，図6.3のように部品を展開させます．したがって，CADの作業エリアは基板面積よりも広いことが重要です．

　部品が多い場合は，配置しようとする部品を探すのはかなり困難です．たいていのCADは部品番号を指定すればその部品を選択できますので，その機能を利用したほうがよいでしょう．図6.3では高さ制限の目標とするために，基板上に高さを制限する領域を記入しています．また，基板の寸法を記入しています．

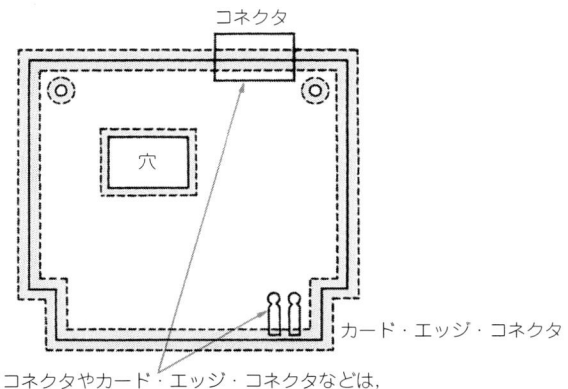

図6.2 配置配線禁止領域の設定
▨は禁止層を示す．破線で囲んだ所が配線配置禁止領域となる．
これを無視した配置配線はDRCでエラー表示が出る．

（a）ランドが基本グリッドに乗らない場合

（b）端子ピッチがmm単位の場合

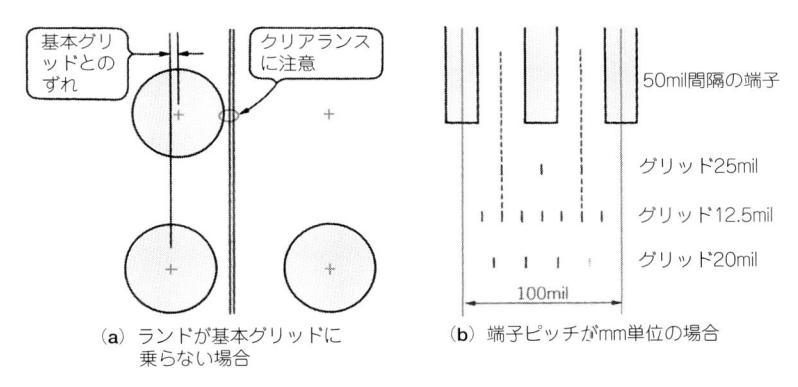

図6.4 グリッド(格子)合わせ
ランドが基本グリッドに乗らない場合や端子ピッチがmm単位のものは，絶えず配線とのクリアランスに注意が必要．

6.1.3 グリッド(格子)合わせ

　最初の配置では，100 milグリッドで大枠を配置したあと，グリッドを50 milまたは25 milに調整しながら配置を進めます．とくにグリッドを限定する必要はないのですが，配置グリッドを制限したほうが配線時のパターン・ギャップを管理しやすくなります．

　図6.4に示すように，mm単位の部品やグリッドをずらして配置した部品は，端子が25 milのグリッドからずれて配置されますので，25 milや12.5 milのグリッドで配線するときはパターン・ギャップに注意します．

　ただし，ピン間2本の設計仕様で，20 milグリッドで設計する場合は，端子間隔が50 milのSOP部品やPLCCなどとはグリッドが整合しないので，端子間にパターンを引くときは，配線グリッドを変更す

第6章

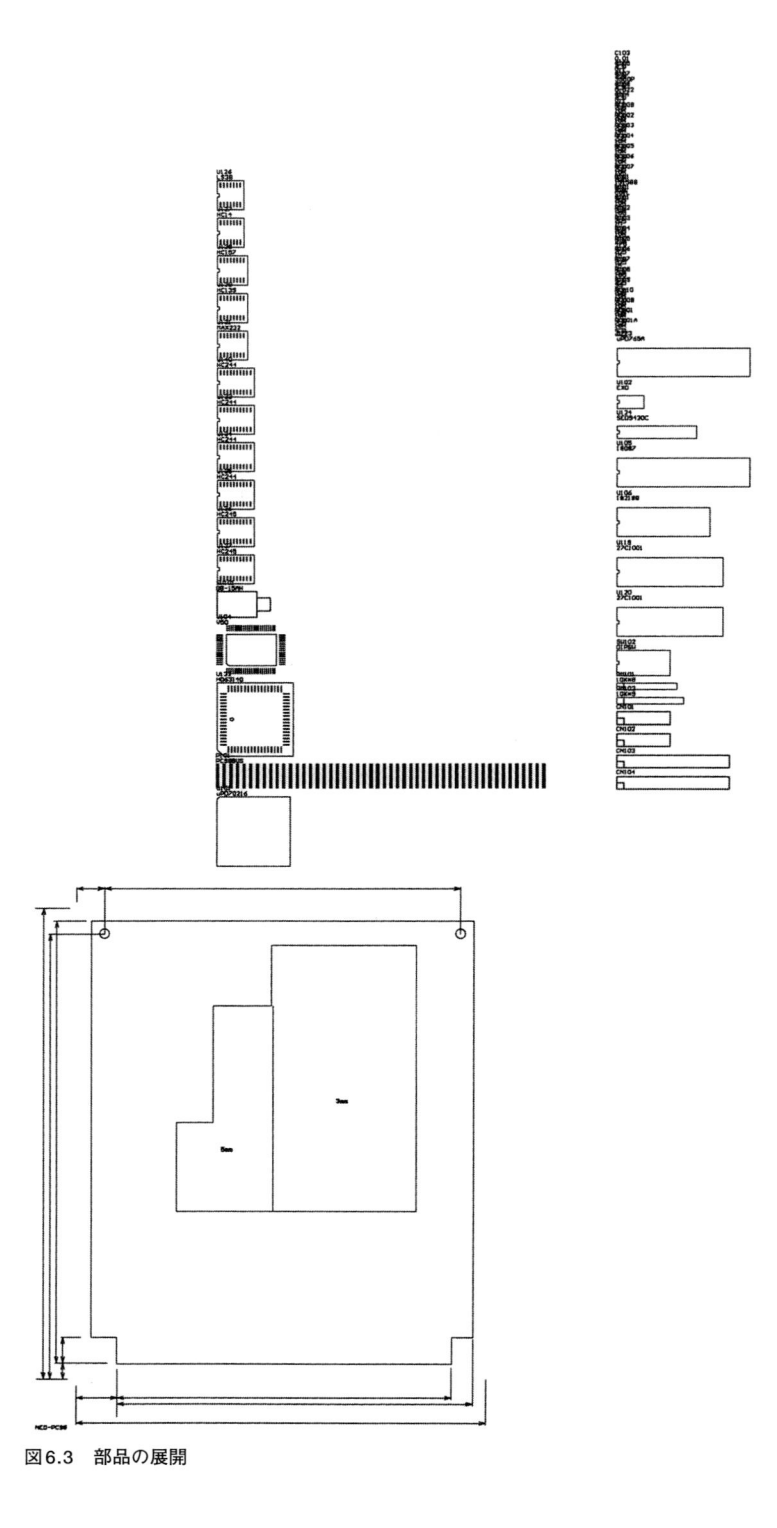

図6.3　部品の展開

るなどの注意が必要です．筆者はこの理由から，表面実装の設計ではピン間2本の配線はなるべく避けています．

最近のCADにはオフグリッド配線機能があり，配置した部品パッドと配線作業のグリッドがずれていてもパッド中心まで配線ができるのでこの心配はありませんが，基板製造品質が全体に上がっているので，とくに品質を理由にピン間2本の設計をする意味はないのでピン間3本ですべて設計しています．

6.1.4 ラッツ・ネスト

図6.5に示すように，部品端子間に接続を表す線を引いた図をラッツ・ネスト（ネズミの巣）と呼びます（納豆線と呼んだほうがよいかも）．

これを利用して，移動する部品とほかの部品との接続関係を確認しながら配置を進めます．

6.2 部品を配置する

部品をマウスでクリックして移動させながら，以下に述べる方針で配置を進めます．配置指定のある部品は最終的な位置に配置して，それ以外の部品はおよその位置に配置します．

6.2.1 部品方向

部品を配置する方向は，上下左右いずれの方向でも可能です．しかし，できれば図6.6に示したような2方向に限定します．シルクの向きも画面上で読みやすい方向に揃えたほうが，見誤りを避けやすくなります．とはいえ，表面実装が主体となった現在では，部品の方向にあまりこだわることもありません．

隣り合うQFP同士の配線などがもっとも有効に引けるように配置すべきですが，部品の1ピン位置は明確にわかるようにシルクでマークをつける必要があります．

C1とかU1の部品記号は読みやすい向きにあわせるべきですが，74HC××などの部品型番は部品の

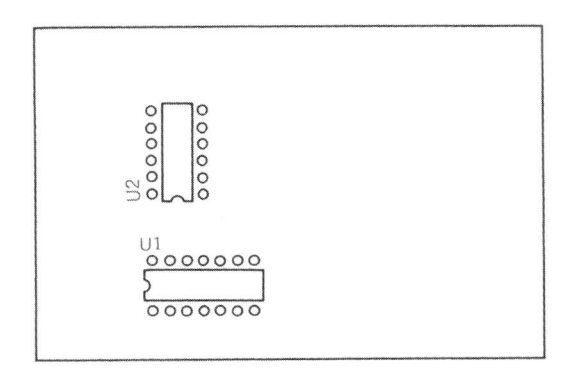

図6.6 部品方向

第6章

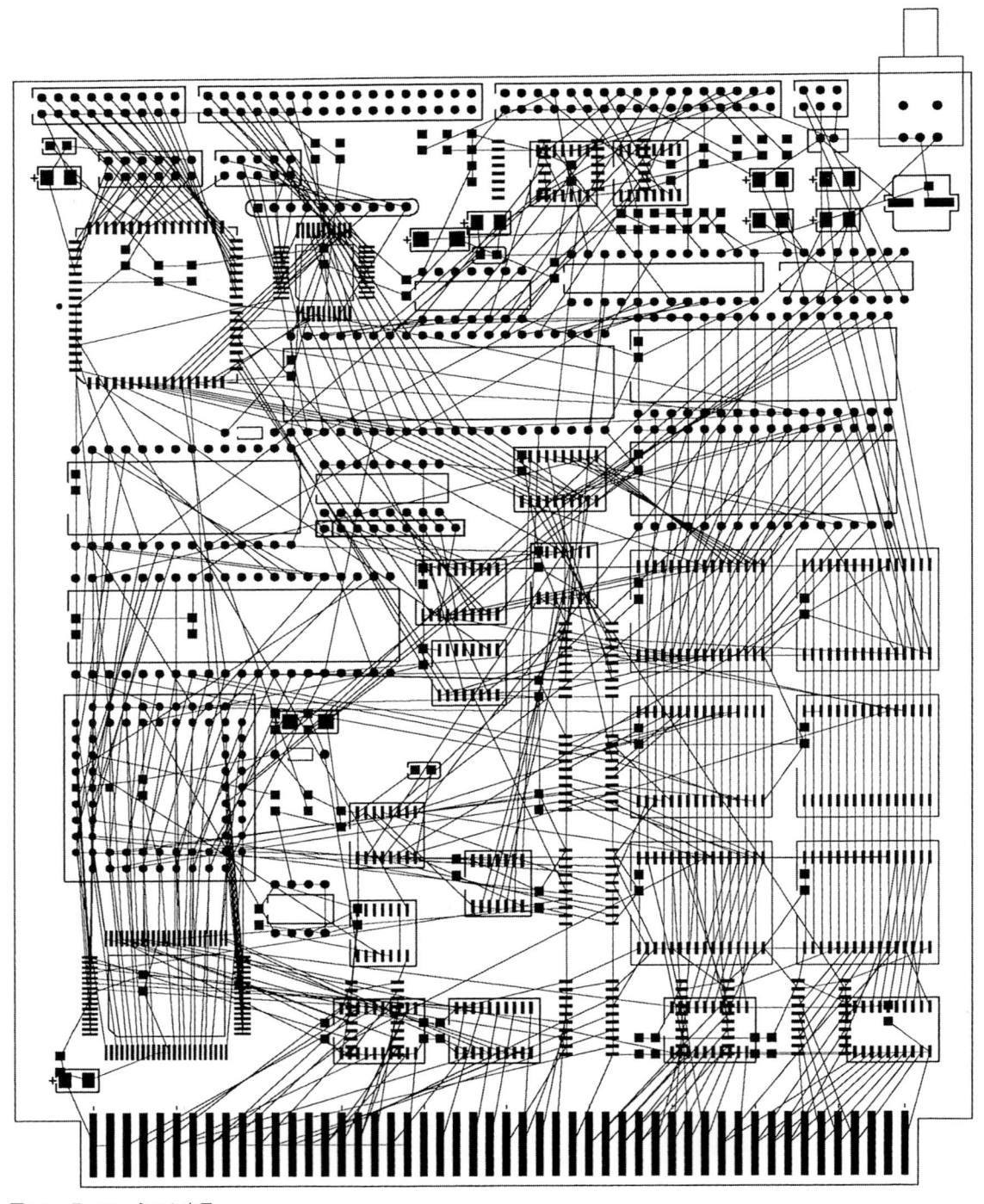

図6.5　ラッツ・ネスト表示

向きの応じた方向に配置したほうがわかりやすいと思います．

6.2.2　配置指定部品の配置

　コネクタ，スイッチ，LED，可変抵抗器などの部品は，基板外の部品との接続や，組み込みのためにパネルや筐体と位置合わせする必要があり，配置位置が指定されていることが多いようです．

　たいていは，コネクタの中心や取り付け穴の位置が指定されています．この場合，多くは基板外形や取り付け穴を基準とした位置指定がなされており，100 mil ピッチ部品でも，必ずしも100 mil の基本グリッド上には乗りません．

　先にも述べたように，最近のCADはグリッドが合わなくても綺麗に配線できますので，部品の基準位置を中央や1ピン位置あるいは任意の位置に設定できるCADは，配置前に基準位置設定を実行しないで配置後に実行するとすべてがずれてしまうので注意が必要です．

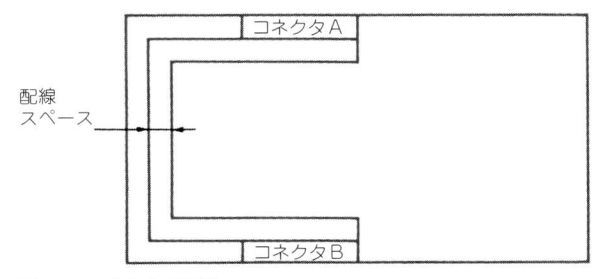

6.2.3　コネクタの配置

● コネクタの配置は慎重に

　コネクタの配置は配線に大きな影響を与えるため，かなり慎重に決める必要があります．

　図6.7に示すように，離れた多極のコネクタどうしを接続したり，離れたICの信号を外部にコネクタで出力するときは注意が必要です．

　信号数40でも，ピン間3本仕様では12.5 mil（0.3175 mm）グリッド上に0.15 mm（6 mil）のパターンを引くと，40本（本当は41本）で 40 × 0.3175 = 12.7 mm のスペースが必要ですので，そのぶんをあらかじめ確保して配置を進めます．この場合は，基板周辺部を専用に利用して，ビアを打たないようにすると効果的です．

● コネクタ周辺部の端子配列条件による違い

　図6.8に示すように，コネクタ周辺部でも端子配列条件によって配線スペースに大きな差が出ます．端子配列が任意に設定できる場合は，ネット・データを変更します．ピン・スワップができるCADなら，それを利用します．

　回路設計者が基板設計をする場合は，このようなときにすぐ配線しやすいよう回路図を修正できま

図6.7　コネクタの配置
コネクタA，Bを直接つなぐ場合は，基板周辺部を専用に使用するスペースを確保する．

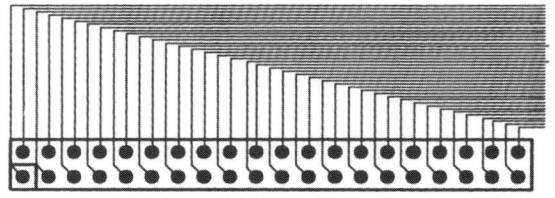

（a）1層だけを利用して配線した場合
（一般的にはこの程度のスペースが必要である）

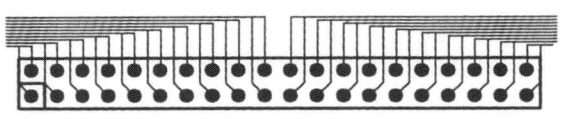

（b）2層を使い，もっともコンパクトにまとめた場合
（この場合は別のスペースを利用して，ビアを利用して配線を整えることが必要である）

（c）コネクタ付近にビアを多用した最悪の場合
（このスペースがあればどんな配線も可能）

図6.8　コネクタ周辺部のスペース

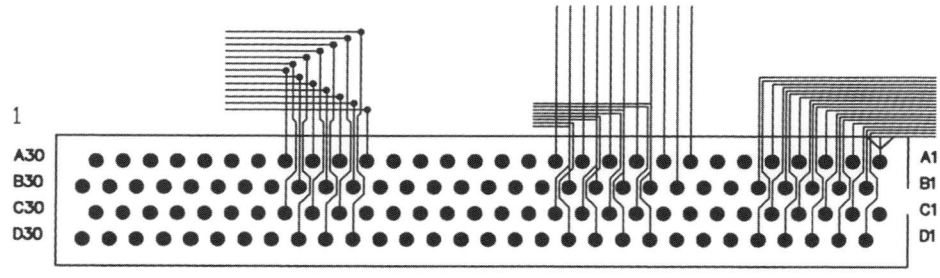

図6.9　50ピンを越える多極コネクタ

すので，極めて有利な設計ができます．

● **50ピンを越える多極コネクタ**

　図6.9に示すような，50ピンを越える多極コネクタを使用する場合は，配線の引き出し方法の方針を決める必要があります．

　この場合，接続する部品を無理にコネクタに近づけると，端子接続順が理想的でない場合は，配線上コネクタ周囲にビアが増えて配線効率が落ちるので，配線を引き出したあとで，適当なスペースを利用してビアを配置して配線を配置方向ごとに整えます．

　方針を決めずに配線する場合は，コネクタの接続面の配線スペースは広くとってください．目安として，ほかの信号が通ることも考えて，配線面に接続本数の2倍の面積が目安です．

● **コネクタ挿抜時の作業性，強度，スペース確保**

　図6.10に示すように，コネクタを抜き差しするときの，作業性，強度，スペース確保にも留意することが必要です．

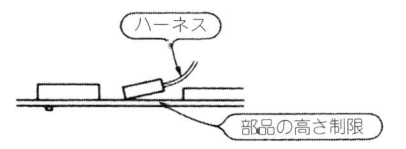

図6.10 コネクタ挿抜時の作業性と基板強度

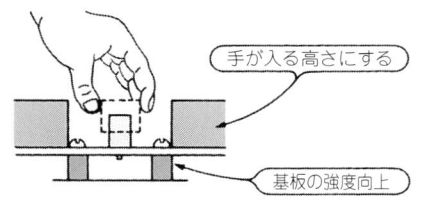

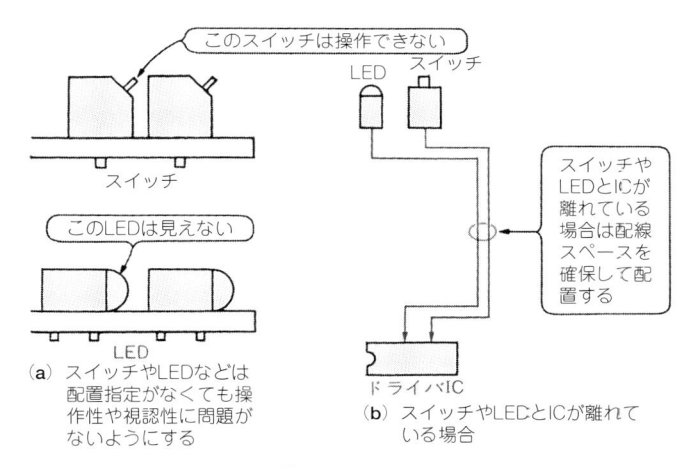

図6.11 スイッチやLEDの配置

6.2.4 スイッチ，LEDの配置

図6.11に示すように，スイッチやLEDなどはたいていの場合，位置が指定されています．しかし，取り付け位置や操作性を優先して決められており，配線の都合はあまり考えていない場合が多いようです．このため，接続する部品との距離が遠いときは，配線ルートとスペースを考えて配置します．可能なら基板周囲を利用するのがよいでしょう．

もし位置指定されていない場合でも，配線の都合だけを考えて，スイッチやLEDの操作性・視認性を無視した配置は許されません．配置のときは，スイッチの操作面やLEDがほかの部品の陰にならないように注意してください．

6.2.5 高さ制限

高さ制限も手間のかかる条件の一つです．部品カタログを十分検証し，各部品のリード形状や端子

第6章

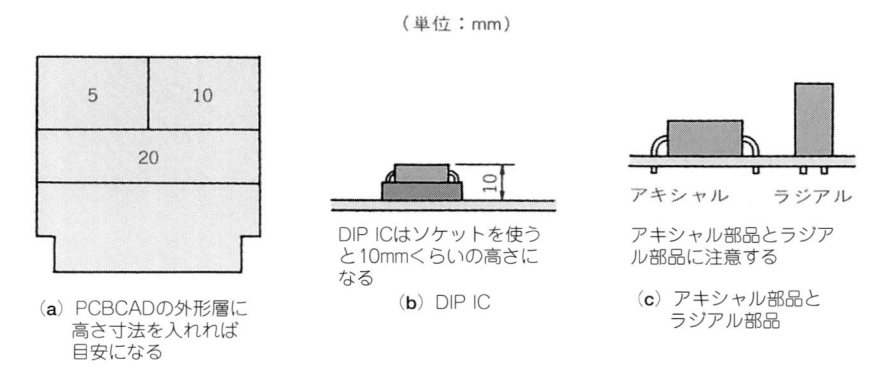

(単位：mm)

(a) PCBCADの外形層に高さ寸法を入れれば目安になる

(b) DIP IC
DIP ICはソケットを使うと10mmくらいの高さになる

(c) アキシャル部品とラジアル部品
アキシャル部品とラジアル部品に注意する

図6.12　高さ制限

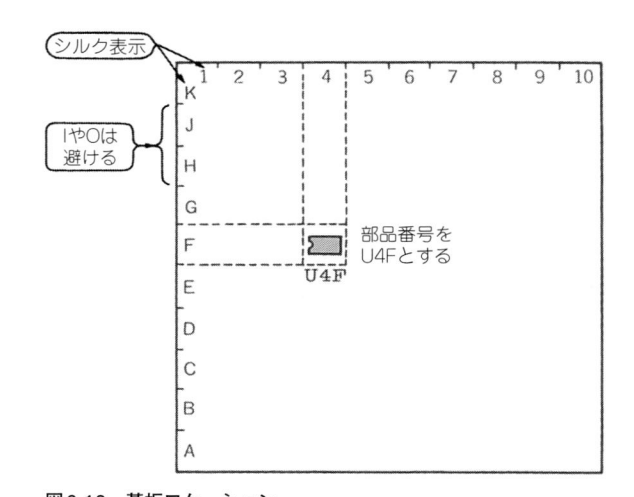

図6.13　基板ロケーション
基板上にDIPの20ピンICが入るスペース程度（任意）に数字とアルファベット（IやOは誤読を避けるために省く）で分割する．同じスペースに2個入る場合は，U4F1，U4F2で分類し，複数のスペースが必要な場合は1ピン位置でIC番号を定める．

形状やソケットの有無に注意しましょう．たいていの高さ制限は，基板組み込みのときのことしか考えずに条件設定されており，このため配線条件が苦しくなるのが常です．これも客先と相談しながら決めましょう．

図6.12に示すように，外形図に高さ制限の領域と高さを記入しておけば，まちがいを減らすことができます．ICにソケットが付く場合はソケットによりますが，意外と高くなるので注意をしてください．

電解コンデンサは，ラジアル・タイプとアキシャル・タイプがあるのでまちがえないようにします．

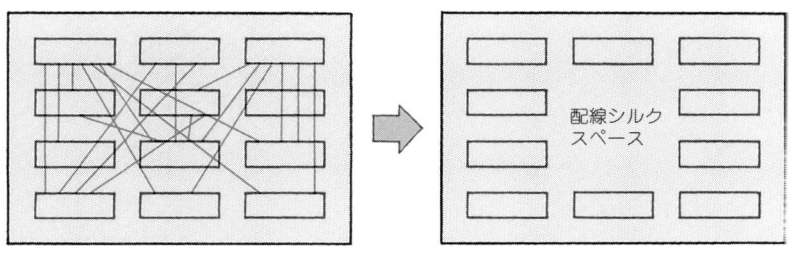

6.2 部品を配置する

(a) 中央部には配線が集中するので，部品を配置しない

基板中央部は配線が集中するので，多ピン部品や穴の配置は極力さける．

基板中央部はできれば配線スペースとし，基板型番などのシルク・スペースに利用する．

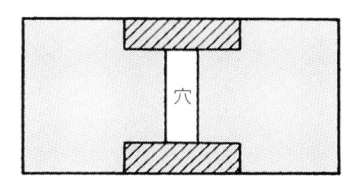

このような基板では ▨ 部の部品配置はさけて，配線スペースとする．

(b) 穴あき部分の端部には部品を配置しない

図6.14 基板中央部の配置

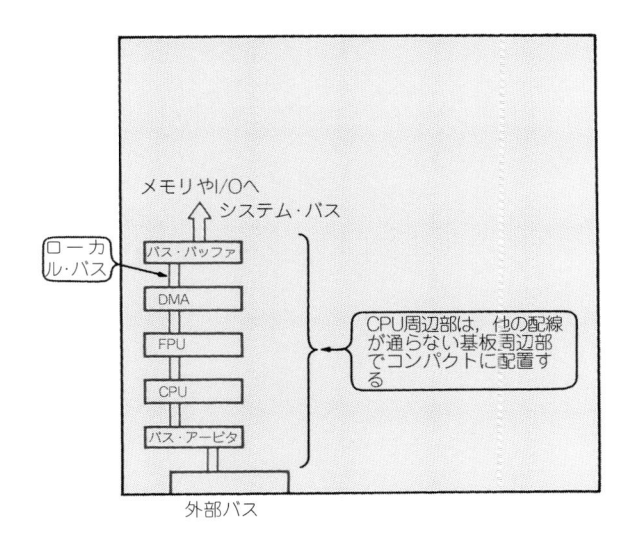

図6.15 CPU周辺部の配置

CPU周辺部は，他の配線が通らない基板周辺部でコンパクトに配置する

6.2.6 基板ロケーションと基板中央部の配置

図6.13に示すように，部品配置を行うとき，基板上にシルクでロケーション指定を行うこともあります．数字とアルファベットの座標でICの位置を示します．IC番号は，この座標を基準として番号を付けかえることもあります．ICが大きいときは，1ピンの座標を番号とします．

図6.14に示すように，基板中央部は配線が集中します．できれば，この部分は部品の配置を避け，配線や基板番号のシルク位置として，スペースを残しておきます．とくに，CPUなどの多ピン部品の配置は避けるようにします．

また，基板中央部に大きな穴などがある場合は，極力両端の部分は部品の実装を避けて，配線スペースを確保します．

第6章

(a) 一般にメモリは上下方向に並べて、上下方向にバスを配線する

(b) TSOPパッケージでは、同一パッケージに2種のピン配列があり、図のような配線が可能である

図6.16 メモリの配置

(a) PIOなどコネクタ接続が多い部品はコネクタ側へ

(b) SIOなどコネクタ接続が少ない部品はシステム・バス側へ

このパターンは太め(0.35mm)にして、長くする場合は基板周辺を通す

(c) ドライバICとコネクタの配置

他の配線から離す(2mm程度)かガード・パターンを通す

図6.17 I/Oデバイスの配置

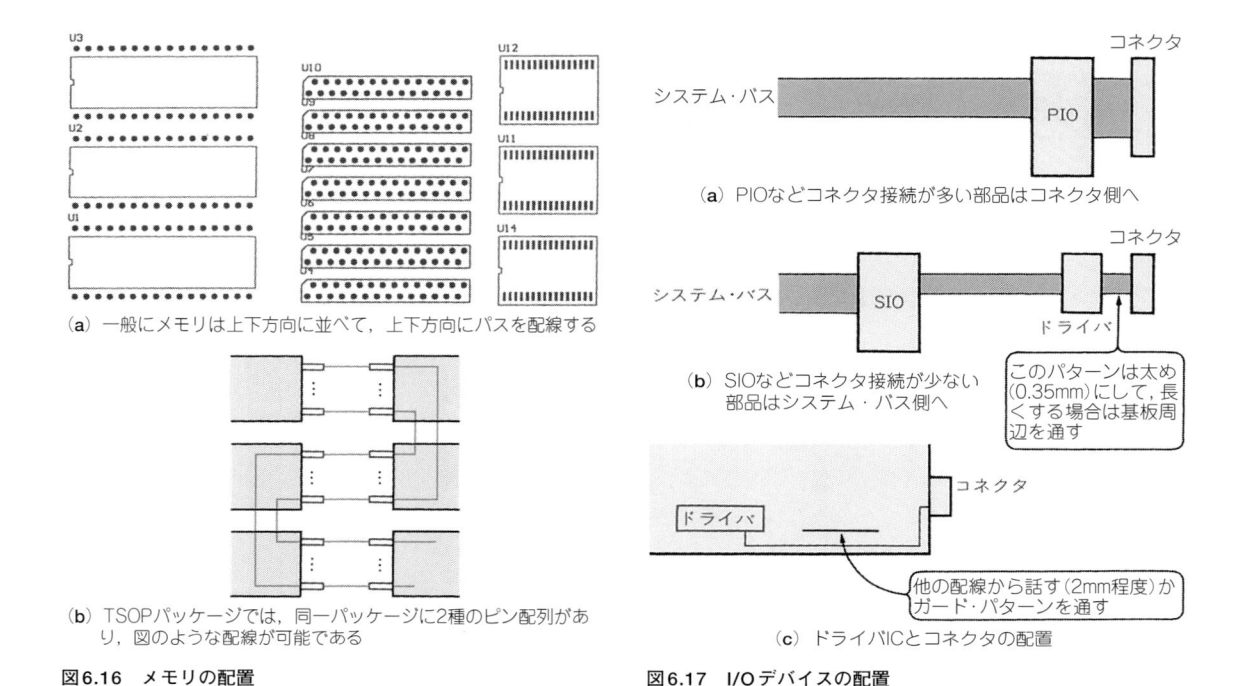

● CPU周辺部の配置

図6.15に示すように，CPUやコプロセッサなどは配線の接続相手が限られていたり，ローカル・バスが構成されていたりするので，ほかの配線が通らない基板の端に，コンパクトに配置します．

● メモリICの配置

図6.16に示すように，メモリはコンパクトにまとめることができますが，ほかの配線の妨げになります．CPUの近くに1列に並べられればよいのですが，なかなかそうはうまくいかないことが多いようです．

場合によっては，メモリはCPUから離さざるを得ないこともあります．そのときは，アドレス・バスとデータ・バスの配置スペースを確保してください．

● I/Oデバイス

図6.17に示すように，PIOのようなコネクタとの接続が多いデバイスはコネクタの周辺に，SIOのようにコネクタと接続数が少ないデバイスはバス配線が短くなるように配置します．

ドライバICなどはコネクタ近くに配線するのが基本ですが，基板周囲を利用するのも一つの方法です．しかし，パターン幅は太めにして，多少の電流では切れないようにするほか，ノイズを避けるためにほかの信号と離すことが必要です．

6.2.7 バス配置スペースの確保

バスは極力コンパクトに配線したいものですが，現実には長々と引きまわさざるを得ません．配置

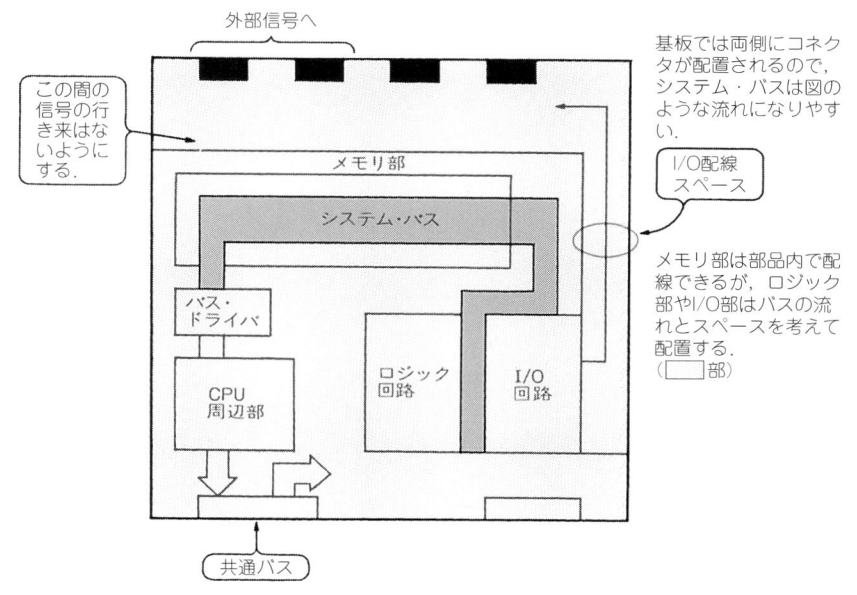

図6.18 バス周辺のスペースの確保

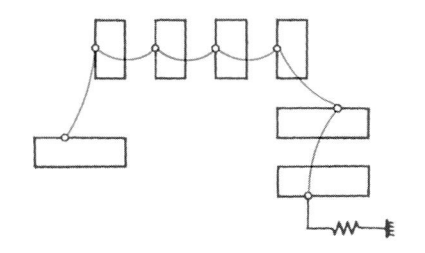

図6.19 バスは一筆書きで配線したい（ループは禁物）

の大枠が決まったら，図6.18に示すように，バスの流れの方針を決めて，そのスペースを確保します．

アドレス・バスは一般のI/Oでは本数が少ないので，データ・バスを中心に方針を考えます．バスは，できれば図6.19のように一筆書きで配線したいものですが，あまりこだわることもないでしょう．しかし，ループを構成しないように注意します．

6.2.8 パスコン

● パスコンの配置を忘れずに

パスコン（バイパス・コンデンサ）は，必ず必要なぶんを配置してください．配線後に配置しようとすると，線をかなり引き直すことになります．

パスコンは，部品表や回路図に記載されないこともありますが，必ずほかの部品と同様にネット・リストに書き込んで同時に配置してください．

図6.20に示すように，ICの電源ピン付近に配置しますが，配置したぶん配線スペースを減らします

(200mil)
5.08mm

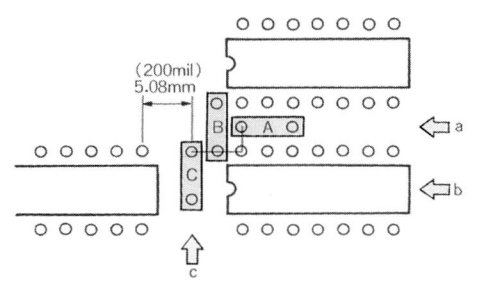

SOP ICでもパスコンの配置は部品面なら
DIP ICと同じ問題がある．
はんだ面利用では，パッドの裏側を利用
する．中央部ではビアを配置するときじ
ゃまになる．
QFPなども，中央部を避け，パッドの裏
側を利用する．

(b) SOPの場合

▶ Aの配置はC方向の配線を妨害しないが，a方向を妨害する．
  aの方向はビアに利用する．
▶ Bの配置はa，b方向は妨害しないが，c方向を妨害する．
▶ Cの配置はIC間に200mil（5.08mm）のギャップを必要とし，効
  率的でない（100milではICとパスコンがあたる）．

(a) DIPの場合

図6.20 パスコンの配置

(a) 部品面の配線方向

表面実装部品をはんだ面に配置
するときは90度方向を変える

(b) はんだ面の配線方向

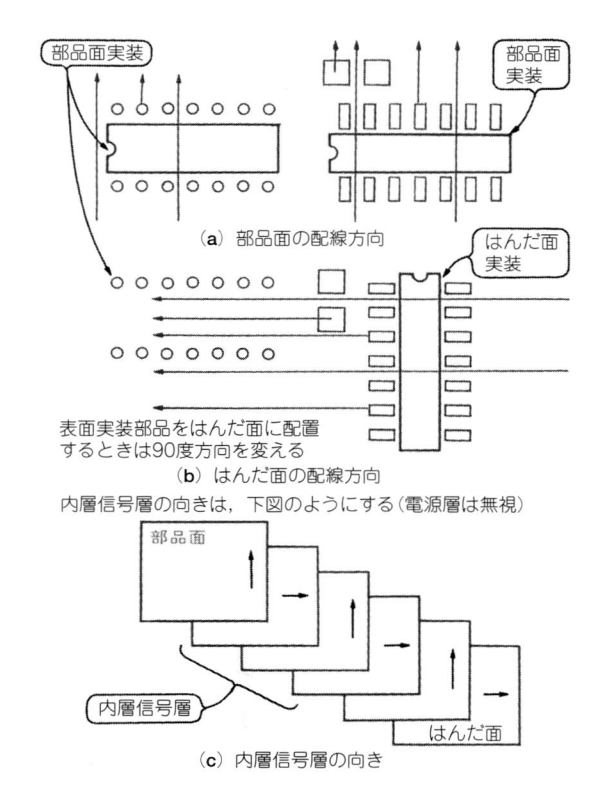

内層信号層の向きは，下図のようにする（電源層は無視）

(c) 内層信号層の向き

図6.21 配線方向と配置方向

ので，不必要な配置は避けます．

● パスコン1個あたりのIC数

　妙なものですが，パスコン用の積層セラミック・コンデンサの価格とALS‐TTLのゲートの価格は

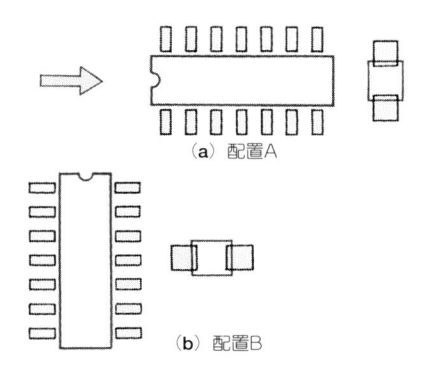

図6.22 はんだの流れとはんだ面実装部品の配置方向
はんだの流れに対しては配置Aのほうがはんだ不良が少ないとされている．

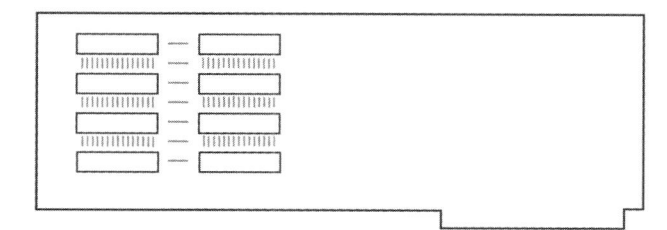

図6.23 長方形基板上の配置と配線
長方形基板では，なるべく縦方向の配線で処理できるようにして，横方向の配線を減らすような配置とする．

同じくらいです．あまり気楽に「2層基板ではIC1個にパスコン1個」などとは言えなくなりました．

パスコン1個当たりのロジックIC数には，会社によっていろいろな基準があります．筆者の場合，パスコン1個当たり4層基板ではALSタイプのTTLでIC4個から8個，2層基板ではIC2個から4個，SタイプやECLではIC1個から2個程度にしています．

気前のよい回路設計者はIC1個にパスコン1個を要求しますが，配置ができなくなったからと言って妙な配置をしてはいけません．うまく配置できなければ，むしろパスコンを減らす交渉が必要です．

最近の高速CPUは電源ピンが多くなり，カタログ上ではCPU1個あたり数個のパスコンを要求しているものもありますので注意が必要です．

6.2.9 配線
● **配線方向**

配線方向は層ごとに決めます．配線方向は図6.21のように，部品の向きを基準として部品面の配線方向を定めます．

はんだ面は部品面と90度ずれた配線方向とし，内層に信号層がある場合は，隣り合う層の配線方向が異なるようにします．

これは一つの目安であって，一つの層で場所によって配線方向を変えたり工夫しないとビアだらけの基板になってしまいます．

● **表面実装部品のはんだ方向と部品配置方向**

基板はんだ面に接着剤で表面実装部品を固定して，はんだ槽でリード部品などをはんだ付けする方法では，表面実装部品の向きを図6.22で示す向きに指定されることがあります．高密度な基板では，はんだ槽が使われることはあまりありません．

● **長方形基板の配線方針**

図6.23に示すような長方形の基板では，配線はできるだけ縦方向で処理して，横方向の配線量を減

第6章

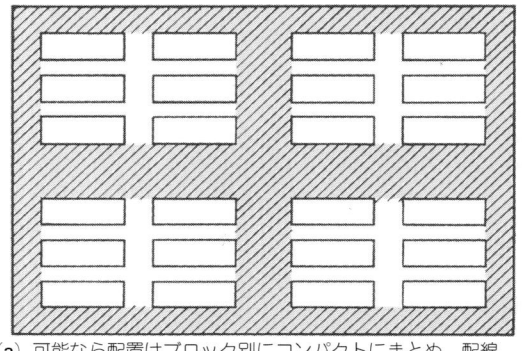

(a) 可能なら配置はブロック別にコンパクトにまとめ，配線スペース（斜線部）を確保する．

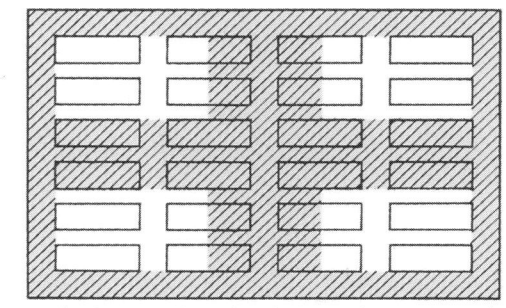

(b) 配線のためのスペース確保が困難な場合は，基板周辺と，特定の部品の下（斜線部）を配線スペースとし，ビアを極力使用しない．

図6.24 配線スペースを確保する配置

(a) ◯内の配線は極力短くする

(b) 感度の高い回路部分の配線を凝縮する

部品の配置方向は整列させずに，■のパターンを極力短くする．②，③端子間にほかのパターンは通さないようにする．配線幅は指示がなければ，0.35mmとする

(c) ディジタル回路とアナログ回路は分離して配置

ディジタル回路とアナログ回路は5mm程度分離する．

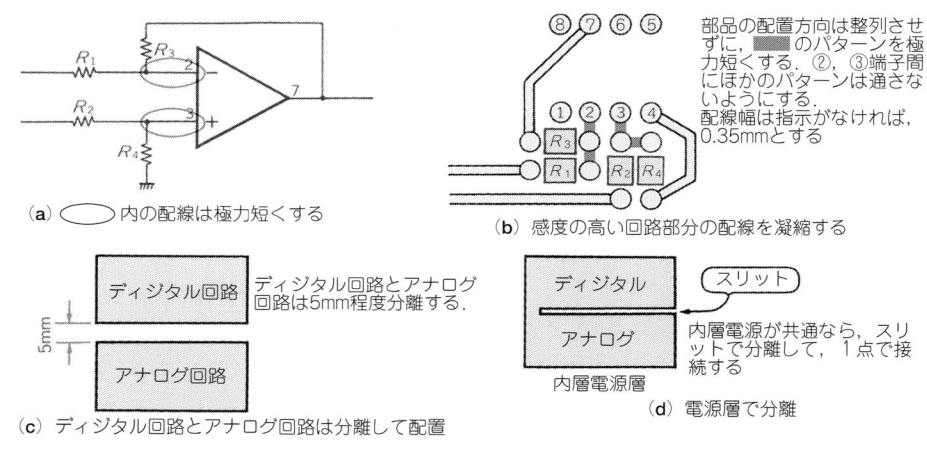

(d) 電源層で分離

内層電源が共通なら，スリットで分離して，1点で接続する

図6.25 アナログ回路の部品配置

らすように部品を配置します．さもないと，すぐに横方向の配線がゆき詰まります．

● 配線スペースの確保

配置を進める場合，必ず配線スペースも確保してください．部品配置は回路ブロックごとにまとめ，ブロック間は**図6.24**のように配線領域を確保するようにします．基板周辺は，配線がゆき詰まったときに，かなり有効なスペースなので，できるだけスペースを確保し，最後の配線ルートとして残します．

部品がいっぱいで，とても配線ルートを確保できないときは，**図6.24**に示すように特定の部品の下を配線ルートとして利用します．その部品の下では，できるだけビアを設けないようにして配線します．特定部品もその部品の下での配線は避け，ほかの配線にスペースを譲ります．

6.2.10 アナログ回路部品

ここでいうアナログ回路部品とは，OPアンプやトランジスタ，C，R，コイルなどです．

配線設計者が常識として守るべきマナーとしては，図6.25に示すように，OPアンプ回路の配置では部品を整然と並べるのではなく，感度の高い部分の配線を凝縮させることと必要に応じてシールドすることが重要です．

ベタ・パターンの採用は個別に取り決めるべきですが，指定がなければ0.35 mm幅のパターンで極力配線が短くなるように配線します．

ディジタル回路が近くにある場合は，ディジタル回路のノイズがアナログ回路に入らないように，5 mm程度のスペースを空けます．

また，内層電源がディジタル回路と共通な場合は，スリットを設けて分離し，1か所で接続します．

6.2.11 配置間隔

配置間隔は，設計基準の章で述べたように部品実装機の制限を受けますが，実際は配線上の影響を

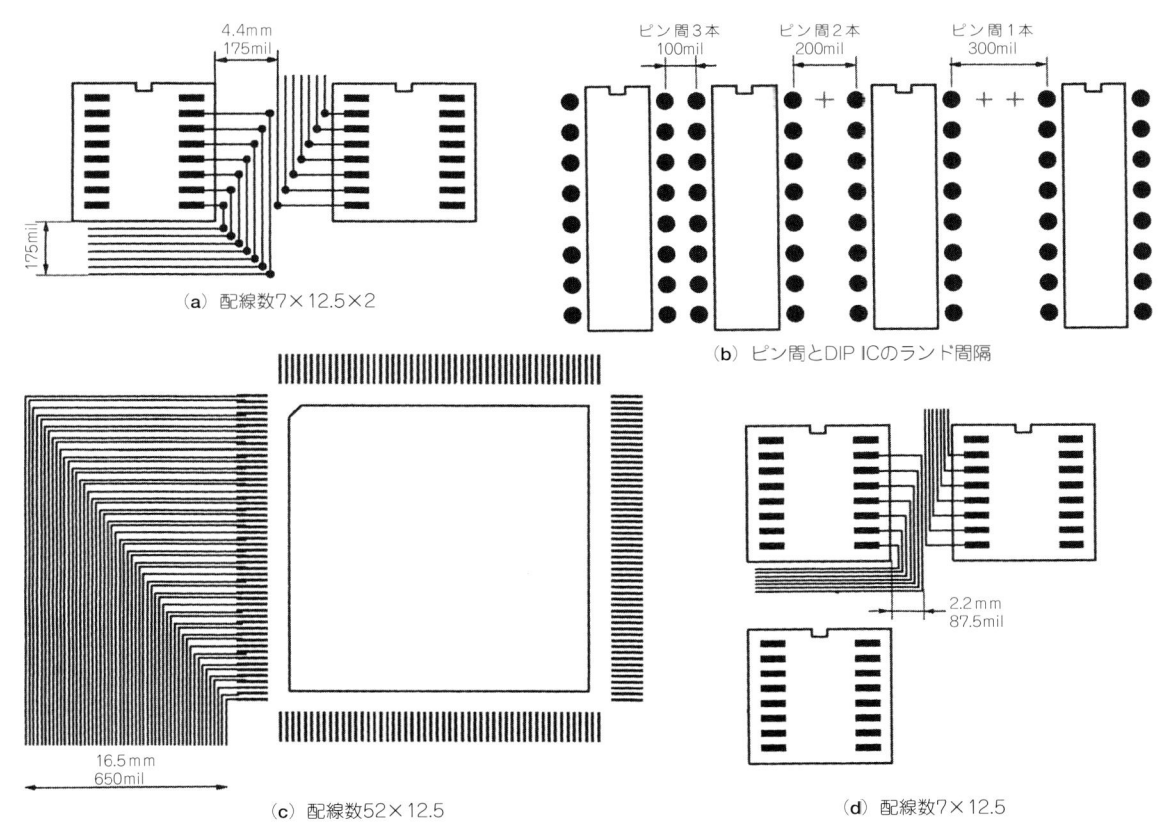

(a) 配線数7×12.5×2

(b) ピン間とDIP ICのランド間隔

(c) 配線数52×12.5

(d) 配線数7×12.5

図6.26 配置間隔

大きく受けます．

　図6.26に示すように，DIP部品の配置は2層板の場合，以下のような目安があります．

　　　ピン間1本で300 mil
　　　ピン間2本で200 mil
　　　ピン間3本で100 mil

　これはピン間1本ではグリッドが25 mil，2本では20 mil，3本では12.5 milになることからくる制約です．もちろん，100 mil間隔の部品配置でピン間1本の設計も努力と工夫で可能ですが，配線と配置が汚らしくなります．可能なら必要なスペースを確保することも，基板設計の重要な仕事です．

　表面実装部品の場合，**図6.26**(a)のように無計画にビアを打つことができるスペースがあれば，配線はかなり楽です．これでは工夫がありませんので，4層基板を標準とした場合，1辺当たりの1層での配線必要幅（設計条件で異なる）程度のスペースが必要という目安です．20ピン程度のSOP ICでは，ピン間3本仕様で部品間隔5 mm程度になります．

　多ピンのQFP部品では，そのぶんスペースが必要になります．電源接続やビアの打ち方に工夫が必要です．

　4層板を6層板にして配線層を2倍にしても，ビアが配線を邪魔するので，効率は2倍にはなりません．注意が必要です．

● はんだ面配置

　はんだ面に接着剤で表面実装部品を固定してはんだ槽でリード部品などはんだづけする方法では，実装する部品はチップ部品や20 pin程度の12.7 mmピッチSOP部品に制限されることがあり，0.5 mmピッチのICなどは実装が禁止されることがありますので注意してください．

● シルク配置

　基板設計し始めの人間がよく起こすミスに，シルクのスペースを無視して設計して，後で無理矢理小さな文字を押し込むことがあります．少量の生産では，作業者がシルクを見て部品を実装しますので，まちがいを起こしやすくなります．シルクを配置するスペースを確保することも基板設計の基本です．

　しかし，回路設計者が設計するときは自分の判断でシルク文字を消したり読めないほど小さくできるので有利になります．

第7章 PCBCADによる配線作業

本章では，PCBCADによるプリント基板の配線方法について解説します．基本的に，FR-4材の配線条件は，配線幅とギャップ，層数とビア・サイズで決定されます．

今日では，どんなに零細な基板メーカでもピン間3本の仕様で設計が出来ないところはまずありませんし，逆に大手の基板メーカでもピン間4本の仕様をすぐに受けますというところもあまりありません．したがって，基本的にはピン間3本の仕様，つまり配線幅とギャップが0.15 mm（仕上がりは0.12 mmと0.18 mmくらい），ビア径は0.66 mmでドリル径は0.35 mm程度が一般的な条件です．したがって，これを基本とします．

7.1 電源部の配線

まず，グラウンドと電源部の配線を最初に行います．一般に，配線を行うときは，CADの配線機能を使い，接続を示すラッツ・ネストをクリックしながら行っていきます．しかし，電源の配線に関しては，図7.1に示すようにラッツ・ネストを無視して，CADの配置機能を使って太いパターンを配置したほうが効率的です．

たいていのCADは，電源パターンを配置した後，そのパターン情報から接続情報を読み取り，電源が配線されたことを認識して，電源のラッツ・ネストを消去するという機能があります．この機能がないCADは，少々使いにくいので購入を避けたほうがよいでしょう．

2層基板（両面基板）と4層基板では，電源配線のアプローチがかなり異なります．4層基板ではリード部品はそのまま接続できますし，表面実装部品は端子付近にそのままパッドで電源層に接続すればよいので，信号ラインの引き回しを中心に検討すればよいわけです．この意味でも，プリント基板設計の初心者は4層基板より入門することを勧めます．

第7章

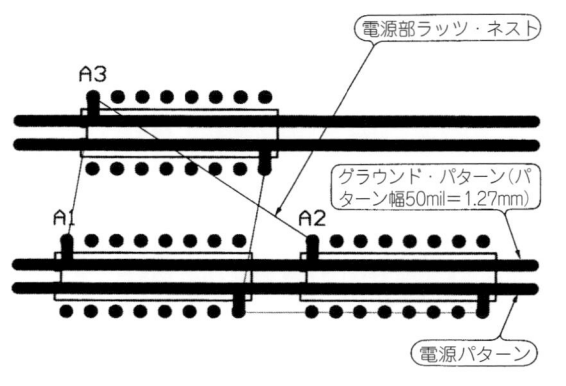

図7.1 電源部の配線
2層基板の電源はラッツ・ネストを利用せず配置機能を利用して配線する．

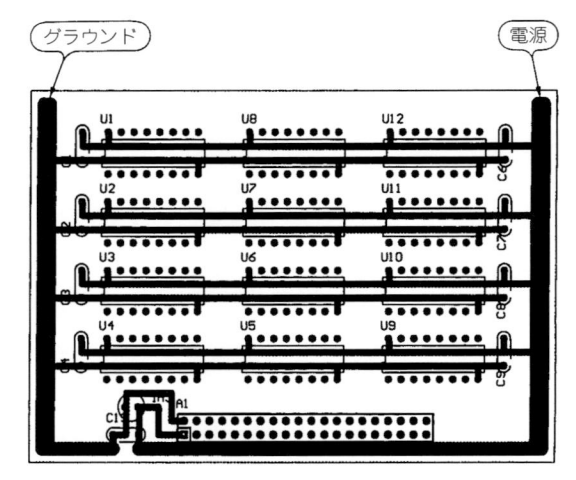

図7.2 くし形パターン

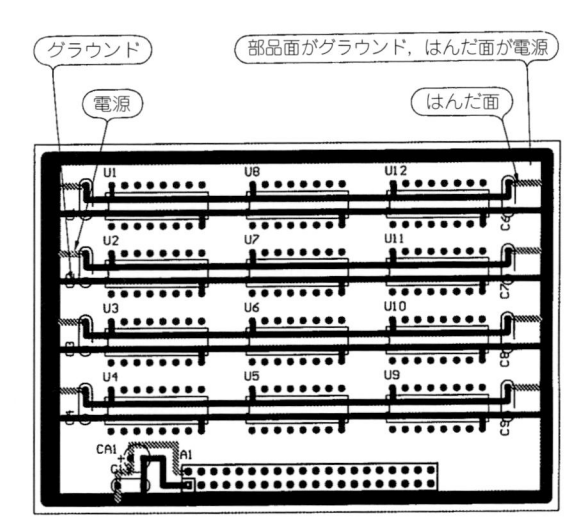

図7.3 一般的な2層基板の電源パターン

　しかし，2層基板の電源配線手法は，後述するEMI対策としてのはんだ面と部品面をグラウンド・ベタで覆う効率的配線手法として生きるわけですからここで説明をしておきます．

7.1.1 基本的な配線の考え方

● くし形パターン

　図7.2は，悪いパターンの例として必ず引き合いに出されるくし形パターンです．同一面上で電源パターンを構成できるので便利ですが，評判が悪い（コラム参照）ので使用しないようにします．

● 一般の2層基板用電源パターン

図7.3に示すように，2層基板の電源パターンは基板の周囲の部品面をグラウンドで，はんだ面を電源で囲みます．図7.3の例では部品面を電源面として，電源パターンを平行に配置しています．部品面の配線は電源と同じ方向で，はんだ面の配線は電源と90度の方向で行います．

この手のパターンは，2層基板のディジタル回路ではもっとも一般的な電源/グラウンド・パターンとして広く使用されています．

● 格子状パターン

図7.4に示すように，上記のパターンに加えて，はんだ面にも90度方向を変えた電源パターンを配置したものが，理想的な格子状パターンです．同じ電源がクロスする箇所は，ビアで接続します．

格子状パターンは，2層基板の電源パターンとしてお墨付きのパターンで，電源パターンのインピーダンスは半減します．基板が大きい場合は，この方法がよいでしょう．

図7.4の例は，同じサイズのDIP ICで構成されているので電源配置は容易ですが，実際は部品サイズや表面実装部品の有無で電源パターンはきれいな格子を組みにくくなります．無理に完全な格子状にせず，図7.5程度の配置でもよいでしょう．

コラムC　くし形パターンが嫌われる理由

くし形パターンが嫌われる理由は，その電気的特性にあります．一般に，電源インピーダンスが低いほうが，よりノイズの影響を軽減することができます．

たとえば，図7.A(a)に示すようなくし形のグラウンド・パターンの場合，Ⓐ点のインピーダンスZ_Aは，

$$Z_A = 4(R + j\omega L)$$

となります．一方，格子形パターンのⒷ点のインピーダンスZ_Bは，

$$Z_B = 1.5(R + j\omega L)$$

となります．

R：抵抗
L：インダクタンス

(a) くし形のグラウンド・パターン
Ⓐのインピーダンスは $4(R+j\omega L)$

(b) 格子形のグラウンド・パターン
Ⓑのインピーダンスは $1.5(R+j\omega L)$

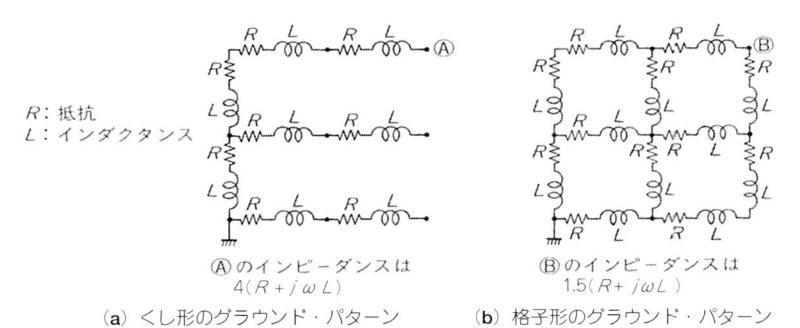

図7.A　グラウンド・パターンの違いによるインピーダンスの違い

第7章

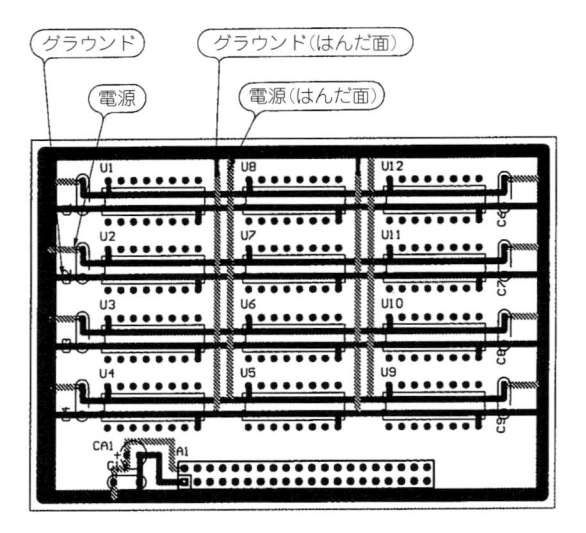

図7.4 理想的な格子状パターン

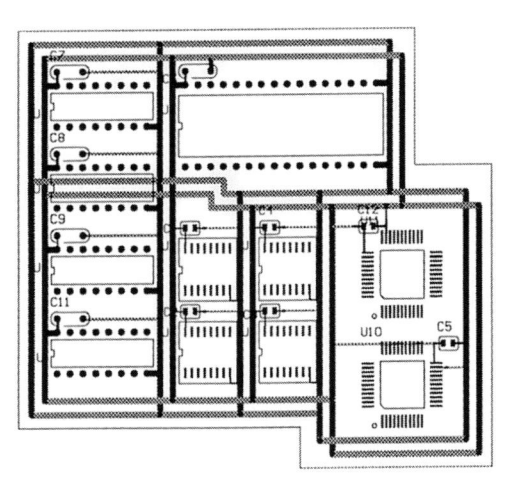

図7.5 現実的な格子状パターン

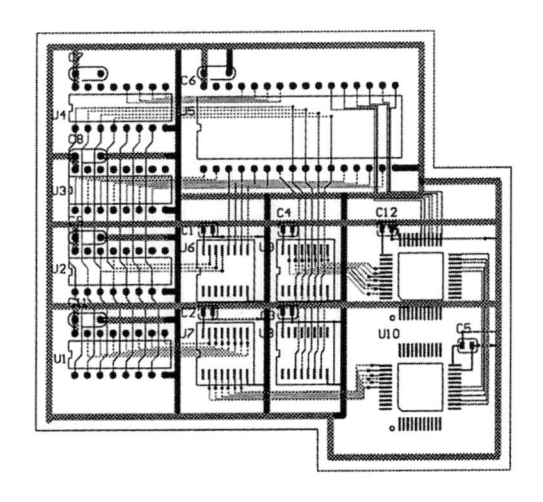

(a) 先にはんだ面の電源パターンを引く

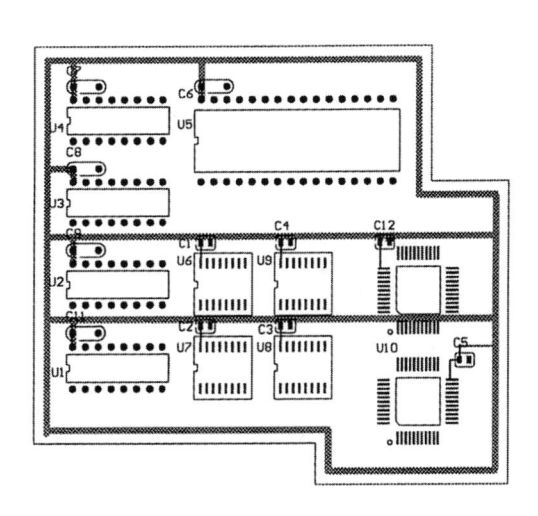

(b) 次に部品面に電源グラウンド・パターンを引いて，配線ははんだ面を多く利用する

図7.6 ベタ・パターン

● ベタ・パターン

　ベタ・パターンとは，配線の空きスペースをグラウンドなどのベタ塗りで埋めるパターンのことです．図7.6(a)に示すように，電源パターンをはんだ面中心に配置したあと，図7.6(b)に示すように部品面を中心にグラウンド・パターンを配置します．

　配線は，はんだ面で多く引くようにして配線したあと，部品面をグラウンドのベタ・パターンで埋めます．図7.7に示したように，自動で処理できるCADもあります．図の例ではわかりやすいように

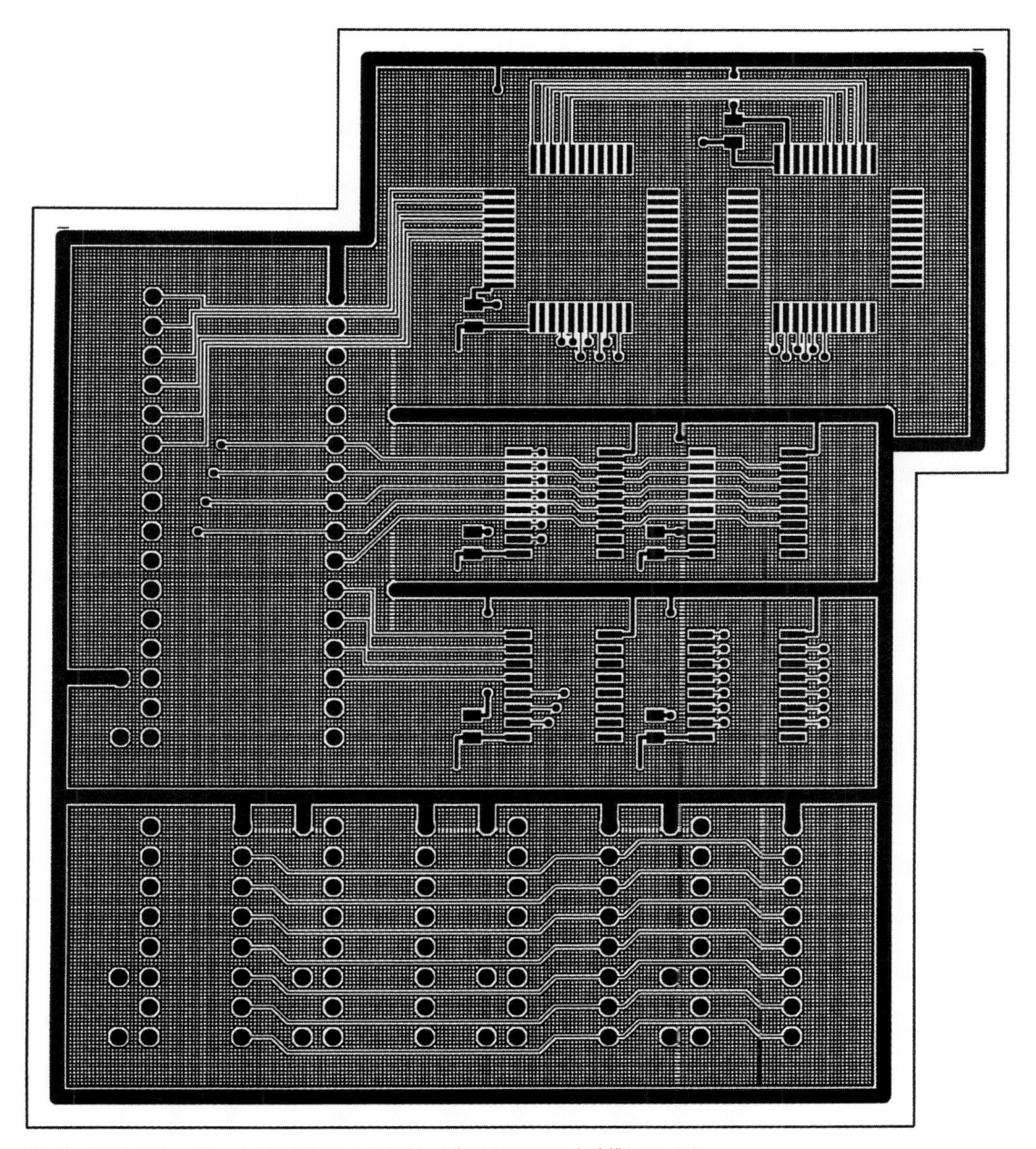

図7.7 網目のベタ・パターン(部品面:わかりやすいようにグラウンドと分離している)

網目パターンにして,グラウンドからも分離しています.
　最近のPCBCADは簡単にベタ・パターンを配置できるので,極力この手法を用いるようにします.
そして,ベタ・パターンが途中で分離されないように配線層切り替えをうまく利用して,ベタ・パタ

第7章

ーンが基板全体に広がるような配線を心がけます．

この手法を用いて，多層基板の部品面とはんだ面にもGNDベタ・パターンを効率的に配置すると，ノイズ対策上有効な配線を構成できます．

7.1.2 2層基板の電源パターンの注意点

● 電源/グラウンドより回路自体に問題があることが多い

とくに指定されない限り，電源はベタ・アースで構成したほうがよいでしょう．回路動作だけを考えれば，格子状電源基板で電源インピーダンスを下げ，パスコンや電解コンデンサを多めに配置してやれば問題ありません．

しかし，動作するだけでなくVCCIに適合させることを考えると話は異なります．8 MHzを超えたあたりから怪しくなり，LANで多用される25 MHzになるとあぶなくなります．多層基板を採用するのが好ましいのですが，コスト上2層基板を使用しなければならない場合はかなり気を使う必要があります．

たとえば，クリティカルなデバイスごとに電源格子配線で囲み，クリティカルな配線は一本ごとグラウンド・ベタで囲みます．さらに，配線の裏側もグラウンド・ベタとしてインピーダンスを下げて，配線容量を上げてやる必要があります．回路設計的には，ダンピング抵抗やEMIデバイスを使用することを考えます．

● ポリゴン・プレーン

たいていのCADは，領域指定をするとベタ・パターンを作成してくれるので，ベタ・パターンが有効に配置されて配線は途中で切れないように工夫します．

ベタ・パターンとパッド間ギャップは，レジストずれを考慮して10 mil（0.25 mm）以上としますが，あまりギャップを大きくすると有効なベタ・パターンを作成できなくなります．

7.1.3 多層基板の電源配線

多層基板の場合は，ほとんどのCADは電源リード端子を，自動的に内層電源層にサーマル・レリーフ状のパッドで接続する機能が付いていますので，それを利用します〔図7.8(a)〕．

表面実装部品は，配置機能を利用して電源パターンと電源接続用パッドを配置します．この場合，

(a) パスコンを介してICに電源を供給する方法

(b) 表面実装部品は無理にサーマル・パッドを使用する必要はないが，電源層の目視確認用にサーマル・パッドを使用する

(c) 電源を複数使用するときは電源層を分離して使用する

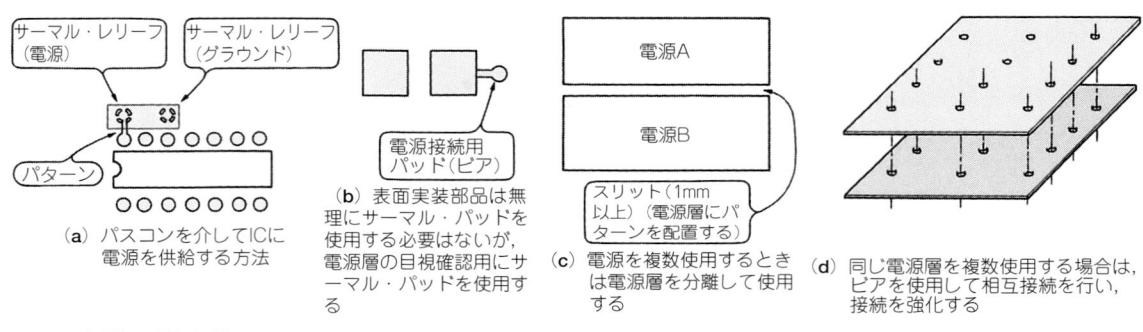

(d) 同じ電源層を複数使用する場合は，ピアを使用して相互接続を行い，接続を強化する

図7.8　多層板の電源配線

サーマル接続する必要はありませんが，電源層の目視確認用にサーマル接続を採用し，確認した後，ベタ接続に戻すこともできます．確認の内容はあとの章で述べます．

設計者によっては，ICの電源をパスコン経由で供給することがあります．気持はわかりますが，これは作業効率がきわめて悪くなりますので避けるようにします．

内層電源層を分離して，いくつかの電源に分離したいときは，図7.8(c)のように電源層にスリットを入れて分離します．CADによっては，違う信号として認識できないものもありますので注意が必要です．

また，内層電源層を複数同じグラウンドに使用する場合は，グラウンド層間の接続を強化させるため，スルー・ホールで層間を接続します．多層基板では電源ベタ層が使用されますが，さらに部品面とはんだ面全域にグラウンド・ベタを配置させ，多数のビアで結合させたほうがVCCI対策などに有効です

7.1.4　アナログ回路の電源

アナログ回路の電源配線は，2層基板ではベタ・グラウンドを徹底します．一つの層をベタ・グラウンド専用と考え，配線の周囲をベタ・グラウンドで完全に囲みます．電源は，反対の層を利用して，太く短く配線します．

図7.9に示すように，出力部は電源付近に配置し，感度の高い入力部の電源は出力回路の電源の影響が出ないように出力部から離します．

多層基板でディジタル回路と混在させるときは，電源層を分離して，ディジタル回路からのノイズを避けるようにします．なお，電源層の接続は，電源供給部で接続します．

さらに，必要に応じて図7.7のように部品面をベタ・グラウンドで囲います．

7.1.5　電源入力部

● DC電源の場合

図7.10に示すように，外部からDC電源が供給される場合は必ず電解コンデンサを接続しますが，その効果を高めるために接続は図7.10(a)に示すようにコンデンサを接続した後に回路の電源に接続します．

多層基板でもこだわりのある向きは，コネクタの端子を電源層に直接接続せずに，コンデンサの端

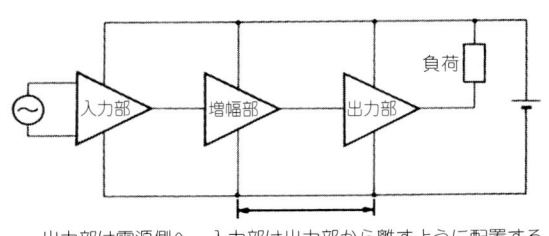

出力部は電源側へ，入力部は出力部から離すように配置する．
(a) アナログ回路の配置

(b) ディジタル回路とは電源層を分離する

図7.9　アナログ回路の電源

子から電源層に接続します.

メイン（マザー）基板の上に実装されるサブ（ドータ）基板の電源にも，電源入力部にコンデンサが必要です.

● **AC100 V電源の場合**

AC100 Vを基板で直接受けるときは，慎重に設計しなければなりません．電源部とシャーシ間で500 Vや1 kVの絶縁資源が行われますので，FGラインをシャーシに接続するときは注意が必要です．よくGNDラインとFGラインに，2 kV耐圧の1000 pFコンデンサが使用されています．

また，ACライン部にも1.5 kVのサージ印加試験が行われることがありますので，これを意識した回路基板設計が必要です．

AC部の配線ギャップは規格にはありませんが，目安として日本では2.5 mm，米国では3.2 mm，ヨーロッパでは6 mmのギャップが必要とされていますので注意が必要です.

多層基板を使用する場合は，AC電源部の内層信号やベタ・パターンは除去されるのが一般的です．

7.1.6 フォト・カプラ

フォト・カプラは，電気的に絶縁するために使用されます．これは，その入出力間に高電圧が加わることが予測されます．

フォト・カプラの1次-2次間の耐圧は，2 kVや4 kVというものがありますが，パッケージは普通のDIPが使用されていますので，1次側と2次側のランド間は6.2 mm程度しかありません．これはJIS規格でも2 kVの耐圧しかありませんし，表面の汚れがあればさらに低下します．このため，図7.11（b）に示すように，基板にスリットを設けて沿面距離を稼いで耐圧を上げています．また，内層があれば分離します．

ただし，もし本当に4 kVがかかるのなら，UL規格では25 mmのギャップを求めていますので，サージ・キラーなどを使って電圧を下げる対策が必要です．

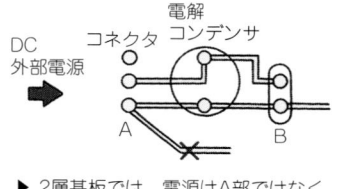

（a）DC電源

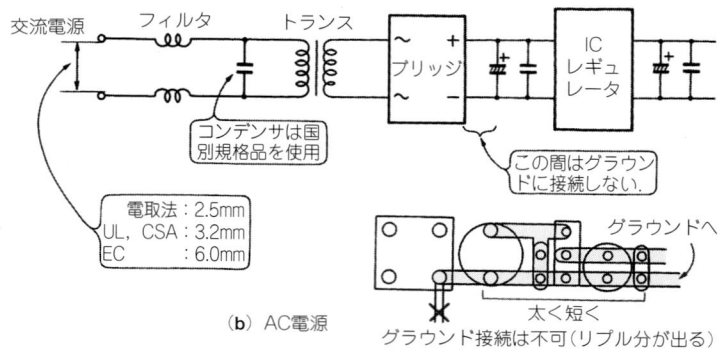

（b）AC電源

図7.10 電源入力部

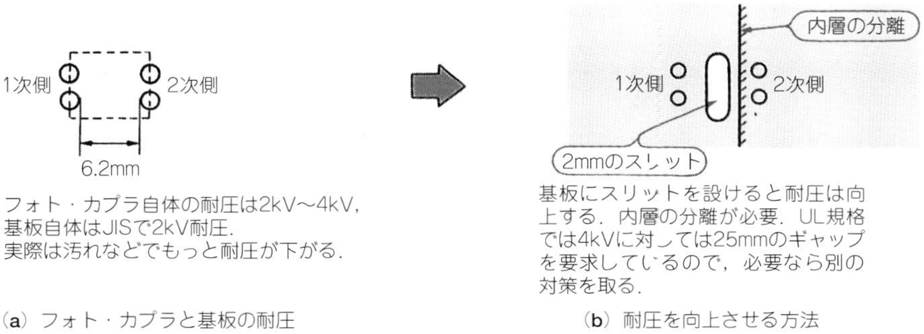

1次側　2次側
6.2mm

フォト・カプラ自体の耐圧は2kV〜4kV，基板自体はJISで2kV耐圧．
実際は汚れなどでもっと耐圧が下がる．

(a) フォト・カプラと基板の耐圧

内層の分離
1次側　2次側
2mmのスリット

基板にスリットを設けると耐圧は向上する．内層の分離が必要．UL規格では4kVに対しては25mmのギャップを要求しているので，必要なら別の対策を取る．

(b) 耐圧を向上させる方法

図7.11　フォト・カプラ

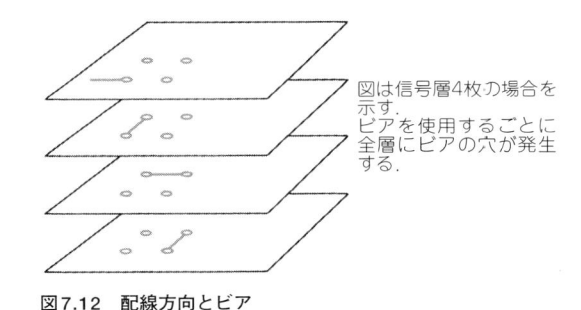

図は信号層4枚の場合を示す．
ビアを使用するごとに全層にビアの穴が発生する．

図7.12　配線方向とビア

7.2　配線上の注意点

7.2.1　配線方向と配線角度

　一般に，配線方向は，**図7.12**のようにX方向とY方向に各層ごとに振り分けます．パターンが90度曲がるたびに，ビアを利用して層を入れ替えます．さもないと，ほかの配線を妨害してしまいます．しかし，あまり気安くビアを利用すると，ビアは全層の配線を妨害します．

　しかし，ビアを増やしたくないという理由で，**図7.13(a)**のような配線を基板の中央部ですると，ほかの配線を妨げて苦しくなります．

　部品配置の段階で配線スペースを決めたら，それ以外のところにビアを配置するようにします．また，多ピンのQFP，コネクタや基板周辺では，それぞれのケースで配線方向を工夫します．

　6層以上の基板では，ブラインド・ビアを利用すればこれらをかなり改善できますが，残念ながらまだ一般化されていません．

　また，ノイズ試験などでは確認できませんが，90度の角度は基板製造上，ノイズ発生上やはり問題になることが多いというのが世間の認識のようなので，必ず45度でまげて配線するようにします（**図7.14**）．

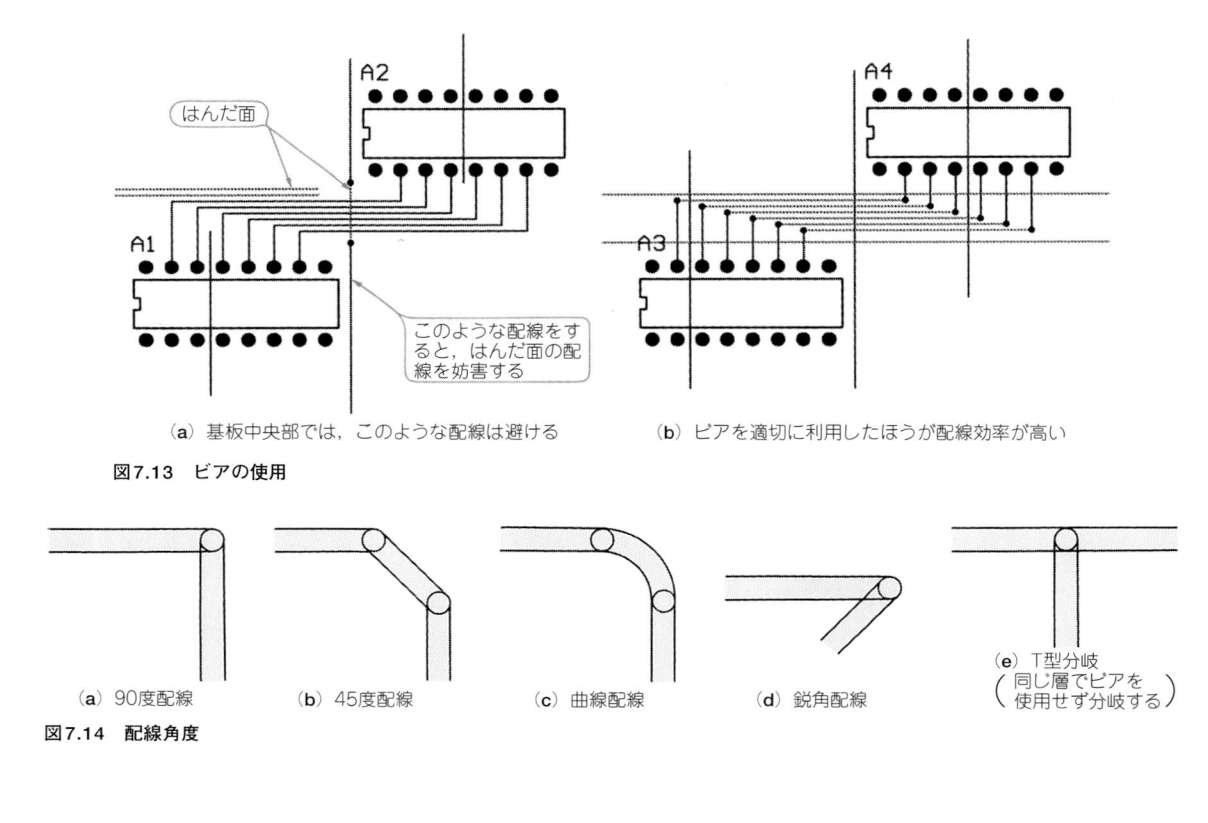

(a) 基板中央部では，このような配線は避ける　　(b) ビアを適切に利用したほうが配線効率が高い

図7.13　ビアの使用

(a) 90度配線　(b) 45度配線　(c) 曲線配線　(d) 鋭角配線　(e) T型分岐（同じ層でピアを使用せず分岐する）

図7.14　配線角度

7.2.2　誘導負荷回路がある場合

図7.15に示すように，基板上にリレーなどの誘導負荷がある場合は，ダイオードやコンデンサでスパイク・ノイズをカットしてICを保護します．しかし，保護はできても数nsのノイズは発生し，これは普通のダイオードでは吸収できません．このノイズのエネルギ量は小さいので，ICを破壊するほどではありませんが，入力インピーダンスの高いCMOSなどの入力に入ると誤動作の原因となります．

この手のノイズは発生すると厄介ですので，ノイズ元であるダイオードの両端に$0.1\,\mu\mathrm{F}$程度のコンデンサを挿入し，元から絶つようにします．

7.2.3　ICの未使用入力端子の処理

ICの未使用の入力端子は，必ず電源あるいはグラウンドに接続します（図7.16）．さもないとICが発熱したり，ノイズに弱くなります．TTLの入力端子はオープンではプルアップと同様の効果があるので，そのままにしておく回路設計者もいますが，これをまねしてCMOS入力までオープンにする初心者を見かけます．

ICのプロセスはLS，ALSと変わってきていますし，TI社のカタログでは明確に電源またはグラウンドに接続するように要求しています．入出力を兼用した端子は，$10\,\mathrm{k\Omega}$程度の抵抗を通して接続します．

プルアップするのがめんどうとばかりに2入力のゲートに同じ信号線を接続すると，負荷が増えて好

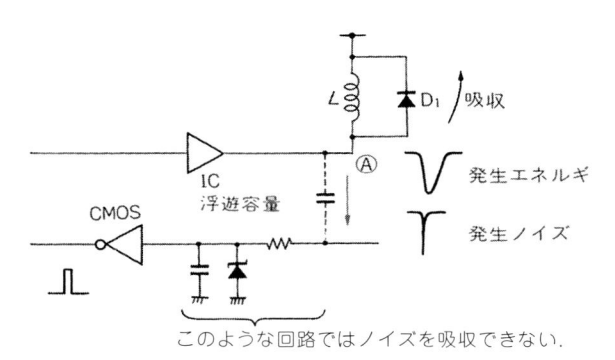

図7.15　誘導負荷回路
D_1 のダイオードがないと，Ⓐ部には高電圧が発生し，ICを破壊する．
D_1 があれば，エネルギの大部分は吸収できるが，それでも数msのノイズが乗ることが多い．
ダイオードはL付近に配置し，パターンはほかの信号線と離す必要がある．

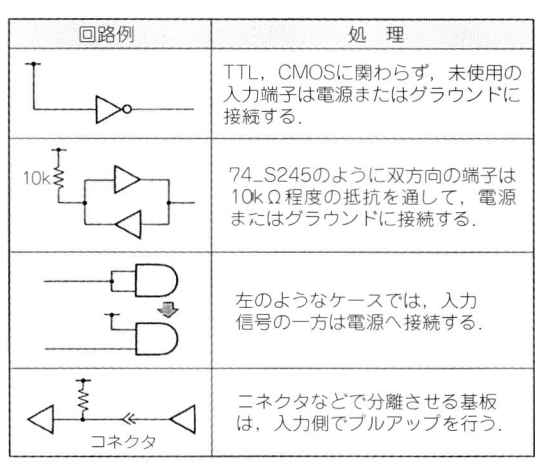

図7.16　ICの未使用入力端子の処理

回路例	処　理
	TTL，CMOSに関わらず，未使用の入力端子は電源またはグラウンドに接続する．
10k	74_S245のように双方向の端子は10kΩ程度の抵抗を通して，電源またはグラウンドに接続する．
	左のようなケースでは，入力信号の一方は電源へ接続する．
コネクタ	コネクタなどで分離させる基板は，入力側でプルアップを行う．

ましくありません．できるだけ，一方の端子は電源かグラウンドに接続します．

未使用の入力端子でなくとも，ほかの基板と接続して動作させる基板では，単独で動作させても入力がプルアップされるように，入力部があるほうにプルアップ抵抗を設けます．

7.2.4　集合抵抗

アドレス・バスなどをプルアップしている集合抵抗を，安易にほかの信号線もプルアップにするのに使用するとパターンが平行に走りやすくなり，信号線にアドレス・ラインのノイズが乗りますので別個に抵抗を設けます．

その場合，集合抵抗を使うよりもチップ抵抗で個別に信号ごとにプルアップして，バスラインと他の信号を離したほうがよいでしょう．

7.2.5　パターン長

高速回路のパターン長は，可能なら100 mm以下に抑えたいものです．また，高速でない信号も200 mm以下に抑えたいものです．フリップフロップの出力は，入力にフィードバックされているので500 mmも伸ばすとノイズに弱くなるといわれています．

大型基板でどうしても配線を引き伸ばさざるを得ない場合は，**図7.17**に示したような工夫が必要です．

7.2.6　コネクタの配線

● 周辺コネクタの配線

図7.18に示すように，配線は配置の固定したコネクタなどの周辺部から始めます．コネクタ周辺部の配線では，ほかの回路の配線はあまり気にしなくて済むので，ここではビアを使って配線スペース

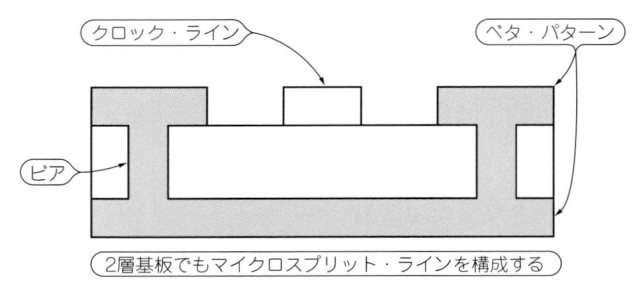

図7.17 マイクロスプリット・ラインの構成

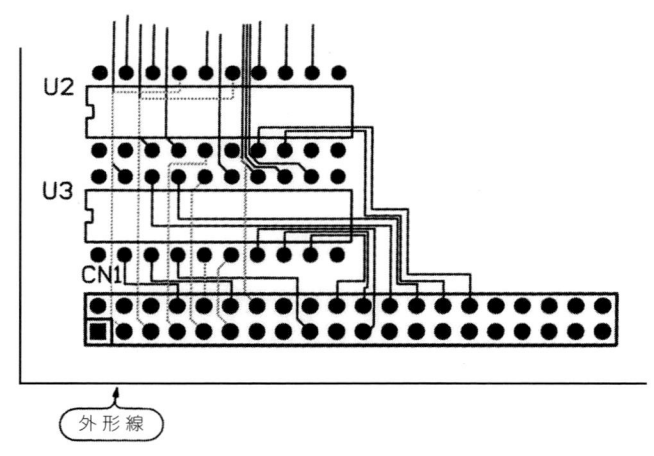

図7.18 周辺のコネクタの配線
基板周辺部の配線はほかの配線を気にしないで，コンパクトにまとめる．

を確保するような必要もないでしょう．

部品とコネクタをコンパクトにまとめ，ビアをあまり使用しないようにして配線します．

● **多ピン・コネクタの配線**

多ピン・コネクタの場合は，ほかのIC回路の信号スペースも確保しなければなりません．ICとコネクタ間の端子配列が理想的でないかぎり，コネクタとICを近づけると**図7.19**のような配線になります．これではビアが多すぎて，この周辺にほかの回路の配線を通すことができなくなります．

そこで，**図7.20**に示すように，多少コネクタとICの距離を離し，信号を引き出したあと，ビア専用のスペースを設定して配線したほうが，ほかの回路の信号を通すために有利です．このケースでは，コネクタとICのはんだ面は未使用であり，ビア・スペースはほかの回路配線が通らないスペースに設定します．

多ピン・コネクタは**図7.21**のようにして，配線を引き出した後，適当なビア・スペースを利用して，各ICに接続するようにすると，結果的にコンパクトできれいな配線にまとまります．

この考え方は，同様な多ピン部品も同じです．

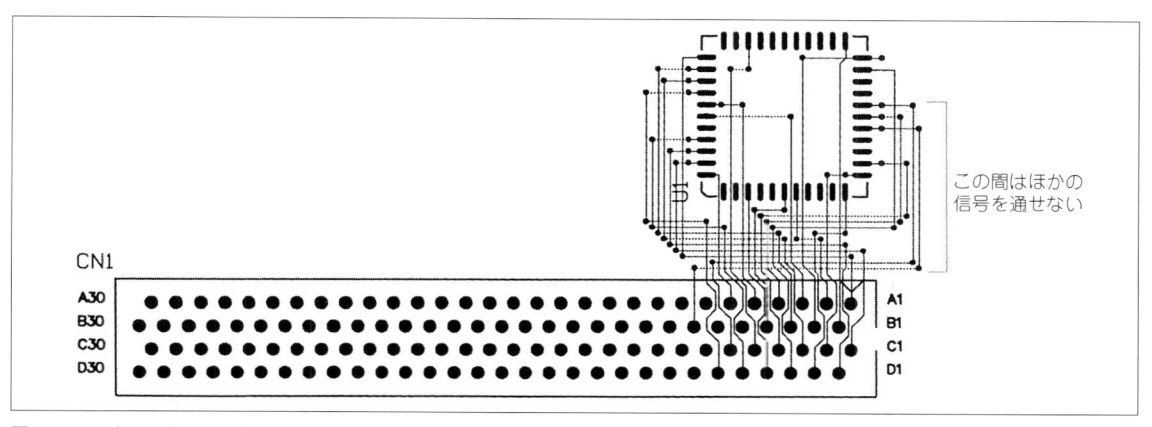

図7.19 コネクタとICを近づけた場合

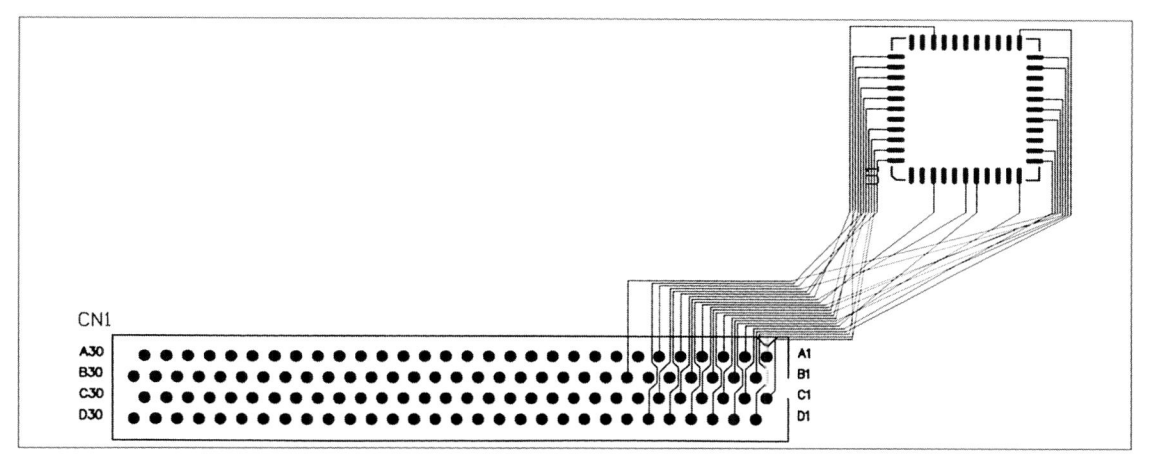

図7.20 はじめはコンパクトに配線を引き出す

7.2.7 クロック配線

　最近のパソコンは，CPUクロックだけでなくバス・スピードまで数百MHzに達します．そこまで速くなくても，50 MHzを超えるとさまざまな問題が生じます．ポイントとしては，可能な限り短く配線することです．50 mm以下ならノイズや動作上の問題を避けることができます．

　2層基板でも，配線の裏側にグラウンド・ベタ・パターンを引いて，曲がりなりにも**図7.17**に示したようなマイクロスプリット・ラインを形成します．また，周辺はグラウンド・ベタ・パターンを配置してインピーダンスを下げます．さらに，インピーダンス整合も重要です．

　あまりクロックが速くない場合は，**図7.22**に示すようにパターンをクロック出力端子を始点として一筆書きにします．配線が長くなる場合は，高速クロックの場合と同様に**図7.17**に示したような配線にします．

第 7 章

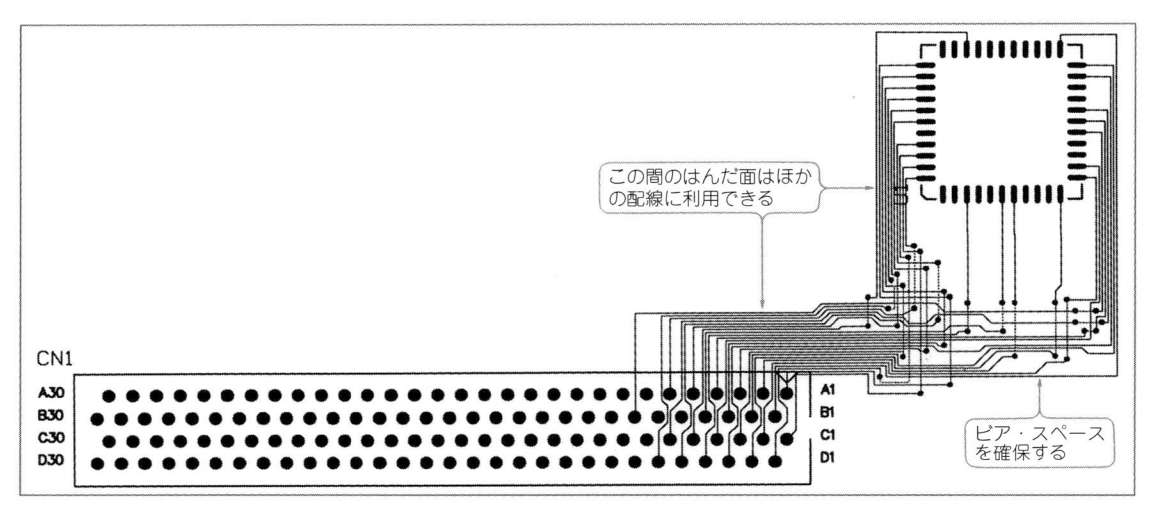

図7.21 ビア・スペースの確保

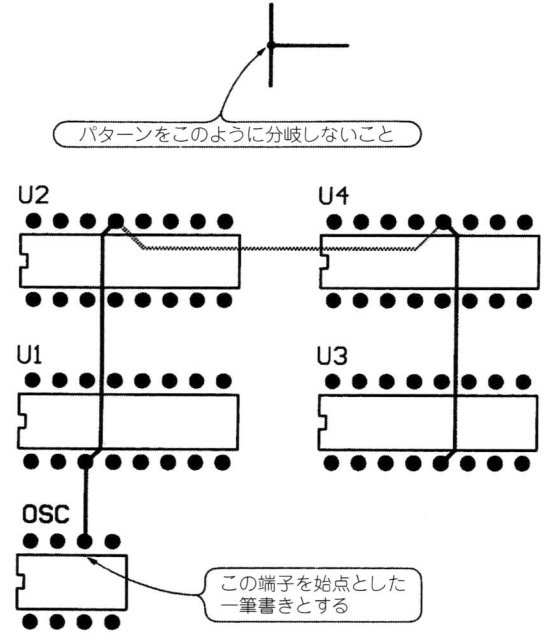

図7.22 クロック・パターンは一筆書きで

7.2.8 CPU周辺の配線

CPUの周辺は，CPU，バス・バッファ，メモリなどが集中します．

● バス・バッファ

バス・バッファは，回路的にCPUとメモリの間に存在します．だからといって，**図7.23**のように単

純にCPUとメモリ間に配置すると，配線を縦横に細かく移動する羽目になり，配線効率が落ちます．
図7.24のように位置をずらし，縦横の配線がまとまるようにしたほうが有利です．

● ローカル・バス

CPUやコプロセッサなどは，ローカル・バスを構成します．ここではQFPやPGAの多ピン部品どうしが接続されます．これらの部品は，基板端に集中させて一つの部品ブロックのように構成します．

図7.25に示すように，多ピン部品は整然と配列して漫然と配線すると，配線が乱雑になります．部品配置に段差を設け，コンパクトに配線して，ほかの回路と接続するようにすると効果的です．

コネクタの配線と同じように，PGAやQFPなどの多ピンの部品は，部品の周辺では無理にビアを配置しないで配線を引き出すだけにし，周辺回路部で配線を束線処理するようにします．

● 残りの配線

CPUの周辺やメモリの配線が終わったら，周辺ロジックの配線に進みます．周辺部から徐々に引いていきます．ここでは遠くのICと接続している配線も，飛ばさずに配線します．さもないと，あとで配線できなくなります．部品密度が高いときは，可能なら部品を移動して詰めながら中央部のスペースが開くようにします．

ここでの配線は，基本的にX-Y方向で層を切り替えます．もし，ほかの配線が通らないことがわか

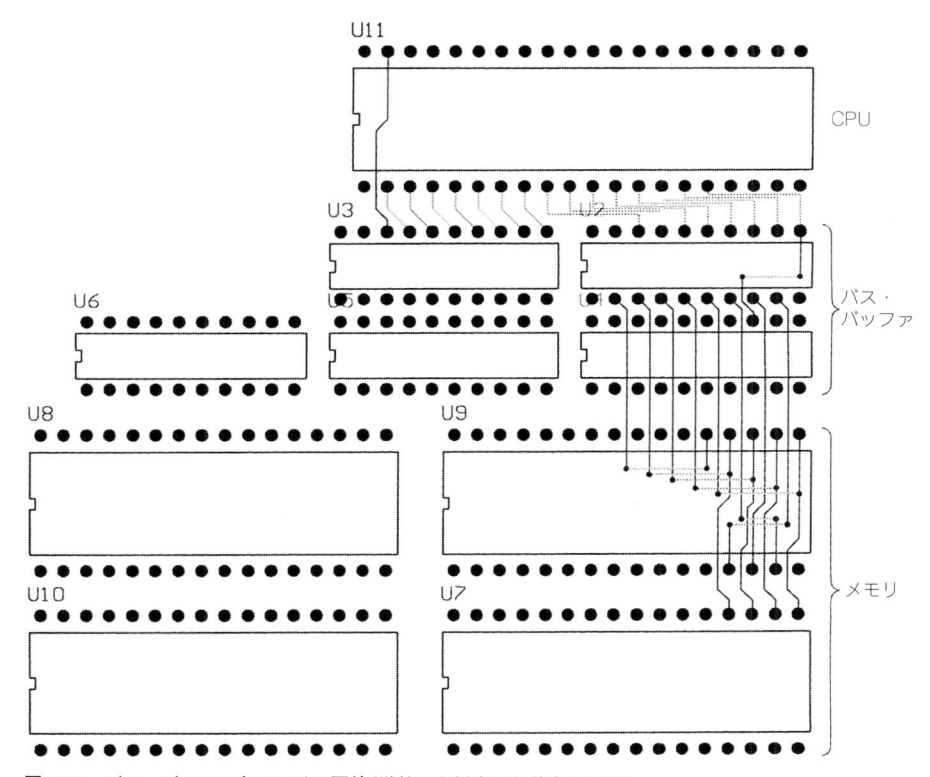

図7.23 バス・バッファとメモリの配線(単純に配置すると効率が悪い)

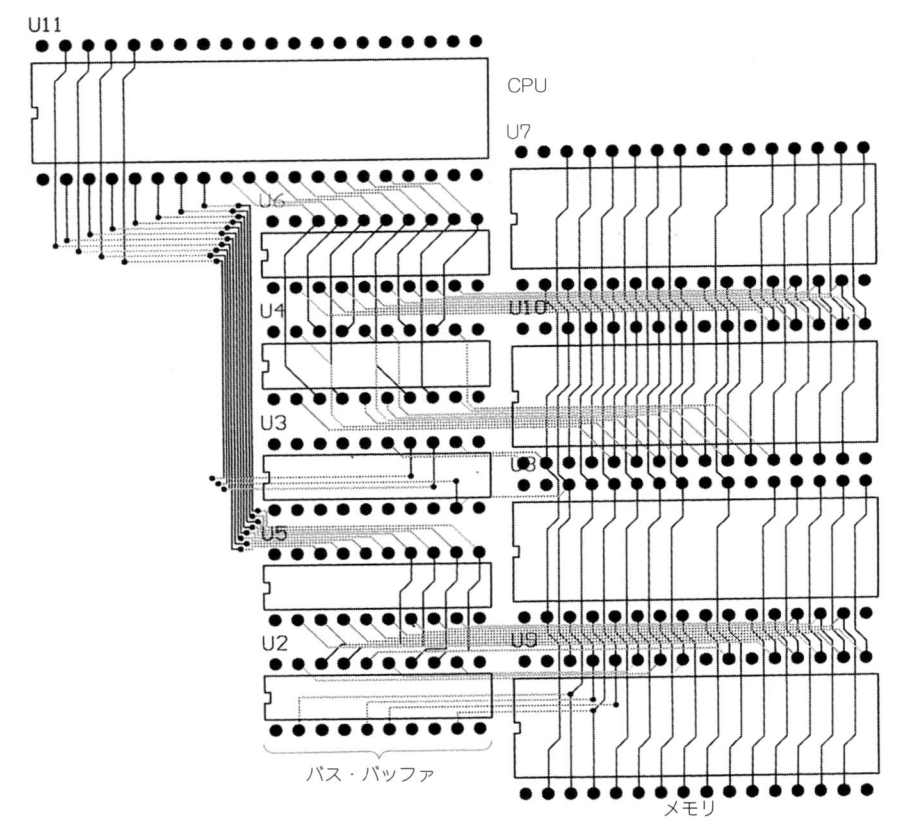

図7.24 バス・バッファとメモリの配線(少しずらして配置するとよい)

れば，同一層でコンパクトにまとめます．

7.2.9 等長配線

　高速で大規模な回路を構成する場合は，配線長や配線容量の差による速度ずれが問題になります．このため，特定の信号間は配線長を制限したり，配線長のばらつきを制限する場合があります．

　PCBCADのなかには，配線中の配線長をリアルタイムで表示する機能があります．これを利用して**図7.26**に示すようなパターンを描き，長さを調整します．

7.2.10 クロストーク対策

　近接している長い配線を行うと，その配線間は容量的・誘導的に結合が生じ，互いに影響を与えます．ディジタル回路の場合，ON/OFFの周期が遅くても，スイッチング時に発生するノイズは高周波成分をもち，クロストークを生じます．したがって，クロック・ラインや，外部から供給された電源線，信号線を長く配線するときは注意が必要です．

7.2 配線上の注意点

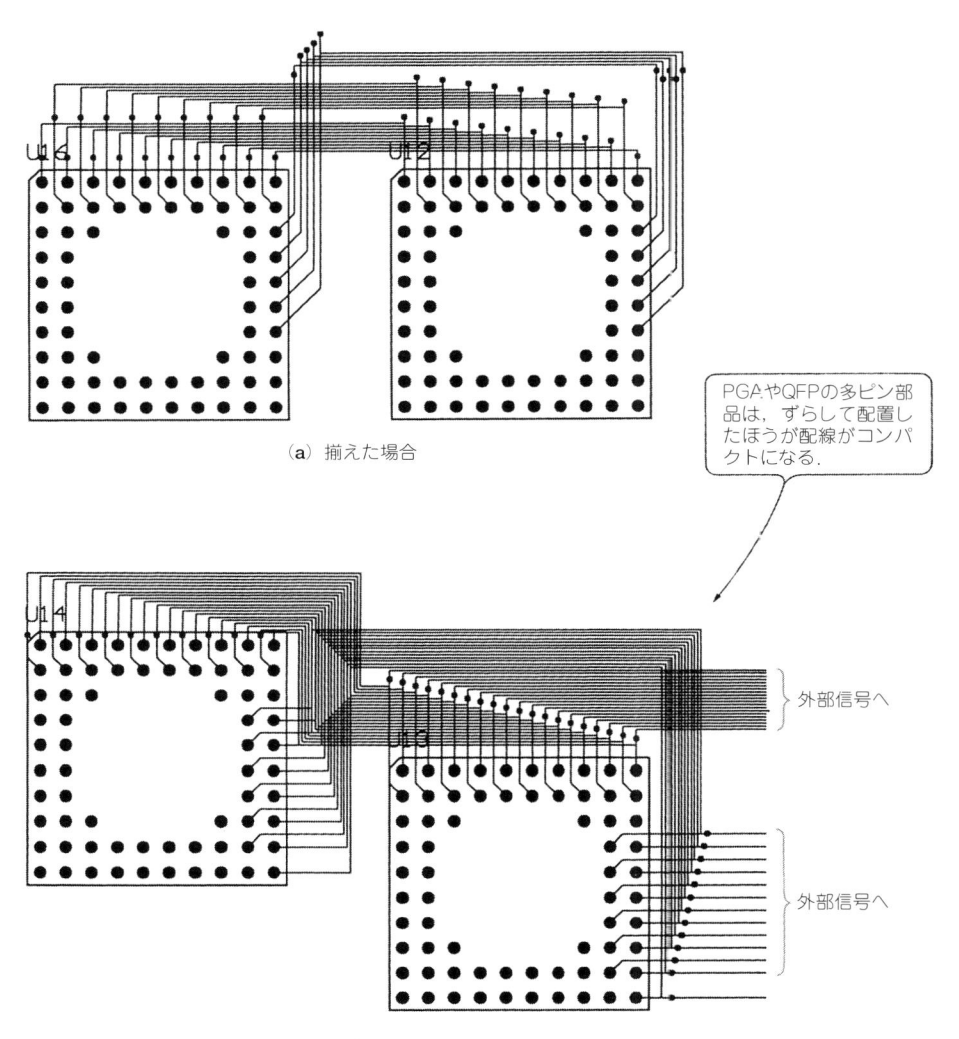

(a) 揃えた場合

> PGAやQFPの多ピン部品は，ずらして配置したほうが配線がコンパクトになる．

(b) ずらした場合

外部信号へ

外部信号へ

図7.25　ローカル・バスの配線

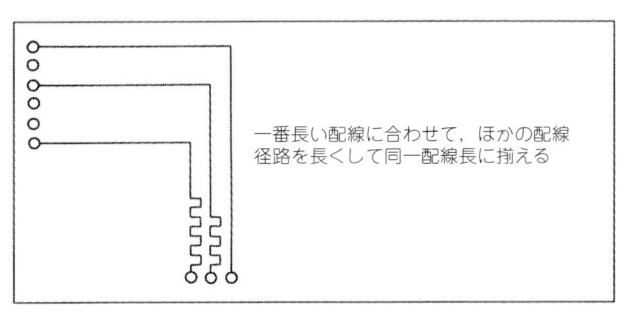

> 一番長い配線に合わせて，ほかの配線径路を長くして同一配線長に揃える

図7.26　等長配線

対策は，クロック・ラインと同様に，ほかのパターンを離すこと，平行に長く引かないこと，信号間をガード・パターンで挟むことなどです．

7.2.11　インピーダンス整合

インピーダンス整合について詳しく踏み込むときがないので，簡単に説明します．基板上で高速に動作する信号を長く配線すると，反射が問題になります．この反射を減らすには，ICの出力インピーダンス，基板の特性インピーダンス，負荷インピーダンスを整合させます．

基板の特性インピーダンスは，パターンの幅，電源層とのギャップ，基板材の誘電率などから決まります．

図7.27に示すように，表面層はマイクロストリップ・ライン，内層はストリップ・ラインと呼ばれ，パターン幅の条件が変わります．

基板設計の際は，特性インピーダンスの指定を受けてくれる基板製造メーカと相談して，指定インピーダンスを得るために基板の板厚と外層と内層のパターン幅をいくつにすればよいかを決めればよいのです．

普通は，内層でECL用に50Ωの特性インピーダンスにする場合，仕上がり時のパターン幅が0.1 mmとなるように，基板設計時は0.15 mmのパターン幅で設計します．基板製造メーカでは，エッチングの条件を調整して0.1 mmのパターンを得るようにします．

外層は特性インピーダンス50Ωでは配線幅が太くなりますので，75～100Ωのデバイスの配線に利用します．

基板製造メーカでは，基板のテスト・クーポンのパターンを測定して，指定の特性インピーダンスが得られたかどうかを判定します．

設計時は，内層の信号は内層だけを使用し，外層の信号は外層だけで配線するようにします．もし，これが守れないときは，層に合わせた配線幅に調整します．

しかし，実際の基板では，ランドや部品端子の影響でかなりインピーダンスは変化しますので，あまりこだわる必要はなく，全体として信号層間が電源層で分離され，特性インピーダンスがある程度管理されたパターンであることが重要です．

基板は，**図7.28**のように構成します．

プロセス	出力インピーダンス
CMOS	100 Ω
TTL	75 Ω
ECL	50 Ω

（a）ICの出力インピーダンス

（b）マイクロストリップ・ライン

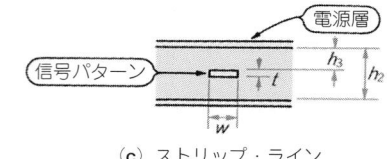

（c）ストリップ・ライン

図7.27　インピーダンス整合

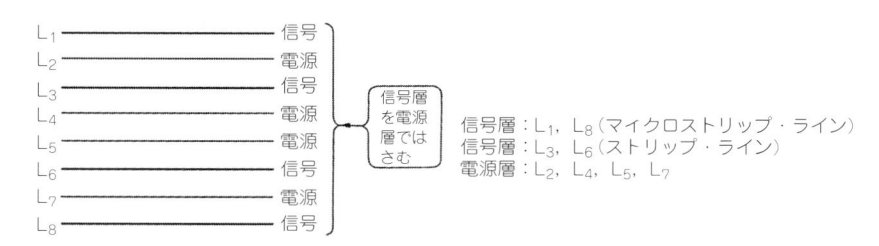

図7.28 インピーダンス整合

信号層：L_1, L_8（マイクロストリップ・ライン）
信号層：L_3, L_6（ストリップ・ライン）
電源層：L_2, L_4, L_5, L_7

（a）差動ライン・ドライバ/レシーバ　　　　（b）同相ノイズと出力波形

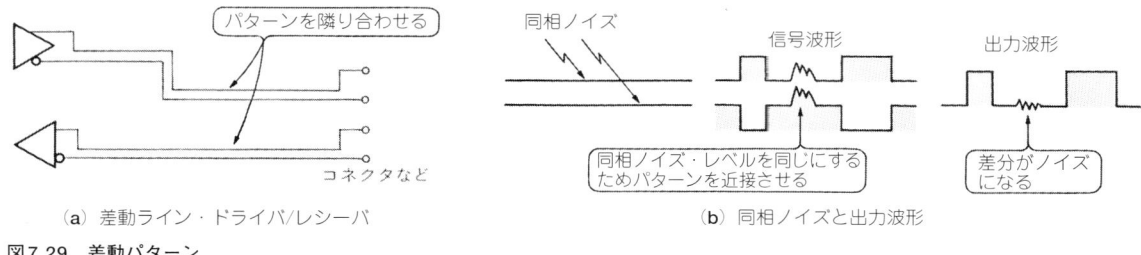

図7.29 差動パターン

7.2.12 差動パターン

OPアンプやライン・ドライバICには，差動入出力信号があります．これは2本の信号間の差に応答する回路ですから，同じノイズが2本の信号に入力（同相ノイズ）されてもキャンセルできるはずです．

しかし，信号線が離れていて，受けたノイズ・レベルに差があると，その分ノイズが残ります．したがって，対になっている信号線は**図7.29**のように，できるだけ接近させて配線します．

7.3 回路設計上の注意点

基板設計側から見れば，回路設計における問題は関係ありませんが，問題が発生したとき不当に基板のせいにされないように常識的なことを知っておく必要があります．

回路設計側から見れば，不必要に市場からのクレーム対策をしないように心がける必要があります．

7.3.1 静電ノイズ対策

原因も対策も明確なのに，いつも問題を起こすのがノイズです．帯電した人間などがスイッチを操作して，機器に静電ノイズを加えてしまう場合や，帯電した機器がシールドしていない配線に静電ノイズを与える場合などが多いでしょう．

図7.30のように，静電ノイズはフレームを介してアースに落ちればほとんど問題はないのですが，実際はそのルートをなかなか確保できないことが多いようです．これは回路だけでなく，機器の設置や工事なども影響し，なかなか問題が解決しないようです．

それはともかく，静電ノイズが内部回路に影響を与えると回路不良として取り扱われ，返品される

ケースもあります．したがって，基板上では多少の静電ノイズが加わっても破壊されないように設計するのが安全です．

図7.31のように，電源の入力にはバリスタなどの保護回路を設けます．外部に電源を供給する場合は，内部用の電源と分離して保護回路を設けます．

入出力回路は，バリスタよりツェナ・ダイオードのほうが速度が速く，ノイズ吸収の点では効果的です．信号がマイナスに振れる可能性がある場合は，バリスタを使うか，図7.31のようにツェナ・ダイオードを対向接続で使用します．

7.3.2 ショート保護回路

静電ノイズと同様に，入力回路や出力回路は，誤結線や負荷ショートをする可能性があります．破壊された基板も回路不良として返品されるので，可能なら図7.32のように破壊されないような回路構成にする必要があります．

電流制限回路やICの発熱で電流制限がかかるサーマル・シャットダウン回路を使用するときは，その保護回路の制限電流で溶断しないパターンの太さが必要です．

負荷短絡を証拠として残すため，基板ヒューズを利用するのも手ですが，この場合は配線抵抗などを加味して，あらかじめ負荷ショートによるヒューズ溶断時間を測定しておき，本当に回路を保護できるかどうかをチェックする必要があります．

7.3.3 EMI対策

電磁波障害には，コンダクテッドEMIとラジエーテッドEMIがあります．

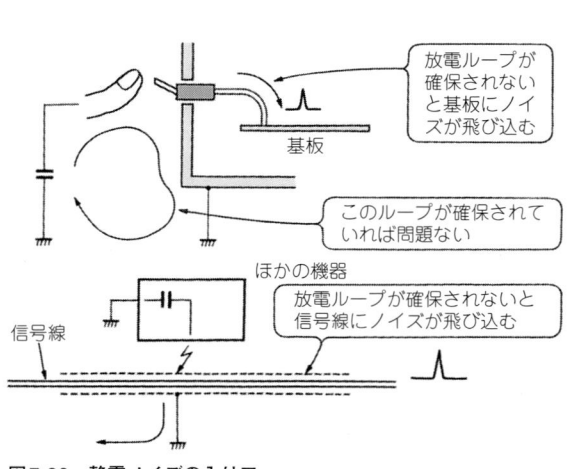

図7.30 静電ノイズの入り口
ほかの機器がちゃんとアースされていたり，シールド線などで放電ループが確保されていれば問題ない．

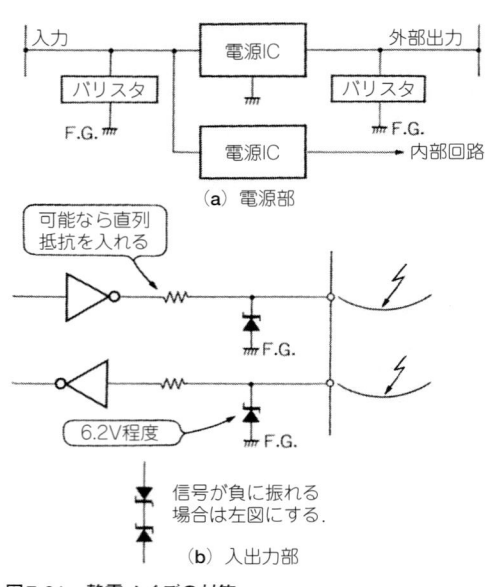

図7.31 静電ノイズの対策

7.3 回路設計上の注意点

航空機の中で使用されたパソコンの電磁波の影響で航空機の電子装置がおかしくなり，離着陸時のパソコンの使用が禁止されたりしますが，禁止すべきはその程度でおかしくなる航空機のほうだと思います．

コンダクテッドEMIの対策は，回路の入出力の改良やシールドなどで比較的容易に対策できます．しかし，ラジエーテッドEMIは，EMIフィルタや導電性プラスチック・ケースや貫通コンデンサなどが使用されたりコストのかねあいで苦労しているようです．

一つ言えることは，2層基板より4層基板のほうが発生ノイズが少なくなるという点です．ある報告では，2層基板ではノイズの電界強度が50 dBのところ，4層基板では10 dBから15 dBほど全周波数帯域で下がるそうです．

効果を高めようとして，4層基板の電源層を表裏に，信号層を内部に配線したケースもありましたが，あまり普及しないところを見ると，効果が少ないようです．

7.3.4 基板外への信号出力

図7.33に示すように，基板外に信号を出力する場合は以下の注意が必要です．

● **外部へ出力されている信号をICの出力に接続しないこと**

外部への出力信号をICの出力に接続してはいけません．これは入力に保護回路なしで直接信号を外部に出すのと同じです．さらに，TTLのフリップフロップの出力は，入力にフィードバック接続されているものもあるので，バッファ回路を加えて出力することも必要です．

● **信号を外部に出すときは，必要に応じて終端抵抗を入れる**

信号を外部に出すときは，必要に応じて終端抵抗を入れます．2層基板では，図7.33に示すようにIC付近のグラウンド・ラインも同時に外部へ出力します．別のラインからグラウンドを取ると，共通インピーダンスを構成してノイズの影響を受けやすくなります．また，長く延ばすときは，ツイスト・ペア線でバランス・ラインとします．

対　策	回　路	説　明
サーマル・シャットダウンまたは電流制限回路を利用する	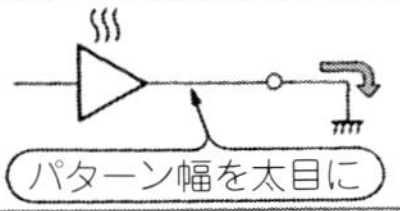 （パターン幅を太目に）	電流制限付き回路やサーマル・シャットダウン回路によってパターンが切れないようにする．
基板ヒューズを使用する	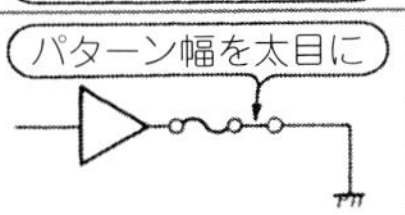 （パターン幅を太目に）	ヒューズ付き回路は，ヒューズが切れる時間と電流をチェックする．
出力抵抗を付ける（100Ω程度）	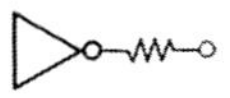	速度やドライブ条件で問題にならない程度の抵抗を入れる．
入力抵抗を付ける（1kΩ程度）		入力部には直列抵抗を入れる．ICに流れ込む電流を数10mAに抑えれば，破壊させない．

図7.32　ショート保護回路

第7章

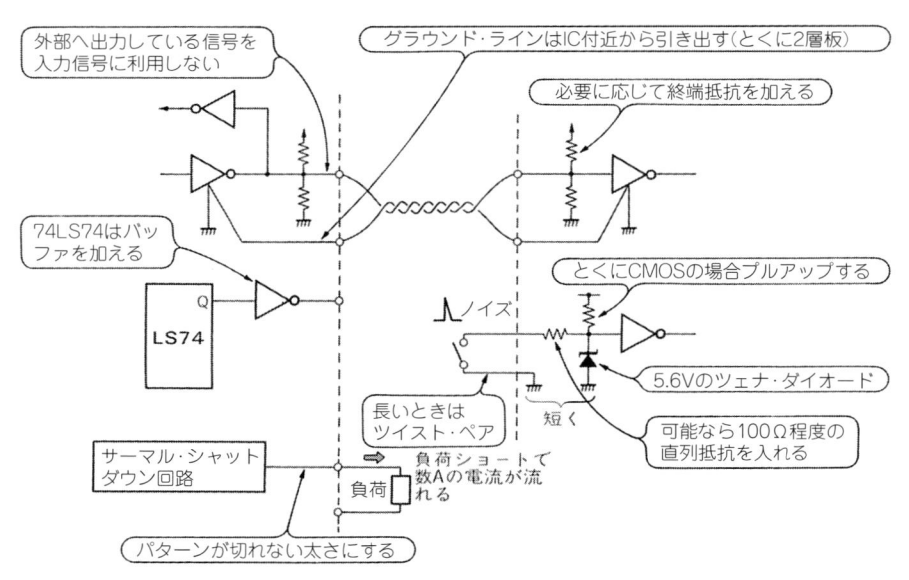

図7.33 基板外への信号出力

（図中の注釈）
- 外部へ出力している信号を入力信号に利用しない
- グラウンド・ラインはIC付近から引き出す（とくに2層板）
- 必要に応じて終端抵抗を加える
- 74LS74はバッファを加える
- とくにCMOSの場合プルアップする
- 5.6Vのツェナ・ダイオード
- 長いときはツイスト・ペア
- 短く
- 可能なら100Ω程度の直列抵抗を入れる
- サーマル・シャットダウン回路
- 負荷ショートで数Aの電流が流れる
- 負荷
- パターンが切れない太さにする
- ノイズ

● スイッチなどの入力には保護回路，プルアップ抵抗を入れる

　スイッチなどの入力は，静電ノイズの項で説明したように，必要に応じて直列抵抗などの保護回路やプルアップ抵抗を付加します．

第8章 配線の検証とCAM処理

PCBCADを使った設計では，配線が終了した時点で，あるいは配線中にDRC（Design Rule Check）を実施して設計を検証します．

この機能こそがPCBCADのCADたるゆえんであり，この機能が貧弱なCADは単なるお絵かきCADでしかありません．また，最終的に基板を発注する際には製造工程で必要になるガーバ・データ，ドリル・データなどのCAM（Computer Aided Manufacturing）インターフェース用のデータを用意しなければなりません．そこで，本章ではPCBCADにおける設計検証とCAM処理について説明します．

8.1 オンラインDRC

オンラインDRCは，設計途中にチェックする機能です．図8.1に示すように，クリアランスの不足，他の信号線との重なりといったエラーをチェックすることができます．

CADの機能によっては，図8.2に示すように，間違えた配線をしようとしたり，ほかのパターンとのクリアランスが設定よりも少ないような配線をしようとすると，警告が出たり，配線ができなかっ

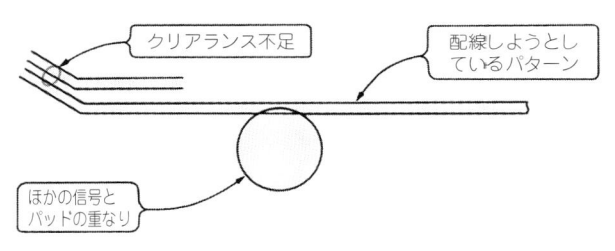

図8.1 オンラインDRCでチェックされるエラー

第8章

①パターンが引けない．
②パターンを引くとエラー・マークが出る．
③パターンが自動的にパッドを避ける．

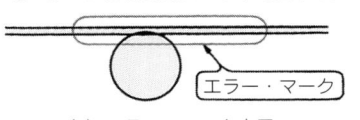

（a）エラー・マーク表示

（b）パターンの自動回避

図8.2　オンラインDRCによるエラー訂正

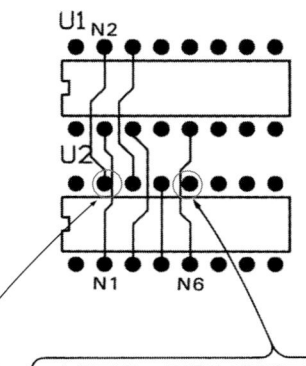

パターン・ショート時のDRCエラー表示
Extra Pin On Net N1：U2-15 should be on net N2
Extra Pin On Net N1：U1-15 should be on net N2

クリアランス不足時のDRCエラー表示
Clearance Error
　Track（42565mil，29290mil 42565mil，29450mil）Top Layer N6
　Pad（42600mil，29400mil）Multi-Layer No Net

図8.3　バッチDRCによるエラー表示

たり，自動的にほかの配線をずらしてくれたりします．ここまではしてくれなくても，配線後に配線部分にエラー・マークを出します．

　パソコンのCPU速度が100 MHz以下の時代は，オンラインDRCを実行しようとすると非常に時間がかかるCADがありましたが，今ではそんなことはありません．

8.2　バッチDRC

　オンラインDRCは配線の途中でチェックする機能であるのに対し，配線作業が完了してから配線パターンをチェックするために行うのが，バッチDRCです．図8.3にバッチDRCの一般的な機能を示します．

(1) クリアランス・チェック
　パッド，配線，ベタのパターン間のクリアランスを測定し，設定値以上であることをチェックします．ピン間3本仕様では，0.15 mmか6 milを指定します．
(2) ネット・チェック

配線パターンが，ネット・リストと一致しているかどうかをチェックします．DRCを実行すると，すべてのエラー・メッセージがDRCのレポート・ファイルに保存されます．エラーが多いとレポート・ファイルが莫大な量になり，とても処理し切れません．

その意味でもオンラインDRCの機能は必要ですが，なくてもCADによっては指定ネット・チェックだけ，あるいはクリアランス・チェックだけを選択してバッチDRCを実行できるものもあります．これを利用して，配線途中にできるだけDRCの一部を実行してエラーを減らしてから，最終的なDRCを実行するようにします．

重要なのは，DRCで見つけたエラーを修正したあとは，修正内容がどんなに軽微なものでも，必ずDRCを実行し，エラーなしの表示を得るまで続けることです．これは，一つのエラーにほかのエラーが隠されて表示されずに見落とす場合があることと，修正時の操作ミスを防ぐためです．

● デザイン・ルールの設定

最近のCADは，サーマル・パッドやレジストのギャップ指定，ビア・サイズなどを一括で設定するものがあります．ここで，たとえばビアの設定を間違えてランドよりドリルのほうを太くしてしまってもチェックはできないので注意が必要です．

レジストとパッド間のギャップは2 mil，ビアはレジストが被るように−8 milなどと設定します．

ドリルに対する内層逃げは，16 milとか32 milをドリル径によって設定して，サーマル・パッド形状や直接電源層に接続するかなどを設定します．

8.3 DRCの限界と目視チェック

CADによって差はありますが，DRCでもチェックができない項目がいくつかあります．これを補うためには，人間がチェックしなければなりません．

● 電源層の分離

図8.4に示すように，ビアを不用意に配置すると電源層を逃げ穴で分離してしまうことがあります．とくに，電源層をスリットで分離しているときは要注意です．しかも，これを認識できるCADは少ないので，ほとんどの場合，基板設計者が電源層のパターンをプリント出力して目視チェックを行わな

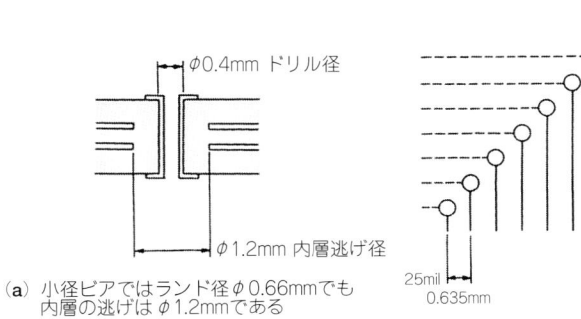

(a) 小径ビアではランド径φ0.66mmでも内層の逃げはφ1.2mmである

(b) このような場合，ビアの逃げ穴によって内層電源層がAとBに分離されてしまう．とくに電源層にスリットがある場合は要注意

図8.4 電源層の分離

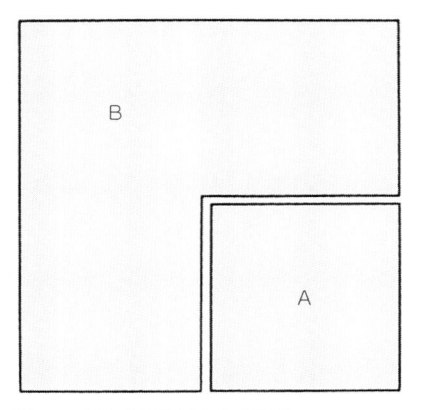

図8.5 複数の電源層がある場合
電源層をA, Bの二つに分割しても別信号として認識できないCADもある.

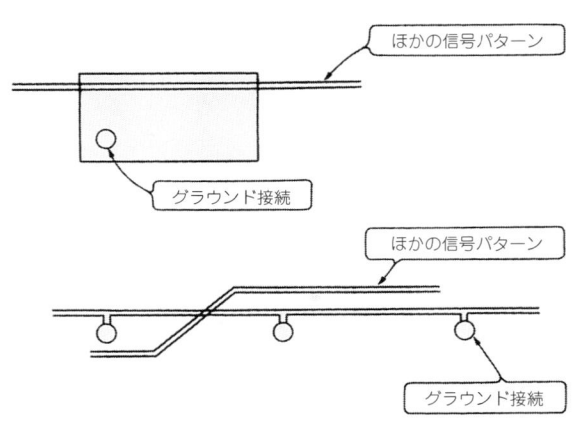

図8.6 追加電源パターンと他の信号パターンのショート
図のようなグラウンド・パターンを, エラーとして認識できないCADもある.

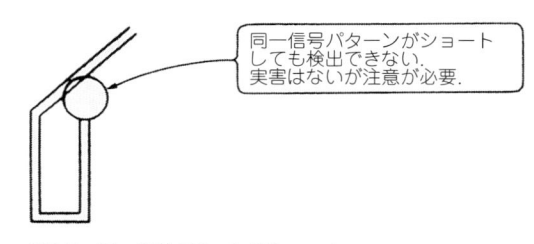

図8.7 同一信号パターンのショート

ければなりません. 合わせて, 電源の接続が細くなっているところもチェックして修正します.

● 複数の電源層がある場合

図8.5に示すように, 複数電源とするため, 電源層をスリットで切り分けることがあります. しかし, 分離された電源層を, 別信号として認識できないCADもあります. この場合は, 同一信号名で登録して, 配置に注意して設計したあと内層を分離します.

● 追加電源パターンによるショート

図8.6に示すように, 水晶発振器の部品の下などのベタ・パターンやシールド用パターンを配置した後, 手作業でグラウンド接続をしたとき, CADによっては信号パターンとショートしても認識できないものもあるので注意が必要です.

● 同一信号パターンのギャップ不足

図8.7に示すように, 同一信号間ではパターン・ギャップ不足があっても, たいていのCADではエラーを表示できません. 実害はないのですが, 基板製造工場ではパターン・ギャップ・チェックを行う際に, 不良と認識するケースがありますので, このようなギャップ不良は避けるようにします.

● シルク文字

シルク文字はチェックできないので, すべて人間がチェックします. シルクがランドやビアにかかると, 文字が切れて読みにくくなりますのでこれもチェックします. 文字や線の重なりもチェックし

ます．

8.4 PCBCADのファイル出力

CADによって違いはありますが，PCBCADは以下のようなファイルを出力します．

● 基板データ

一般に，基板データはPCBファイルと呼ばれており，基板設計をした配線パターンや部品配置情報が入力されています．

フォーマットはPCBCADにより個々に設定されていますが，CADによってはほかのCADのファイルを読み込むことができるものもあります．

図8.8に，簡単な基板のデータ・フォーマットを示します．本例ではテキスト・データで記述してい

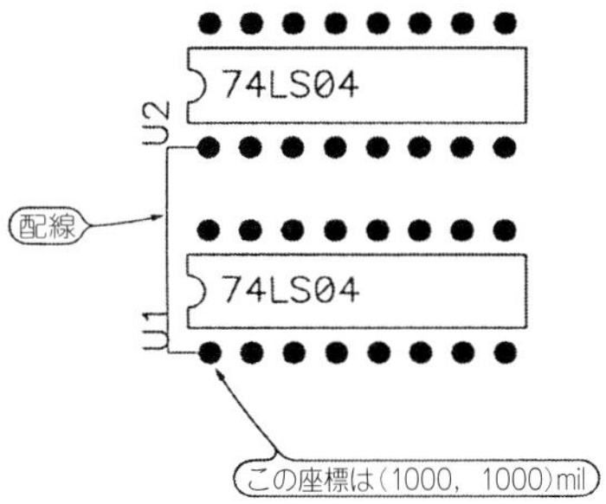

```
部品位置 { COMP "U1" "74LS04" "" "DIP16" "" 1000 1000 835 970 1755 1330 1 0
         COMP "U2" "74LS04" "" "DIP16" "" 1000 1500 835 1470 1755 1830 2 0
         PAD EL 60 60 38 AL NP "8"  1700 1000 0 1 0
         PAD EL 60 60 38 AL NP "9"  1700 1300 0 1 0
         PAD EL 60 60 38 AL NP "10" 1600 1300 0 1 0
         PAD EL 60 60 38 AL NP "11" 1500 1300 0 1 0
         PAD EL 60 60 38 AL NP "12" 1400 1300 0 1 0
         PAD EL 60 60 38 AL NP "13" 1300 1300 0 1 0
         PAD EL 60 60 38 AL NP "14" 1200 1300 0 1 0
         PAD EL 60 60 38 AL NP "15" 1100 1300 0 1 0
         PAD EL 60 60 38 AL NP "16" 1000 1300 0 1 0
         PAD EL 60 60 38 AL NP "7"  1600 1000 0 1 0
         PAD EL 60 60 38 AL NP "6"  1500 1000 0 1 0
         PAD EL 60 60 38 AL NP "5"  1400 1000 0 1 0
         PAD EL 60 60 38 AL NP "4"  1300 1000 0 1 0
         PAD EL 60 60 38 AL NP "3"  1200 1000 0 1 0
         PAD EL 60 60 38 AL NP "2"  1100 1000 0 1 0
径60mil，穴38milのパッド
36個の座標を示す
         PAD EL 60 60 38 AL NP "1"  1000 1000 0 1 0
         PAD EL 60 60 38 AL NP "8"  1700 1500 0 2 0
         PAD EL 60 60 38 AL NP "9"  1700 1800 0 2 0
         PAD EL 60 60 38 AL NP "10" 1600 1800 0 2 0
         PAD EL 60 60 38 AL NP "11" 1500 1800 0 2 0
         PAD EL 60 60 38 AL NP "12" 1400 1800 0 2 0
         PAD EL 60 60 38 AL NP "13" 1300 1800 0 2 0
         PAD EL 60 60 38 AL NP "14" 1200 1800 0 2 0
         PAD EL 60 60 38 AL NP "15" 1100 1800 0 2 0
         PAD EL 60 60 38 AL NP "16" 1000 1800 0 2 0
         PAD EL 60 60 38 AL NP "7"  1600 1500 0 2 0
         PAD EL 60 60 38 AL NP "6"  1500 1500 0 2 0
         PAD EL 60 60 38 AL NP "5"  1400 1500 0 2 0
         PAD EL 60 60 38 AL NP "4"  1300 1500 0 2 0
         PAD EL 60 60 38 AL NP "3"  1200 1500 0 2 0
         PAD EL 60 60 38 AL NP "2"  1100 1500 0 2 0
         PAD EL 60 60 38 AL NP "1"  1000 1500 0 2 0
6milの配線パターンを示す { LINE 6 0 900 1000 1000 1000 0 0 0
                          LINE 6 0 900 1000 900 1500 0 0 0
                          LINE 6 0 900 1500 1000 1500 0 0 0
シルクの円を示す { ARC 40 270 180 10 8 950 1150 0 1 0
                   ARC 40 270 180 10 8 950 1650 0 2 0
U1や74LS04のテキスト { TEXT ".REFDES" 60 1 1 8 900 1000 835 995 905 1125 1 0
座標                    TEXT ".TYPE"   60 0 10 3 1025 1125 1020 1120 1364 1190 1 0
                        TEXT ".REFDES" 60 1 1 8 900 1500 835 1495 905 1625 2 0
                        TEXT ".TYPE"   60 0 10 3 1025 1625 1020 1620 1364 1690 2 0
         LINE 10 8 950 1190 950 1240 0 1 0
         LINE 10 8 950 1060 950 1110 0 1 0
         LINE 10 8 950 1060 1750 1060 0 1 0
         LINE 10 8 1750 1060 1750 1240 0 1 0
シルクのラインのパターン { LINE 10 8 950 1240 1750 1240 0 1 0
を示す                    LINE 10 8 950 1690 950 1740 0 2 0
                          LINE 10 8 950 1560 950 1610 0 2 0
                          LINE 10 8 950 1560 1750 1560 0 2 0
                          LINE 10 8 1750 1560 1750 1740 0 2 0
                          LINE 10 8 950 1740 1750 1740 0 2 0
```

(a) 基板上の配置 （この座標は(1000, 1000)mil） （配線） U2 74LS04 U1 74LS04

(b) PCBファイルの内容

図8.8　基板データ

第8章

表8.1 部品配置データ

部品番号	ライブラリ番号	X座標	Y座標	配置層	部品の回転角度
U13	DIP300-16	5850mil	4950mil	T	0.000
C2	CAP100-R25	5550mil	4600mil	TL	0.000
CP1	R2A-200C	5100mil	4700mil	T	0.000
CP4	R2A-200C	5100mil	4500mil	T	0.000
U4	DIP600-32	4950mil	4100mil	T	0.000
CP8	R2A-200C	4100mil	3700mil	T	90.000
U20	DIP300-20	3850mil	3650mil	T	90.000
CP5	R2A-200C	4000mil	3000mil	T	0.000
U8	DIP600-32	4950mil	3300mil	T	0.000
U5	DIP600-32	4950mil	2500mil	T	0.000
U21	DIP300-14	3850mil	2500mil	T	90.000
CP21	R2A-200C	3900mil	1800mil	T	0.000
C6	CAP100-R25	3550mil	1700mil	TL	0.000

注:Tはスルー・ホール,TLは部品面,BLははんだ面を表す.

```
              Aperture and Tool Descriptions
=====================================================================

Code   Shape     X    Y   Hole  Type   Comment
D10    Ellipse  010  010  000   Both   Ellipse  X_010 Y_010 H_000 FD
D11    Ellipse  006  006  000   Both   Ellipse  X_006 Y_006 H_000 FD
D12    Ellipse  060  060  000   Flash  Ellipse  X_060 Y_060 H_000 FL
D13    Ellipse  070  070  000   Flash  Ellipse  X_070 Y_070 H_000 FL
D14    Ellipse  064  064  000   Flash  Ellipse  X_064 Y_064 H_000 FL
D15    Thermal  076  076  038   Flash  Thermal  O_076 I_057       FL


Code   Hole Diameter
------------------
T01    038
```

項目	説明
X, Y	アパーチャのサイズ(mil)
Type	Both:ドロー&フラッシュ・アパーチャ Flash:フラッシュ・アパーチャ
Comment	Ellipse :円 Thermal :サーマル Sq Rect :角
Code	T01:直径38 milのドリル

(a) アパーチャおよびツール・コード表

```
              Aperture and Tool Assignments
=====================================================================

Item                      Normal  S Mask  Plane  Thermal  Drl Sym  Tool
DRAW APERTURE             D10       -       -       -       -       -
LINE_006                  D11       -       -       -       -       -
LINE_010                  D10       -       -       -       -       -
P_EL_0060_0060_038_AL     D12      D14     D13     D15
HOLE_038                   -        -       -       -      DRAW    T01
```

(b) アパーチャ割り付け表

項目	説明
D11	6 mil幅の配線パターン用Dコード
D12	パッド用Dコード
D13	パッド径+10 milの内層逃げ穴用Dコード
D14	パッド径+4 milのSR逃げ穴用Dコード
D15	サーマル・パッド用Dコード(別に形状を指定する)

図8.9 アパーチャ・リスト

ますが,バイナリ・コードでも出力可能で,そのほうがファイルのデータ量が減ります.

● 部品配置データ

部品配置データは,すべての部品の座標データを表示します.ライブラリ作成時の部品原点の位置を示します.また,はんだ面か部品面かの表示や,部品の回転角度を表示するCADもありますので,多少のデータ加工をすれば実装データに利用できます.

表8.1は，部品配置データの例です．このデータを実装機データに利用する場合は，部品ライブラリ作成時に基準点位置を決めておかなくてはなりませんので，実装工場と相談しながら進めます．

● アパーチャ・リスト

図8.9に示すように，CAM出力で指定した全アパーチャを出力しますので，これを整理して基板製造メーカへ送付する情報として利用します．これについては，アパーチャの設定の項で説明します．

8.5 アパーチャの設定

DRCが無事終了すると，次はアパーチャの設定を行います．ここでのミスは，もうPCBCADではチェックできません．しかし，最近のPCBCADではアパーチャ設定はDRCの基準設定に基づいて自動設定されるので意識する必要はありません．しかし，古い基板のガーバ・データをハンドリングするときなどに必要になりますので，簡単に説明しておきます．

8.5.1 フォト・プロッタ

フォト・プロッタは，感光性フィルムに光源を当てて配線やパッドなどのパターンを露光します．図8.10，図8.11に示すように，ベクトル・タイプとレーザ・タイプのプロッタがあります．

● ベクトル・タイプ

ベクトル・タイプは，丸や四角やサーマル形状の穴をもつアパーチャ・ホイールと呼ぶ遮光板を使用してベクトル走査で作画します．

アパーチャ・ホイールには，24個のアパーチャしか設定できません．このため，表面実装用の多種類の長方形パッドなどは，丸や四角の小さいアパーチャを使用して塗りつぶしで作画します．さもなければ，専用のアパーチャ・ホイールに交換して対応します．

今ではベクトル・プロッタを使う基板メーカはないと思いますが，CADでは相変わらずサポートされています．

● レーザ・タイプ

レーザ・タイプはレーザ・プリンタと同様に，小さな画素を使ってラスタ走査で作画します．この

(a) アパーチャ・ホイール　　(b) 露光時の位置　　(c) ベクトル走査　　(d) 長方形パッド

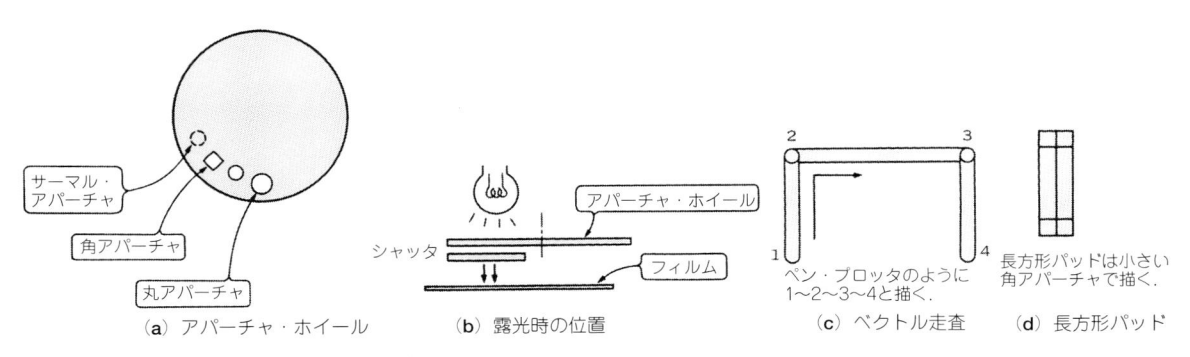

図8.10　フォト・プロッタ(ベクトル・タイプ)

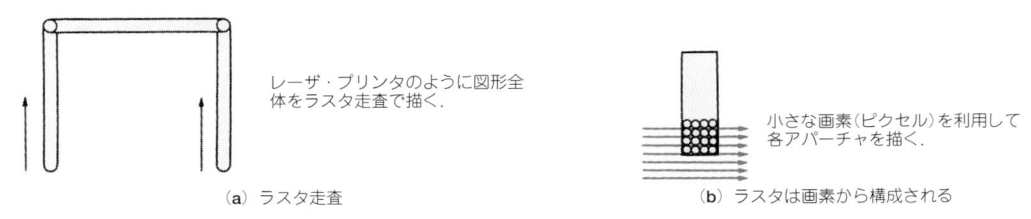

図8.11 フォト・プロッタ（レーザ・タイプ）

(a) ラスタ走査 — レーザ・プリンタのように図形全体をラスタ走査で描く．

(b) ラスタは画素から構成される — 小さな画素（ピクセル）を利用して各アパーチャを描く．

ため，アパーチャ形状はソフトウェアで処理されていますので，アパーチャの種類は89個まで同時処理が可能です．

処理速度は格段に向上しますが，作画精度はベクトル・タイプのほうが優れていると言われています．

8.5.2 アパーチャ設定

CADによって違いはありますが，アパーチャは自動設定され，基準について述べた第5章で定めた値のSR（ソルダ・レジスト）のパッドからの逃げ寸法と内層のドリルからの逃げ寸法を先に指定します．メタル・マスク用データをサポートしているものは，表面実装のパッドとの大小関係を設定できます．

図8.9に示したように，アパーチャはDコード（ドラフト・コード）と呼ばれる番号で表現されます．D10からD99までの番号を使い，いろいろな大きさの丸や四角や長方形などを設定します．

● フラッシュ・アパーチャ設定

パッドとアパーチャの形状が同じなら，光源の1点滅で作画できますので，ガーバ・データは座標位置とアパーチャのコード（Dコード）を出力します．

● ドロー・アパーチャ設定

配線はパターン幅のアパーチャを使い，作画開始点で光源を当てたまま作画終了点まで移動してシャッタを閉じて作画します．これとは別に，丸や四角の小さいアパーチャを使い，パッドの作画やサーマル・パッドの作画を行います．

この場合は，ガーバ・データはパッドごとに塗りつぶしデータを出力しなければなりませんので，ガーバ・データ量が増大します．

8.5.3 アパーチャ割り付け

図8.9に示したように，アパーチャは配線パターンの太さ，パッド・サイズ，SRの大きさ，内層の逃げ穴径，サーマル・パッドにそれぞれの直径，大きさごとに割り付けます．

個々に設定したい場合は，Dコードの設定を手修正して，基板製造メーカに渡します．しかし，ここでミスをすると，すべてが水泡に帰すので十分注意してください．

(a) ドリル：φ0.4

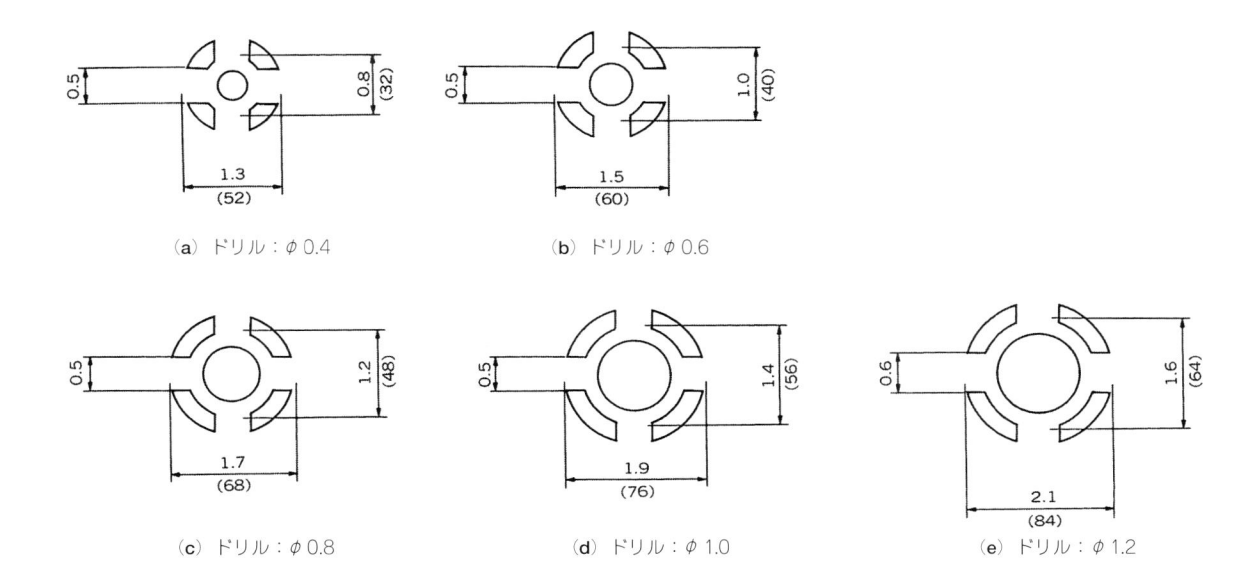

(b) ドリル：φ0.6

(c) ドリル：φ0.8

(d) ドリル：φ1.0

(e) ドリル：φ1.2

図8.12　サーマル・パッドの形状

8.5.4　サーマル・パッド

サーマル・パッドをフラッシュ・アパーチャに設定するか，ドロー・アパーチャに設定するかの選択も必要です．ドロー・アパーチャに設定する場合は電源層のファイルが大きくなります．

フラッシュ・アパーチャに設定する場合は，CADにはその形状データを出力しません．基板製造メーカには，サーマル・パッドに対応するDコードに図8.12に示すようにサーマル形状を指示する必要があります．

最近のCADは，サーマル・パッドも自動生成するのでとくに設定する必要はありません．φ0.4 mm穴のサーマル・パッドを示していますが，電源接続用ビア用ですので，実際にサーマル・パッドを使用することはなく，直接電源層に接続します．

8.6　ガーバ・データ出力

アパーチャの設定が終了したら，CADを操作してガーバ（GERBER）・データを出力します．ガーバ・データは，米国Gerber社のCADで採用されている規格ですが，広く使われており現在では世界標準となっています．

8.6.1　ガーバ・フォーマット

RS-274Xという規格が，最近ではガーバ・フォーマットの標準になっています．従来は，アパーチャ・ファイルをガーバ・データとは別に添付していたのですが，RS-274Xからガーバ・データに添付されるようになりました（表8.2）．アパーチャ・ファイルは不要のはずですが，基板メーカでは相変わ

表8.2 RX-274Xのデータ・フォーマット

D10	RECTANGULAR	80.000	40.000	0.000	FLASH
D11	RECTANGULAR	40.000	80.000	0.000	FLASH
D25	ROUNDED	20.000	20.000	0.000	LINE
D26	ROUNDED	30.000	30.000	0.000	LINE

（a）アパーチャ・リスト

```
%FSAX25Y25*%
%MOIN*%
G70*
G01*
G75*
%ADD10R, 0.08000X0.04000*%  ┐
%ADD11R, 0.04000X0.08000*%  │ アパーチャ情報
%ADD25C, 0.02000*%          │
%ADD26C, 0.03000*%          ┘
```

（b）ガーバ・データ

らず要求してきます．

● **ユニット指定（インチまたはメートル）**

本稿ではインチ系で設定していますので，インチを選択します．メートルを選択すれば内部で換算されて処理されます．

● **フォーマット指定**

2：3などのように指定します．上位の2はインチ2桁（0から99インチ）を示し，下位の3は0.001インチで表現されます．CAD自体が，2.3(4.2)より2桁精度のよい2.5(4.4)を指定可能なら，それを選んでください注1．

特に，BGAチップを使用するような場合は，多数のビアをパッド間にぎりぎりで配置するので計算誤差が少なくなるようにします．

● **G54オプション**

G54オプションは，初期のベクトル・フォト・プロッタの一部に必要なオプションで，一般のレーザ・フォト・プロッタでは不要です．

● **ソフトウェア円補間オプション**

レーザ・フォト・プロッタでは不要です．

● **ゼロ消去**

消去なし，前ゼロ消去，後ゼロ消去のどれかを選択します．これはファイルをコンパクトにするため，不用な0表示を省略するためのものです．

● **データ・コード**

ASCIIのノン・パリティ（テキスト・データ）です．

8.6.2　ガーバ・データ出力

表8.3，図8.13，図8.14にガーバ・データの例を示します．表8.3はコード表，図8.13は部品面のパ

注1：2.3(4.2)は，1 mil(0.01 mm)がプロッタの制御最小単位．
　　　2.5(4.4)は，0.01 mil(0.0001 mm)がプロッタの制御最小単位．

8.6 ガーバ・データ出力

ターン，図**8.14**はグラウンド層のパターンを示しています．

たいていのPCBCADは，ガーバ・データをプリント出力できますので，これで最終的に確認します．グラウンド層は，黒い部分の銅箔が抜けます．

4層基板で表面実装を両面に配置した場合は，以下のデータが出力されます．

- ガーバ・データ
- 部品面メタル・マスク・データ

```
G70*
G90*
G01*
D02*
D11*                ← D11のDコードでパターンを示す
X9000Y10000D02*
X10000Y10000D01*
X9000Y10000D02*
X9000Y15000D01*
X9000Y15000D02*
X10000Y15000D01*
D02*
D12*
X17000Y10000D03*
X17000Y13000D03*
X16000Y13000D03*
X15000Y13000D03*
X14000Y13000D03*
X13000Y13000D03*
X12000Y13000D03*
X11000Y13000D03*
X10000Y13000D03*
X16000Y10000D03*
X15000Y10000D03*
X14000Y10000D03*
X13000Y10000D03*
X12000Y10000D03*
X11000Y10000D03*
X10000Y10000D03*
X17000Y15000D03*
X17000Y18000D03*
X16000Y18000D03*
X15000Y18000D03*
X14000Y18000D03*
X13000Y18000D03*
X12000Y18000D03*
X11000Y18000D03*
X10000Y18000D03*
X16000Y15000D03*
X15000Y15000D03*
X14000Y15000D03*
X13000Y15000D03*
X12000Y15000D03*
X11000Y15000D03*
X10000Y15000D03*
D02M02*
```

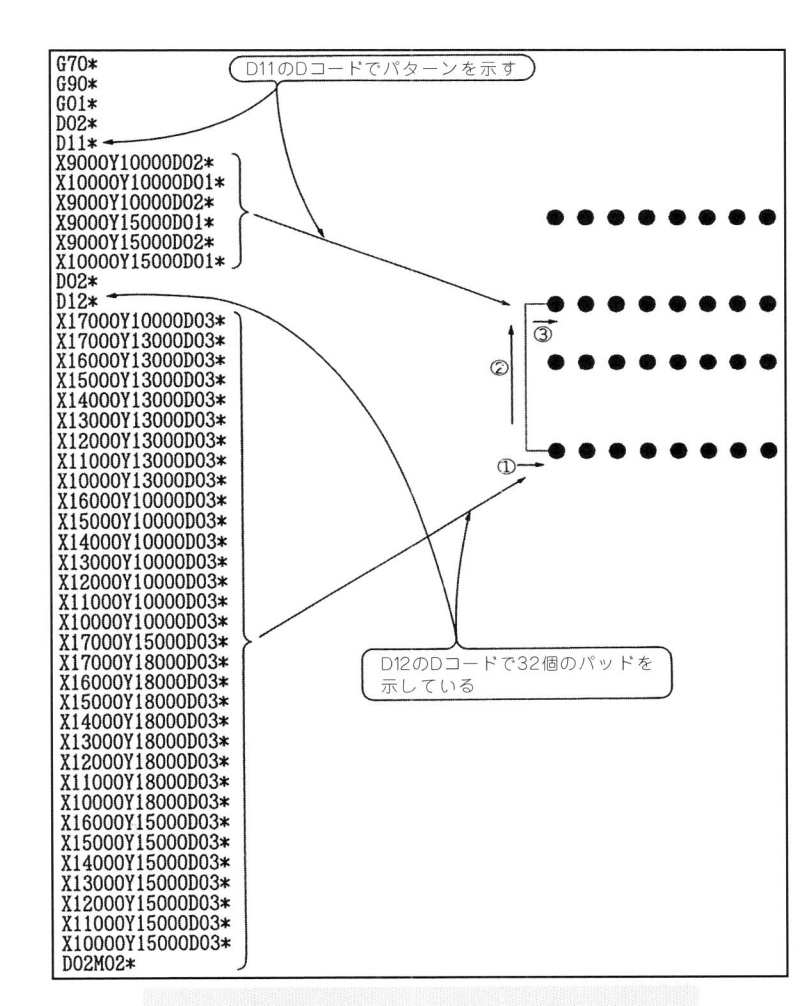

D12のDコードで32個のパッドを示している

表8.3 ガーバ・データのコード

Gコード	
G01	直線
G02	円弧補間
G03	円弧補間
G54	アパーチャ選択
G90	アブソリュート指定
G91	インクリメンタル指定
Dコード	
D01	シャッタ開
D02	シャッタ閉
D03	フラッシュ
D10〜D99	アパーチャ番号
Mコード	
M02	終了コード

▶この例ではG54オプションが付いているが，一般的には不要．
▶D02はシャッタが閉じ，D01でシャッタが開く．
▶この例では①，②，③の順に描く．
▶D03はフラッシュ・アパーチャを示す．
▶M02は終了コードを示す．

図8.13 ガーバ・データ(部品面)

```
G70*
G90*
G01*
D02*
D15*
X17000Y10000D03*  } サーマル・パッド
D02*
D13*
X17000Y13000D03*
X16000Y13000D03*
X15000Y13000D03*
X14000Y13000D03*
X13000Y13000D03*
X12000Y13000D03*
X11000Y13000D03*
X10000Y13000D03*
X16000Y10000D03*
X15000Y10000D03*
X14000Y10000D03*
X13000Y10000D03*
X12000Y10000D03*
X11000Y10000D03*
X10000Y10000D03*
D02*
D15*
X17000Y15000D03*  } サーマル・パッド
D02*
D13*
X17000Y18000D03*
X16000Y18000D03*
X15000Y18000D03*
X14000Y18000D03*
X13000Y18000D03*
X12000Y18000D03*
X11000Y18000D03*
X10000Y18000D03*
X16000Y15000D03*
X15000Y15000D03*
X14000Y15000D03*
X13000Y15000D03*
X12000Y15000D03*
X11000Y15000D03*
X10000Y15000D03*
D02M02*
```

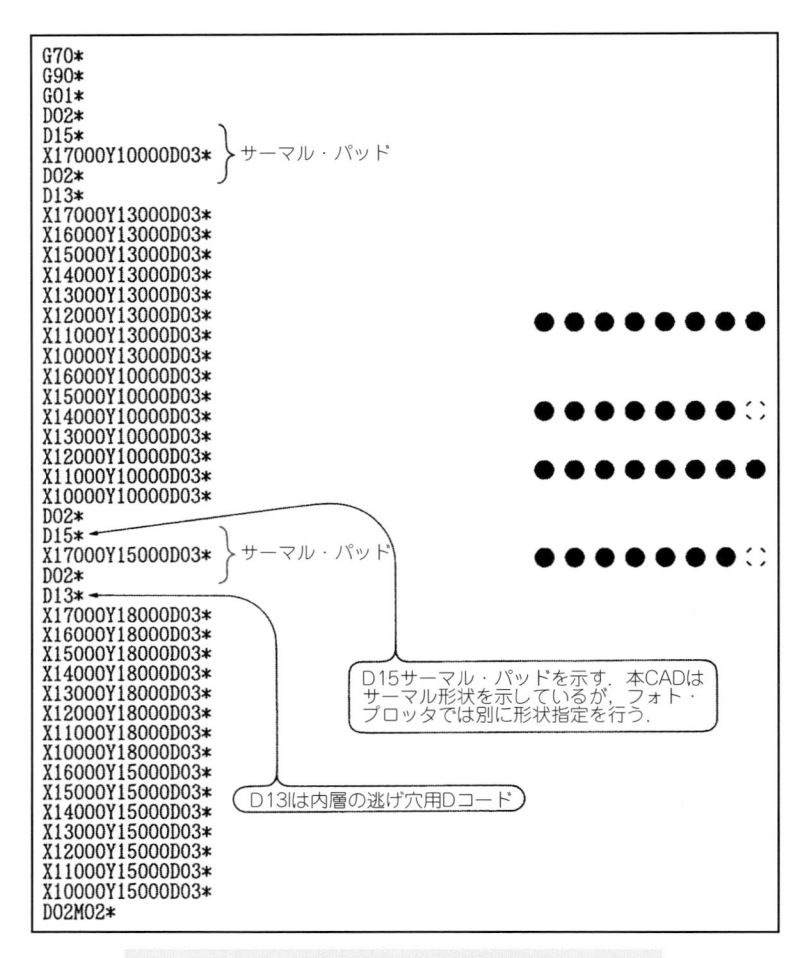

D15サーマル・パッドを示す．本CADはサーマル形状を示しているが，フォト・プロッタでは別に形状指定を行う．

D13は内層の逃げ穴用Dコード

▶本例ではすべてフラッシュ・アパーチャ設定を行っている．
▶サーマル・パッドをドロー・アパーチャで描く方法もある．

図8.14　ガーバ・データ（グラウンド層）

- 部品面SRデータ
- 部品面シルク・データ
- 部品面信号層データ
- 電源層データ
- グラウンド層データ
- はんだ面信号層データ
- はんだ面シルク・データ
- はんだ面SRデータ
- はんだ面メタル・マスク・データ

```
T01 ← T01(φ38milのドリル)を使
X+10000Y+13000   用したときの穴あけ座標(ド
Y+10000          リル・マシンのX,Y移動
Y+18000          量)を示す
Y+15000
X+11000Y+13000
Y+10000
Y+18000
Y+15000
X+12000Y+13000
Y+10000
Y+18000
Y+15000
X+13000Y+13000
Y+10000
Y+18000
Y+15000
X+14000Y+13000
Y+10000
Y+18000
Y+15000
X+15000Y+13000
Y+10000
Y+18000
Y+15000
X+16000Y+13000
Y+10000
Y+18000
Y+15000
X+17000Y+10000
Y+13000
Y+15000
Y+18000
T00
M30
```

図8.15 ドリル・データ

これら以外に,ガーバ・データ・フォーマットで外形層などを出力できますので,これを利用して基板加工図を作成します.

8.6.3 ドリル・データ

ガーバ・データと同様に,ゼロ・サプレスをするか,絶対座標か,インチか,メートルか,精度はいくつかなどを聞いてきますが,ガーバ・データの設定と同じにします.

出力されるのは,エキセロン・フォーマットとテキスト・フォーマットのドリル・データと,使用するドリル・サイズを示したドリル・レポートが出力されます.

図8.15に,テキスト・フォーマットのドリル・データの例を示します.

第9章 プリント基板の構造と安全規格

　日本における電子機器の生産は，産業構造の変化によって家電製品からIT（information technology）機器へとシフトしていきました．これに伴って，使用されるプリント配線板も多層プリント配線板やフレキシブル・プリント配線板へと変わってきています．プリント配線板にもハイテク化の波が押し寄せてきているわけです．

　本章では，どのようなプリント配線板がどういった電子機器に使用されているのかを紹介します．また，そういった電子機器を設計する技術者の方にぜひ知っていてほしい安全規格などについても解説します．

9.1　プリント配線板材料の基礎知識

　電子機器に使用される材料は，生産される製品によって時代とともに変わってきました．家電製品には，主に安価な紙フェノール銅張積層板が片面プリント配線板として使用されました．一方，事務機器やコンピュータには，主にガラス・エポキシ銅張積層板が両面プリント配線板や多層プリント配線板として使用されました．

　このように，以前は「民生機器には紙フェノール銅張積層板」，「産業機器にはガラス・エポキシ銅張積層板」というのが，一般的な棲み分けでした．その後，民生機器は「軽・薄・短・小」のスローガンのもとに，携帯機器が増加しました．そして，機能を優先するため，使用する材料区分のボーダレス化が進み，民生機器に多層プリント配線板やフレキシブル・プリント配線板が使用されるようになりました．しかも，その多層プリント配線板も薄物多層プリント配線板からビルドアップ多層プリント配線板，フレックスリジッド・プリント配線板，多層フレキシブル・プリント配線板へと進展していきました．

9.1.1 プリント配線板や銅張積層板に適用される規格

日本で規定されている規格に，JIS（日本工業規格）があります．JIS規格では，銅張積層板やプリント配線板についての規格が定められています．初期のころは，このJIS規格が参考規格として使用されていました．

現在，日本における銅張積層板の規格は，JIS規格のほかにJPCA（日本電子回路工業会）規格があります（表9.1）．また，プリント配線板規格としては，JIS規格，JPCA規格，JPCA/IPC規格，そしてUL規格（Underwriters Laboratories）があります（表9.2）．最近では，米国IPC（プリント配線板業界で世界的に採用されている規格の標準化を行っている業界団体）の技術委員会とJPCAの技術委員会が協調して共同規格を策定した例（JPCA/IPC-6202）があります．規格策定でもグローバル化が進んでいます．

電子機器に対する安全規格としては，たとえばUL規格が挙げられます（表9.3）．ここで，UL規格について少し説明しておきます．銅張積層板やプリント配線板などの規格策定では，まずIPCの各技術委員会で検討し，合わせてJPCAやJTPIA（合成樹脂工業協会）の技術委員会の意見を取り上げます．それをULが主催する標準化技術パネル（STP）で審議したうえで，最終的には投票権を持った委員によって規格が決定されます．

また，さまざまな材料の登場により，ANSI（American National Standards Institute）規格のグレードに合致しない問題が浮上しており，認定を取得した製品を見直す作業（ファイル・レビュー）がULで進んでいます．

9.1.2 グローバル化によって採用する規格が変わる

上述したように，プリント配線板について，以前はJIS規格に準拠するのが一般的でした．しかしその後，家電メーカ各社は品質レベルを向上させて製品の差異化を図るようになり，材料メーカからはJIS規格に規定されている数値よりも優れた製品が出荷されるようになっていきました．

このような良質の材料を使用するのが日本では一般的であり，外観についても（美術工芸品のように!?）厳しく管理してきました．製品の品質は確かに向上したのですが，こういった日本人の潔癖性からくる外観へのこだわりは，必要以上に製品コストを上昇させる要因ともなっていきました．

ところで，プリント配線板は，加工されると無数の穴があいた状態となります．すると，表面積が増えるにつれて吸湿しやすくなります．吸湿した状態ではんだ付けを行うと，基板が膨れたり，層間のはく離が発生したりします．とくに，日本では6月ころの梅雨時期の対策として，耐湿性の向上は重要なポイントでした．

調達する企業は，プリント配線板に対して独自の社内基準を策定することによって，厳しく管理していました（この社内基準は，一般の標準規格と比べても厳しいものだった）．また，プリント配線板の外観へのこだわりについても，社内基準に受け継がれました．

第9章

表9.1 銅張積層板の規格一覧

規格番号	内容
JIS-C-6471	フレキシブルプリント配線板用銅張積層板試験方法
JIS-C-6472	フレキシブルプリント配線板用銅張積層板(ポリエステル,ポリイミドフィルム)
JIS-C-6480	プリント配線板用銅張積層板通則
JIS-C-6481	プリント配線板用銅張積層板試験方法
JIS-C-6482	プリント配線板用銅張積層板〈紙基材エポキシ樹脂〉
JIS-C-6483	プリント配線板用銅張積層板〈合成繊維布基材エポキシ樹脂〉
JIS-C-6484	プリント配線板用銅張積層板〈ガラス布基材エポキシ樹脂〉
JIS-C-6485	プリント配線板用銅張積層板〈紙基材フェノール樹脂〉
JIS-C-6488	プリント配線板用銅張積層板〈ガラス布・紙複合基材エポキシ樹脂〉
JIS-C-6489	プリント配線板用銅張積層板〈ガラス布・ガラス不織布複合基材エポキシ樹脂〉
JIS-C-6490	プリント配線板用銅張積層板〈ガラス布基材ポリイミド樹脂〉
JIS-C-6492	プリント配線板用銅張積層板〈ガラス布基材ビスマレイミド/トリアジン/エポキシ樹脂〉
JIS-C-6493	多層プリント配線板用銅張積層板〈ガラス布基材ポリイミド樹脂〉
JIS-C-6494	多層プリント配線板用銅張積層板-耐熱性ガラス布基材ビスマレイミド/トリアジン/エポキシ樹脂銅張積層板
JIS-C-6515	プリント配線板用銅はく(IEC 61249-5-1)
JIS-C-6520	多層プリント配線板用プリプレグ通則
JIS-C-6521	多層プリント配線板用プリプレグ試験方法
JIS-C-6522	多層プリント配線板用プリプレグ〈ガラス布基材エポキシ樹脂〉
JIS-C-6523	多層プリント配線板用プリプレグ〈ガラス布基材ポリイミド樹脂〉
JIS-C-6524	多層プリント配線板用プリプレグ〈ガラス布基材トリアジン/エポキシ樹脂〉
JPCA-BM03-2006/CFIA	フレキシブルプリント配線板用銅張積層板(接着剤及び無接着剤タイプ)
JPCA-CCL13	プリント配線板用銅張積層板-ガラス布・ガラス不織布複合材料エポキシ樹脂
JPCA-CCL14	プリント配線板用銅張積層板-ガラス布基材エポキシ樹脂
JPCA-CCL15	プリント配線板用銅張積層板-ガラス布基材ポリミド樹脂
JPCA-CCL16	プリント配線板用銅張積層板-ガラス布基材ビスマレイミド/トリアジン/エポキシ樹脂
JPCA-CCL34	多層プリント配線板用銅張積層板-ガラス布基材エポキシ樹脂
JPCA-CCL35	多層プリント配線板用銅張積層板-ガラス布基材ポリミド樹脂
JPCA-CCL36	多層プリント配線板用銅張積層板-ガラス布基材ビスマレイミド/トリアジン/エポキシ樹脂
JPCA-ES-01	ハロゲンフリープリント銅張積層板試験法
JPCA-ES-02	ハロゲンフリープリント配線板用銅張積層板-紙基材フェノール樹脂
JPCA-ES-03	ハロゲンフリープリント配線板用銅張積層板-ガラス布・ガラス不織布複合基材エポキシ樹脂
JPCA-ES-04	ハロゲンフリープリント配線板用銅張積層板-ガラス布基材エポキシ樹脂
JPCA-ES-05	ハロゲンフリー多層プリント配線板用銅張積層板-ガラス布基材エポキシ樹脂
JPCA-ES-06	ハロゲンフリー多層プリント配線板用プリプレグ-ガラス布基材エポキシ樹脂
JPCA-ES-07	プリント配線板用銅張積層板フェノール採集法
JPCA-TM001	プリント配線板用銅張積層板試験方法 比誘電率及び誘電正接(500 MHz〜10 GHz)
JPCA-HCL01	プリント配線板用銅張積層板-耐熱性高周波用ガラス布基材銅張積層板 比誘電率(3.7以下/1 GHz)
JPCA-HCL21	ハロゲンフリープリント配線板用銅張積層板-耐熱性高周波用ガラス布基材銅張積層板 比誘電率(3.7以下/1 GHz)

　その後,経済環境の変化に伴って,プリント配線板を海外で調達する必要性が出てくるようになりました.その一方で,日本の機器メーカ各社が要求する基準は厳しすぎて,東南アジアなどのメーカが対応しきれず,プリント配線板を海外調達できないという事態に陥ってしまいました.このため,東南アジアでもなじみがあり,かつ,海外と共通で使用できる規格としてIPC規格を採用する機運が高まりました.

表9.2 プリント配線板の規格一覧

WECC(World Electronic Circuits Council；世界電子回路業界団体協議会)は，IPCやJPCAのほか，中国CPCA，欧州のEFIP，インドのIPCA，台湾のTPCAの六つの規格団体からなる．本協議会ではWECC規格を策定し，世界的な標準規格であるIEC(International Electrotechnical Commision；国際電気標準会議)への提案を試みている．

JIS-C-5010	プリント配線板通則
JIS-C-5012	プリント配線板試験方法
JIS-C-5013	片面及び両面プリント配線板
JIS-C-5014	多層プリント配線板
JIS-C-5016	フレキシブルプリント配線板試験方法
JIS-C-5017	フレキシブルプリント配線板-片面・両面-
JIS-C-5603	プリント配線板用語/IEC194
JPCA-BU01	ビルドアップ配線板(用語)(試験方法)
JPCA-DG01	多層プリント配線板デザインガイド
JPCA-DG02	JPCA/IPC-6202，デザインガイドマニュアル片面及び両面フレキシブルプリント配線板
JPCA-EB01	部品内蔵電子回路基板(部品内蔵基板)(用語)(信頼性)
JPCA-ET01	プリント配線板環境試験方法通則/2001年
JPCA-ET02	プリント配線板環境試験方法-温湿度定常状態(40℃，93%RH)
JPCA-ET03	プリント配線板環境試験方法-温湿度定常状態(60℃，90%RE)
JPCA-ET04	プリント配線板環境試験方法-温湿度定常状態(85℃，85%RE)
JPCA-ET05	プリント配線板環境試験方法-温湿度サイクル(12＋12時間サイクル)試験
JPCA-ET06	プリント配線板環境試験方法-温湿度組合せ(サイクル・低温あり)試験
JPCA-ET07	プリント配線板環境試験方法-温湿度組合せ(サイクル・低温なし)試験
JPCA-ET08	プリント配線板環境試験方法-高温・高湿・定常(不飽和加圧水蒸気)試験
JPCA-ET09	プリント配線板環境試験方法-結露サイクル試験
JPCA-FJ01	フレキシブルプリント配線板実装ガイド
JPCA-HD01	HDIプリント配線板
JPCA-ML01	多層プリント配線板
JPCA-PB01	プリント配線板
JPCA-RB02	両面プリント配線板(スルーホールめっきあり)
JPCA-RB03	片面/両面プリント配線板(スルーホールめっきなし)
JPCA-TD01	プリント配線板用語
JPCA/IPC-6801	ビルドアップ配線板(用語・試験方法・設計例)
WECC-6202	フレキシブルプリント配線板性能ガイドマニュアル
JPCA/IPC-6202	フレキシブルプリント配線板性能ガイドマニュアル
JPCA/NASDA-SCL01	宇宙開発用信頼性保証プリント配線板用共通材料個別仕様書

表9.3 UL規格の一例

規格番号	版	最新版発行年	規格名	ANSI規格に採用
UL20	12	2000	スナップスイッチ	採用
UL94	5	1996	高分子材料の難燃性試験方法	採用
UL542	9	2005	蛍光灯器具	採用
UL746A	5	2000	高分子材料-短期評価法	採用
UL746B	3	1996	高分子材料-長期評価法	採用
UL746C	6	2004	電気機器に使用される高分子材料の評価法	採用
UL746D	6	1998	加工されたプラスチック部品の高分子材料	採用
UL746E	4	2006	銅張積層板	採用
UL746F	1	2006	フレキシブル銅張板	採用
UL796	9	2007	プリント配線板	採用
UL796F	1	2000	フレキシブル材料接続構造体	採用
UL921	6	2006	皿洗い機	採用
UL923	6	2008	電子レンジ	採用
UL1411	6	2008	ラジオ・テレビ用トランス	
UL1413	6	1999	テレビ用高電圧部品	
UL1446	6	2007	絶縁システム	採用
UL1492	2	1996	音響/ビデオ機器・アクセサリー	
UL6500	2	1999	音響/ビデオ機器・楽器	
UL8750	1	2009	LED	採用
UL60950	3	2000	IT機器	

http://ulstandardsinfonet.ul.com

9.2 機器設計で重要な日本の市場要求

　電子機器を開発するうえでは，日本における市場要求を理解しておくことも重要です．ここで少し過去をふり返り，時代とともに電子機器の設計思想がどのように変遷してきたかを紹介します．

　1950年代の日本の電気製品は，品質面では現在のような状態ではなく「安かろう，悪かろう」の時代でした．いかに長持ちする機器を作るかということが重要で，当時の機器設計は「耐久性（design for durability）」に重点が置かれていました．

● テレビによる火災が多発，難燃性が要求されるように

　身近な家電製品のうち，テレビは高電流，高電圧のかかる電気製品であり，火災事故が起こる可能性が高い製品でもありました．テレビに対してとくに難燃性について注目されるようになったのは，1970年前後に米国でテレビが原因の火災事故が多発したからです．テレビによる火災事故を防止するため，電気・電子回路の改善だけでなく，使用されているプラスチック材料の燃焼性のレベルが確認され，試験方法も見直されました．

　当時，試験片を水平に設置してブンゼン・バーナで着火する「水平燃焼性試験法」が実施されていました．しかし，この試験方法だけでは不十分であることが判明したため，試験片を垂直に設置して着火する「垂直燃焼性試験法」が新たに加えられました．このような燃焼性試験は，安全試験機関であるULにおいて「UL94」として規定されました（コラム「ULの燃焼性試験」を参照）．UL94の試験方法は，そ

の後，世界規模で使用されるようになりました．

このころは，機器設計において「安全性(design for safety)」が重要なポイントとなっていました．プラスチック類は，金属と比較すると燃えやすいため，その難燃性が重要視されるようになったのは当然だと言えます．

●●●● ULの燃焼性試験 ●●●●   コラムD

米国 Underwriters Laboratories(UL)社が策定しているUL規格は，886件(2002年現在)あります．**図9.A**は，UL規格の発行推移を示しています．UL規格は，UL社のStandard Technical Panel(工業会からの代表や有識者などの委員で構成される)において，事前討議のうえで意見を組み入れて決定しています．

UL規格の中のUL94は代表的な「燃焼性試験」に関する規格であり，プラスチック，銅張積層板，プリント配線板，ソルダ・レジストなどの燃焼性試験に適用されています．ULの燃焼性試験は「水平燃焼性試験」と「垂直燃焼性試験」に大別されます．試験状況を**写真9.A**に示します．

試験片は，「試験したい板厚× 13 mm × 125 mm」のバー・サンプルとなっています．UL94は，UL規格の中でもっとも広く知られている規格です．これは燃え難さを調べる規格で，垂直燃焼試験ではV‐0がもっとも燃え難いグレードで，以下，V‐1，V‐2と続きます．HBは水平燃焼性試験のことです(**図9.B**)．

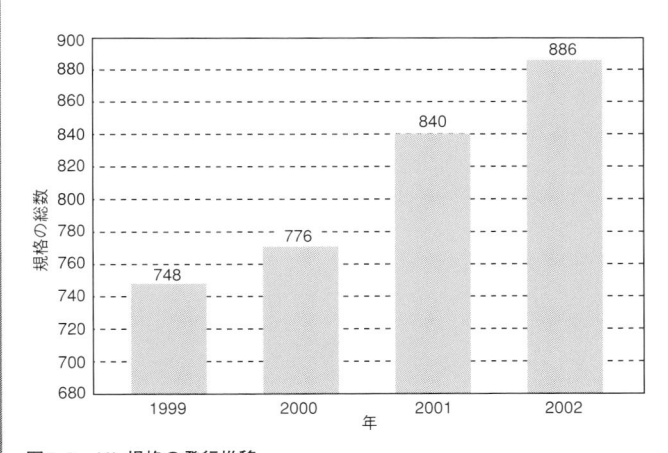

図9.A　UL規格の発行推移

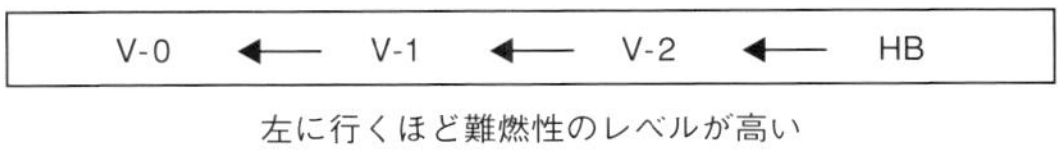

V‐0 ← V‐1 ← V‐2 ← HB

左に行くほど難燃性のレベルが高い

図9.B　難燃性のレベル

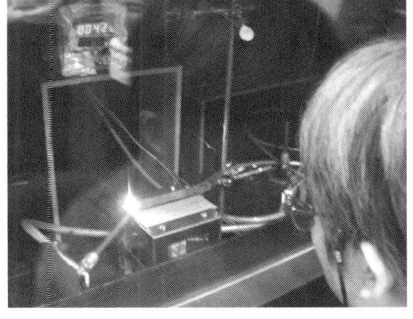

(a) 試験片を水平に配置して燃焼試験を実施

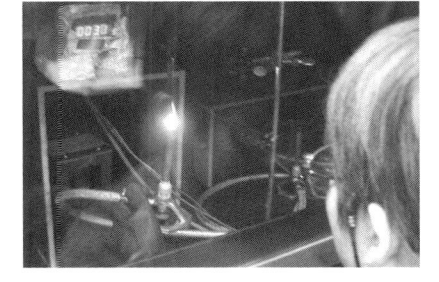

(b) 試験片を垂直に配置して燃焼試験を実施

写真9.A　ULの燃焼性試験

第9章

あたりまえのことですが，筐体に使用されるプラスチックやプリント配線板に使用される材料（銅張積層板，フレキシブル銅張積層板，銅はく付き絶縁シート，レジスト・インキなど）においても安全性確保のために難燃性が重視されるようになりました．材料メーカではさまざまな難燃化技術が検討され，ULの94 V級（V-2，-1，-0の順で難燃性レベルが高い）の難燃性グレードを取得する方向となりました．

● 1990年代になって携帯機器が台頭

その後，電子機器の品質向上もあいまって，小型で軽量の携帯機器が相次いで商品化されるようになりました．とくに日本の場合，狭い住宅事情や事務所の賃借料の高騰などの関係で，機器はなるべく小さく薄型にして，狭いスペースを有効活用したいという強い要望がありました．このころの電子機器の設計思想は，いかに小型で，軽量で，薄型の機器を商品化するかということでした．つまり，「サイズ（design for size）」を重視する開発に変わったわけです．

1980年代には，メインフレーム（汎用大型）コンピュータの開発現場でコンピュータ実装技術が確立されました．しかし，ダウンサイジングの影響や家電製品から始まった生産拠点の海外シフトなどによって，国内での生産品目の見直しが始まりました．そして，日本国内では「高付加価値化」や「差異化」を具現化した商品の開発が重要な要素となってきました．

差異化を図るための手段としては，同一機能で「小型化」，「軽量化」，「薄型化」する方法や，同一容積で「高機能化」，「高性能化」，「複合化」する方法があります（図9.1）．これらの差異化の手法は，国内の技術空洞化の対策としても重要になりました．さらに最近では，機能を増やしながら，しかも製品の価格を上げない方向へ向かっています．

● 2000年代は環境を重視する時代

欧州からアドバルーンの上がった環境問題は，電子機器の開発現場にも大きな影響を与えています．電子機器の廃棄による環境汚染がクローズアップされ，環境対策が大きな課題となってきています．機器設計の段階から環境調和を実現することが重要になり，より安全な材料，技術，くふうがあれば，

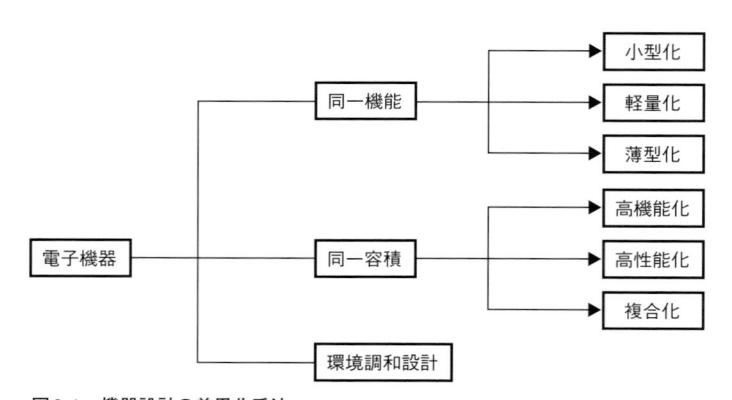

図9.1　機器設計の差異化手法
機器の設計を差異化するには，いろいろな手法がある．最近になって，環境調和設計が新たに加わった．

表9.4 日本における環境調和設計の適用例

鉛フリー応用機器製品例	携帯電話，CDプレーヤ，MDプレーヤ，MDレコーダ，DVDプレーヤ，ヘッドホン・ステレオ，SDオーディオ・プレーヤ，ラジオ，ICレコーダ，洗濯機，冷蔵庫，食器洗い機，こたつ，掃除機，シェーバ，蛍光灯，デジタル・カメラ，電子レンジ，エアコン，テレビ，PDPテレビ，液晶テレビ，衣類乾燥機，ビデオ，IHジャー炊飯器，石油ファン・ヒータ，ファクシミリ，パソコン，自動車，カーナビ，ルータ，サーバ，HDD，PDS，デジタル複合機，液晶プロジェクタ，高速マウンタ，電子楽器，体温計
ハロゲン・フリー応用機器製品例	パソコン，DVDプレーヤ，MDプレーヤ，携帯電話，ビデオ，デジタル・ビデオ・カメラ，デジタル・カメラ，液晶プロジェクタ，プリンタ，カラー・テレビ，POSターミナル，バーコード・プリンタ，システム・ステレオ，HiFiオーディオ，テープレコーダ，充電器，複写機，複合機，DVDレコーダー，エアコン，洗濯機，ラジオ
クロム・フリー応用機器製品例	パソコン，プリンタ，複合機，LCDモニタ，電子レジスター，電子黒板，ATM，蛍光灯器具，洗濯機，複写機，デジタル・カメラ，液晶テレビ，オーディオ機器，PBX，ファックス，無線基地局，FDD
カドミウム・フリー応用製品例	スイッチ，リレー，モータ，電球，照明センサー，コネクター，温度ヒューズ，ファン

開発の初期段階から採用するようになってきました．2003年2月13日には，EU（欧州連合）の官報で電気・電子機器の廃棄指令（WEEE）と有害物質使用規制指令（RoHS）が交付されました．これを受けて，EU加盟国は18か月以内に自国での法整備が義務付けられました．

さらに，リサイクルが義務付けられるとともに，2006年7月1日から鉛，水銀，カドミウム，六価クロム，特定臭素系難燃剤（PBB，PBDE）の使用が制限されることが決まりました．このインパクトは大きく，さまざまなグリーン調達（環境に配慮した製品や資材を優先的に購入するという方針）が各社で加速しました．

これからは，「環境（design for environment）」を加味した機器設計がたいせつであり，環境調和設計の重要性がますます高まり，日本でも機器設計の段階で廃棄時に分解しやすいかどうかを考慮したり，リサイクルを念頭において材料を吟味したりする時代に入りました．また，環境対策そのものが商品を差異化するための一つの手段として利用されるようになってきています（表9.4）．

ここまでの話をまとめると，時代の変遷とともに電子機器の設計思想の重点が，「耐久性」→「安全性」→「サイズ」→「環境配慮」といった方向へ移ってきていると言えます．

9.3 「軽・薄・短・小」を支える要素と差異化技術

「軽・薄・短・小」は，海外でも"Kei‐Haku‐Tan‐Sho"のことばで紹介されるまでになってきました．ここでは，電子機器の小型化，軽量化，薄型化，高密度化を支える重要な技術として，プリント配線板の諸技術の具体例を示します．

9.3.1 薄物多層プリント配線板

従来，使用されるプリント配線板の板厚は1.6 mmが標準でした．しかし，電子機器の軽量化や薄型化の進展により，プリント配線板の板厚が見直され，0.8 mm以下の薄物が使用されるようになりました．その薄物採用の流れは両面基板だけでなく，多層プリント配線板にも及んでいます．薄物プリント配線板の市場は主に日本で確立しました（図9.2）．

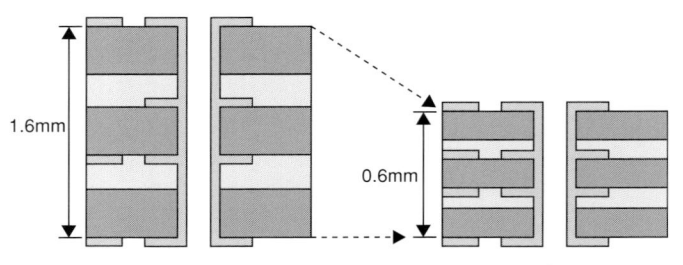

(a) 通常の多層プリント配線板　　**(b)** 薄物多層プリント配線板

図9.2　薄物多層プリント配線板
6層板の例を示す．従来の6層板の板厚は1.6 mm．これに対して，薄物多層プリント配線板の板厚は0.6 mm．

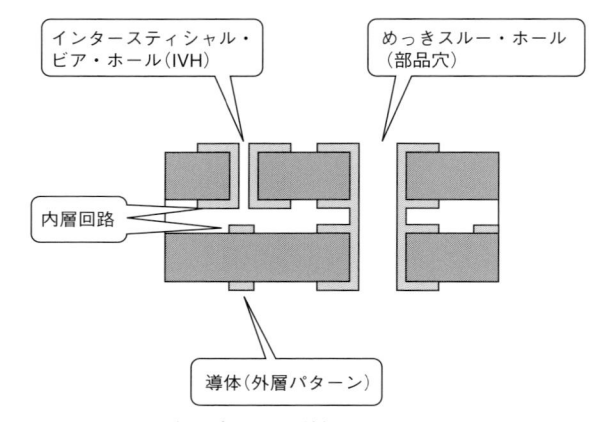

図9.3　IVH入り多層プリント配線板
ビア・ホール(層と層の配線を接続する導通穴)の形状には，貫通と非貫通の2種類がある．IVHは非貫通ビア・ホール．

「1層当たり0.1 mm相当の厚み」という概念が定着し，0.4 mmの4層板，0.6 mmの6層板，0.8 mmの8層板，1.0 mmの10層板が生産され，電子機器に組み込まれています．薄いほど材料の使用量が少なくなるので，欧州では環境に配慮して薄物多層プリント配線板を使用するという側面もあります．

9.3.2　IVH(interstitial via hole)入り多層プリント配線板

多層プリント配線板の中でも，部分スルー・ホール(非貫通の内層ビア)を入れて高密度に配線したタイプの多層プリント配線板(IVH入り多層プリント配線板)が，携帯電話やノート・パソコン，カメラ一体型VTR，携帯端末，ヘッドホン・ステレオ，MDプレーヤなどに使用されています(**図9.3**)．

IVH入り多層プリント配線板は，もともとメインフレーム・コンピュータの分野で確立された技術でしたが，上述の一般電子機器にも拡がっていきました．移動体通信の代表格である携帯電話にはすでに薄型のIVH入り多層プリント配線板が使用されており，層数は4～8層，さらに10層へと進展しています．

9.3.3 フレックスリジッド/多層フレキシブル・プリント配線板

コネクタ接続を廃したフレックスリジッド・プリント配線板による接続方式は，薄型化や軽量化以外に，信頼性の観点から適用分野が拡大しました（図9.4）．

従来，フレックスリジッドは，米国の航空宇宙関連など，きわめて特殊な分野で利用されていました．その後，ノート・パソコンに6～8層のフレックスリジッドが採用されるようになりました．最近では，フレックスリジッドや多層フレキシブル・プリント配線板はカメラ一体型VTRや携帯端末，CCDカメラ，メモリ・カード，ハード・ディスク装置，電池パック，トランシーバ，ディジタル・カメラなどに利用されています．

9.3.4 ファイン・パターン（ファイン・ピッチ）プリント配線板

欧米と比べてみると，日本は多層技術を採用するのではなく，ファイン・パターン（ファイン・ピッチ）技術を採用することによって高密度化を図ってきた歴史があります．現在，導体幅（L），導体間隔（S）がともに50μm程度のものが量産される時代となりました．さらに，導体幅，導体間隔がともに25μmのプリント配線板もすでに生産されています（図9.5）．また，部分的にファイン・パターンを採用しているものも出現しました．

日本では，ピン間5本の外層に，従来は厚さ18μmの銅はくを使用していました．今では12μmや9μmの厚さの銅はくを用いてファイン・パターンに対応しています．そして，導体幅，導体間隔がともに25μm以下のファイン・パターンのプリント配線板も製造されるようになってきました．

9.3.5 パッド・オン・ホール・プリント配線板

パッド・オン・ホール・プリント配線板は，チップ部品などを高密度に実装するために考えられた方法で，スルー・ホールの上のむだになっているスペースを利用できます（図9.6）．これは「チップ・オン・ホール」とも呼ばれ，樹脂などで穴を埋めた後にパッドを設けてチップ部品などを穴の上のパッ

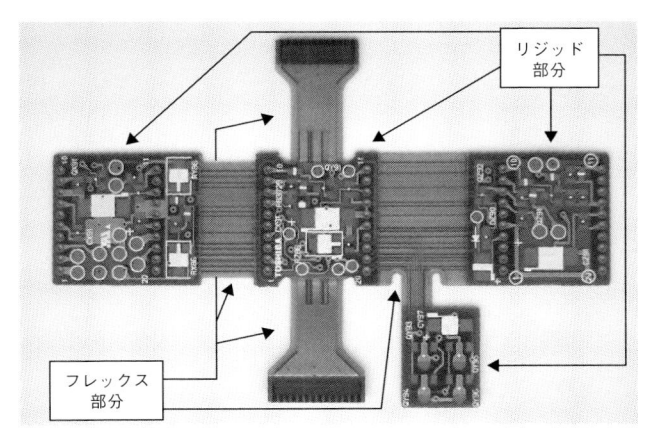

図9.4 フレックスリジッド・プリント配線板
部品を実装するリジッド部分と折り曲げ可能なフレキシブル部分からなる．

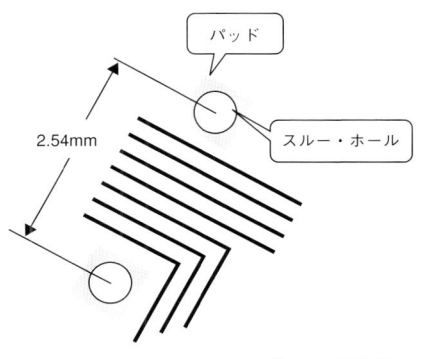

図9.5 ファイン・パターン・プリント配線板
2.54mmのピン間に7本のパターンを引いた例．

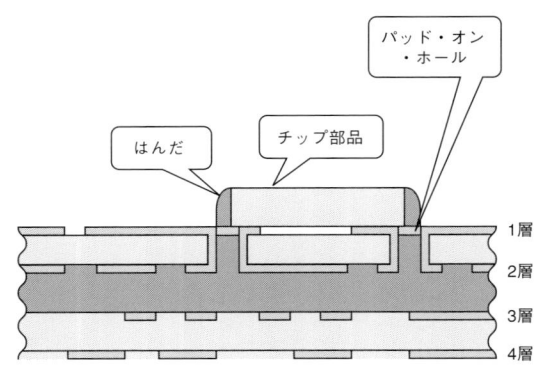

図9.6 パッド・オン・ホール・プリント配線板
スルー・ホールの穴を樹脂などで埋めた後，パッドを設けてその上にチップ部品などを実装する．

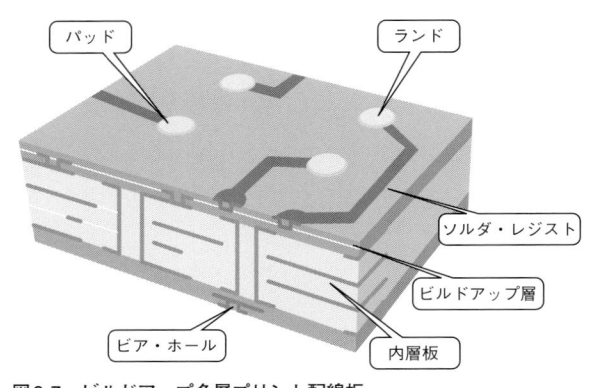

図9.7 ビルドアップ多層プリント配線板
内層板（コア材）の上下に絶縁層を積み上げて必要な回路を形成し，さらに絶縁層を積層していく（ビルドアップ層）．

ドと接続します．この方法を採用すると，穴があいていない場所にしかチップ部品を搭載できないこれまでのプリント配線板と比べて，約30％の面積の効率化を図れます．そのため，高密度実装の一手段として広く採用されるようになりました．この技術は，例えばヘッドホン・ステレオやカメラ一体型VTR，ノート・パソコンなどに応用されています．

今後は，さらなる高密度実装にL/S = 25/25μm以下の超ファイン・パターン/超ファイン・ピッチのプリント配線板が求められています．新しい試みとして，ナノペーストを使用して超ファイン・パターンの回路形成が検討されています．この回路形成には，インクジェット実装技術が応用されつつあります．この手法は2009年以降，有望視されている回路形成技術です．

9.3.6 ビルドアップ多層プリント配線板

ビルドアップ多層プリント配線板の技術は，1990年代になって注目を集め，現在熱い視線が注がれています．これは，コア材の上下に絶縁層を積み上げ，必要な回路を形成した後，さらに絶縁層を積み上げていく方式です．このように，順次積み重ねていくため，「ビルドアップ」と称されるようになりました．海外ではHDI（high density interconnect）と呼ばれています（図9.7）．

当初，ビルドアップ多層プリント配線板は銅とポリイミドを使用し，メインフレーム・コンピュータに採用されていました．日本では形を変えて，ノート・パソコンやPCカードなどに応用されています．また，カード・サイズ・コンピュータやカメラ一体型VTR，携帯電話，携帯端末，パチンコ機器，カーナビ，ディジタル・カメラなどにも応用されました．

ひと言でビルドアップ多層プリント配線板といっても，微細穴の形成方法（フォト・ビアか，レーザか），絶縁層の配置方法と導通方法などによって，さまざまな製造方式が存在します．一説には，世界で約40種類の工法があるとも言われています．

電子機器のさらなる小型化には，配線密度の向上が大きなポイントです．これには，プリント配線板の微細穴の形成と配線長を長く取ることが必須です．今後の高密度実装の要素技術として，ビルア

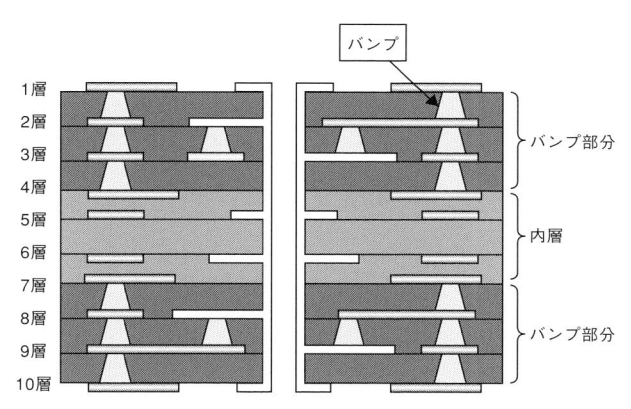

図9.8 バンプ接続プリント配線板
穴あけが不要なバンプのみで導通させる方法．ガラス布までバンプを突き抜けさせる方法や，レーザで穴あけしてペーストで接続する方法などが開発されている．

アップ多層プリント配線板は世界中で採用されています．

9.3.7 バンプ接続プリント配線板

　バンプ接続プリント配線板は，新しい発想によるプリント配線板の製造方式です．穴あけが不要なバンプのみで導通させるもので，ガラス布までバンプを突き抜けさせる方法や，レーザで穴あけしてペーストで接続する方法が開発されています（図9.8）．ポケベル（ページャ），小型のノート・パソコン，携帯電話，カメラ一体型VTR，ディジタル・ビデオ・カメラ，ディジタル・カメラなどの製品にそれぞれ応用されました．最近，このバンプ接続法の採用例が増えています．

9.3.8 部品内蔵プリント配線板

　さらなる高密度実装を実現するために，プリント配線板に配線を埋め込むだけではなく，抵抗，コンデンサ，LSIなどを内蔵させた基板も実用化されるようになりました．

参考文献
(1) Aoki Masamitsu, "Kei‐Haku‐Tan‐Sho Technologies from Japan", SEMICON‐Europe' 99, Packaging for Portable Telecom Applications Conference, 1999.
(2) Aoki Masamitsu, Happoya and Honda, "The Green Vision in Japan：Why, What, Where and When?", Proceedings of Electronics Goes Green 2000＋, pp.267‐276, Sept. 2000.
(3) Aoki Masamitsu, "Green Vision in Japan：An Update Halogen/Antimony‐free Copper Clad Laminate", Electronique Environment Europe, April 25, 2001.
(4) Aoki Masamitsu, "The Japanese Halide-free Development Program", SEMICON‐Europe 2001, April 2001.
(5) 青木正光；話題商品にみる実装技術，第92回高密度実装技術部会 定例部会資料，2001．
(6) 青木正光；情報家電機器にみる最新実装，インターネプコン02，2002．
(7) 青木正光；情報家電機器に見る最新実装技術，電子技術，pp.7‐17，2002年5月号別冊．
(8) 青木正光；欧州におけるエレクトロニクス環境情報，表面技術，vol 54, No9, pp.560‐566，2003
(9) 青木正光；最先端電子機器における実装技術の動向，インターネプコン04，2004
(10) 青木正光；電子機器の環境対策最前線，エレクトロニクス実装学会マイクロエレクトロニクスショー，2004
(11) 青木正光；話題商品が必要とするプリント配線板，エレクトロニクス実装技術，vol 23, No3, pp.24‐33，2007．
(12) 青木正光；プリント配線板用材料の進化～材料の種類とその変遷～，vol 24, No3, pp.30‐42，2008．

第10章 BGA/CSP実装におけるQ&A

　一つの機器の開発であれば，回路設計とプリント基板のパターン設計を同じ人が行うことが理想的です．しかし，ほとんどの場合，回路設計とプリント基板設計は分業されているのが現実です．このため，プリント基板設計に関する知識をあまり持たない回路設計者が少なくないようです．

　そこで，本章では回路設計者が持つプリント基板に対する疑問を解消するため，筆者がよく受ける質問をもとに，最近のLSIの多ピン化によって生じている実装設計にからむ疑問をQ＆Aのかたちで説明します．回路設計者にとって，もの作りの下流工程（実装設計）で生じる疑問が少しでも解消できれば幸いです．本稿の後半では，プリント基板設計の流れについてもまとめました．

　ただし，本稿では，筆者らが用いている設計手法をもとに説明を進めます．製造設備や社内規格が違えば最適な解決法が変わりますし，周囲の環境が違えば利用できる実装技術も変化します．そのあたりを考慮して本稿をお読みいただければ幸いです．

10.1　プリント基板についてのQ&A

10.1.1　Q1——この部品，全部配置できますか？

　もっとも一般的な質問です．回路設計者は回路を設計しているわけですから，実装する部品の形や個数はちゃんと把握しています．しかし，プリント基板のパターン（配線）を引くために，部品の間をどの程度離さなければならないのか，製造するためにどのような領域が必要になるのかまでは，予測できない人が多いようです．

　実際，このような質問を受けるときは，基板にすべての部品を実装できるかどうか微妙なケースがほとんどです．したがって，質問されて当然ですし，ある程度試行錯誤してみないと答えはわかりません．

10.1 プリント基板についてのQ&A

　しかし，ときには理解しがたいようなケースもあります．例えば，350 mm × 330 mmの基板に，9個の1,152ピンBGAのFPGAと4個のDIMMメモリ・モジュールを含む回路を実装したいという依頼を受けたことがあります（図10.1）．このほかにも，多少の周辺部品があります．バイパス・コンデンサ（パスコン）やダンピング抵抗，終端抵抗は，まさに理想的に入れられていました．このため，部品数は10,000点を超えていたのです．消費電力はまるで電熱器なみです．思わず，「このボードは水冷ですか？」と聞いたくらいです．

　部品のほとんどは，抵抗やコンデンサなどのチップ部品でした．基板設計者の目から見れば，チップ部品だけで基板の片面を埋めてしまいそうなほどの数があるのです．そこで，どうしてそんなにチップ部品が多いのか不思議に思い，回路設計者に聞いてみたのです．

　いちばんの原因は，電源ピン1本当たりに1個のパスコンを挿入していたことです．回路として理想的ですから，気持ちはわかります．しかし，1,152ピンBGAのこのFPGAには，150本以上の電源ピンがあります．もし，すべてにパスコンを付けようとすると，FPGAの周囲をチップ・コンデンサがビッシリ埋めてしまうような感じになってしまいます．かりに，このような実装を無理に行ってみても，果たしてそれですべてのパスコンがその役割を果たしてくれるかどうかは疑問です．

　また，すべてのクロックとデータにダンピング抵抗や終端抵抗が入っていました．9個のFPGAの間を接続する信号です．その数は4,000個近くにもなっていました．

　これだけの部品を実装しようとすると，使用する基板の2倍の面積が必要になりそうです．もう何も言えず，即座にダメ出しをしました．回路設計者とプリント基板設計者の間の大きなギャップを感じました．

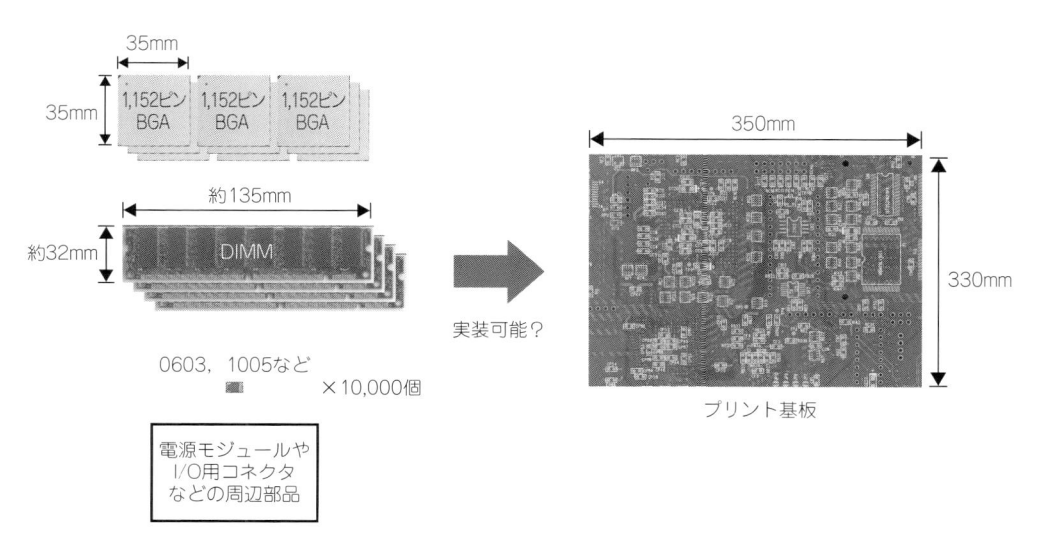

図10.1　全部実装できますか？
350 mm × 330 mmの基板に，9個の1,152ピンBGAのFPGAと4個のDIMMメモリ・モジュールを含む回路を実装したい．

10.1.2 　Q2──基板の両面にLSIを実装できないのですか？

　Q1の例のいちばんのポイントは，回路設計者が「すべての部品を実装できるかもしれない」と思っていたことです．つまり，プリント基板の両面に部品を実装すればよいと考えていたようなのです．

　確かに基板の両面に大きなBGA部品を搭載できれば格段に実装密度は上がります．実際，一部の機器ではそのような実装を見かけることもあります．

　しかし，残念ながら，現在のBGAパッケージの多くは耐熱性の問題があり，2回のリフロに耐えられません．また，リペアの問題もあります（リペアについては後述）．

　かりに，両面に実装可能なパッケージであっても，配線層の数が倍近くに膨れ上がることになります（図10.2）．すなわち，高価な基板になるということです．

10.1.3 　Q3──何とか載りませんか？

　基板形状に制約がある場合などは，使用する部品を何とか載せてほしいと頼まれます．しかし，物理的に載らないものはどうしようもありません．Q1のケースでは，大幅に回路の見直しを行うことで部品数を削減しました．

　まず，いちばん面積のかさむDIMMメモリ・モジュールについて検討しました．モジュールを使うのではなく，メモリを直付けにするだけで，かなりの面積を削減できます．メモリ・モジュールを使うと，部品自体の実装面積こそ小さくなりますが，パターンまで含めると，多くのスペースを必要とします．

　また，すべてのLSIのすべての電源ピンに入れていたパスコンの数を最適化しました．ここで気を付けなければならないのは，パスコンは同時に変化する信号を考慮しながら減らす必要があることです．急激な負荷変動が起こっても，それに対応できるだけのパスコンはしっかり実装するようにしてください．

　ダンピング抵抗や終端抵抗の削減にも注意が必要です．クロック信号のような重要な信号のダンピング抵抗まで削るのは好ましくありません．クロック信号は数が少ないので，リスクを冒してまで部品を減らすメリットはありません．大幅な削減が可能なのは，データ線のダンピング抵抗です．物理的な配線長について見通しがついたなら，それをもとに波形シミュレーションを行います．ダンピング抵抗や終端抵抗がある場合と，ない場合の両方の条件でシミュレーションを行い，波形が崩れていないものについて部品を削除していきます．

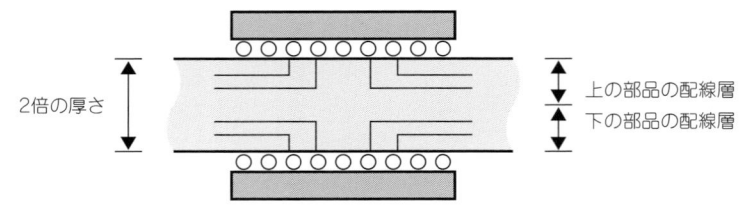

図10.2　両面実装の問題点
配線層の数が倍近くに膨れ上がる．BGA部品の場合，2回のリフロに対応できないという問題もある．

こうした作業の結果，Q1のケースでは部品点数が3,500点程度まで削減され，すべての部品を指定サイズの基板に実装することができました．

10.1.4　Q4──パスコンを減らすことはできませんか？

大電流を必要とする可能性のある多ピン・大規模のLSIを実装する場合は，パスコンをしっかりと入れておいたほうがよいでしょう．電源系のトラブルを抱え込むと，解決に苦労することになります．

電源系のトラブルはよく耳にします．たとえば，1,000ピン程度のBGA部品を8個使用したシステムで，同時に変化する信号を考慮しなかったため，パスコンの数が少なすぎたケースがありました．こ

コラムE ●●●● 集中給電と分散給電 ●●●●

1枚のプリント基板上で必要とされるすべての電源が，給電コネクタ近傍に集中配置されたオンボード電源から一括で給電される方式を「集中給電方式」といいます（図10.A）．集中給電方式には，ノイズ源となる1次側電源と信号を分離しやすいというメリットがあります．しかし，最近のLSIは，低電圧・大電流化が進み，負荷と電源の間に距離があると，電圧降下などの問題が生じるケースが出てきました．

これに対して，負荷回路の近傍にオンボード電源を点在させて配置する給電方式があります（図10.B）．これは，「分散給電方式」または「ポイント・オブ・ロード（POL）方式」と呼ばれており，集中給電方式で起こり始めた問題を解決できる理想的な方式です．

しかし，採用にあたってはいくつかの問題もあります．分散給電するためにはかなり小型のオンボード電源が必要となります．複数の電源電圧を必要とするLSIなどでは，電圧の数だけオンボード電源が必要です．完全な分散給電方式を採用しようとすると，実装面積が増加してしまい，そのうえコストもかさみます．

幸いなことに，高速負荷応答性をもった超小型のオンボード電源が登場し始めています．一方，複数の電圧を出力できるオンボード電源も求められています．急しゅんに変化しない電圧には集中給電で対応するのが，現状での最善策といえるでしょう．

最近では，分散給電方式のプリント基板も見かけるようになりました．やはり皆さん，電源系には苦労されているようです．

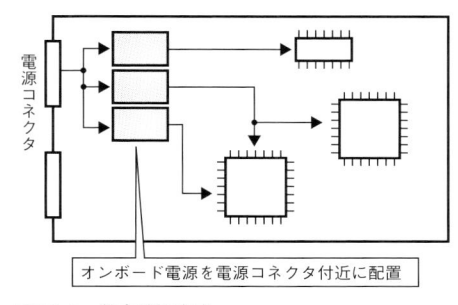

図10.A　集中給電方式

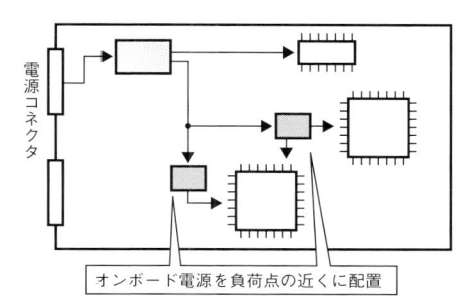

図10.B　分散給電方式

のシステムは，集中給電方式で電源が供給されていましたが，電源の負荷応答速度が遅く，本来であれば多くのパスコンが必要だったのです．電源の2次側出力ピンと負荷が離れているため，電圧降下の現象も発生しました．

この解決策としては，高速負荷応答性をもったオンボード電源によって分散給電する方式（ポイント・オブ・ロード方式）があります．負荷に電源を近づけることにより，電源の高速応答特性を効果的に生かし，かつ結果としてパスコンの数も減らせます．電圧降下の心配もありません（コラム「集中給電と分散給電」を参照）．

10.1.5　Q5──BGA部品の裏側にチップ部品を置けませんか？

すばらしい発想だと思います．もし，基板を間に挟んでBGA部品の裏側にチップ部品を実装できれば，BGAのピンのすぐ近くにパスコンやダンピング抵抗，終端抵抗を配置できます．配線長が短くなれば効果的に働いてくれるので，品質も上がります．

BGA部品の裏側にチップ部品を配置することは技術的にも可能で，実際によく見かけます．しかし，この配置を採用するにあたっては，いくつか検討しなければならない事項があります．

まず，チップ部品の実装スペースを確保しなければなりません．貫通ビアの基板では，このスペースを確保できません．したがって，ビルドアップ基板を使用したり，非貫通ビアの基板を使用しなければならないため，少し高価になってしまいます（図10.3）．

また，リペアの可能性も問題となります．リペアとは，いったん実装した部品を取り外して，再度実装する作業のことです．部品の初期不良や回路変更によるパターン・カット，ストラップの発生などがその主な理由です．

BGA部品のリペアでは，特別な装置を使用します．部品の上下をヒータで挟み，はんだを溶かして

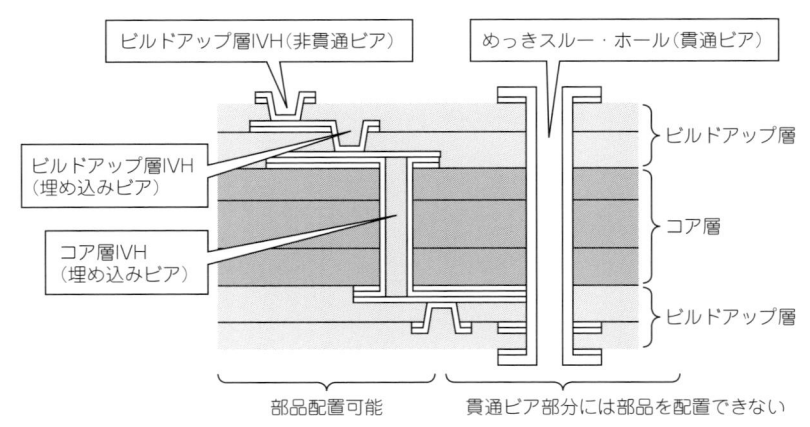

図10.3　裏面への部品実装
裏面に部品を実装するためには，ビルドアップ基板のような非貫通ビア構造にしなければならない．ビルドアップ基板は，スルーホール配線板をコアとし，絶縁層形成，ビア形成，回路形成を一層ごとに行い，回路層を積み上げる製法のプリント配線板である．一般に，きわめて高い効率の配線を実現できる．

部品を取り外します．このとき，BGA部品の裏面にチップ部品があると，これらをすべて外してからリペアを行わなければなりません（**図10.4**）．基板のコストアップ，リペア時の工数などを考えると，BGA部品の裏面にチップ部品を実装しにくいことがおわかりいただけると思います．

ただし，極端にピン数の多いBGA部品を使用するのであれば，これくらい思い切った設計が必要になってくるのかもしれません．

10.1.6　Q6──部品どうしをもっと近づけられませんか？

プリント基板上の部品レイアウトを見ると，BGA部品の周りにあまり部品が置かれていないスペースがあるので，このような質問が出てくるのでしょう．しかし，このスペースは，製造上どうしても必要なものなのです．

いちばん大きな要因は，リフロ（**図10.5**）時の温度プロファイル[注1]です．プリント基板製造工場では，ブリッジやマンハッタン現象，未溶解などのはんだ不良（**図10.6**）を防止するため，あらかじめ決められた間隔で実装された部品を問題なくはんだ付けするための情報を持っています．量産品を生産している工場では，より確実にはんだ付けするために，BGA部品の間隔をかなり広くとっています．部品どうしが近すぎると，炉の熱を部品が吸収してしまうためです．炉の温度を上げると，今度はデバイ

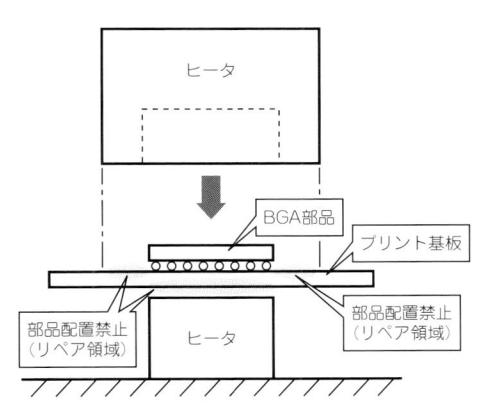

図10.4　リペア装置
部品の上下をヒータで挟み，はんだを溶かして部品を取り外す．

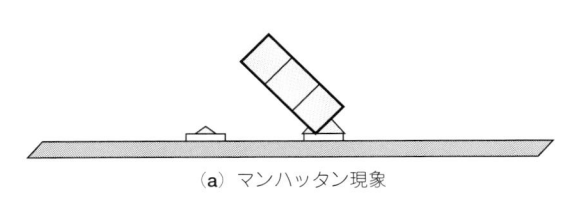

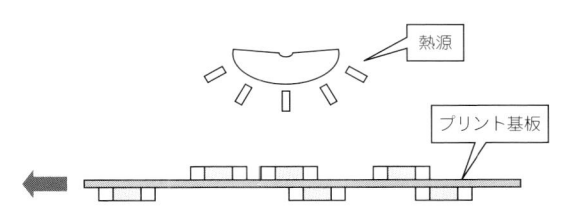

図10.5　リフロ
接合面の間にペースト状のハンダを置き，部品を配置してハンダが溶けるまで加熱した後，接合部を冷やす接合法．

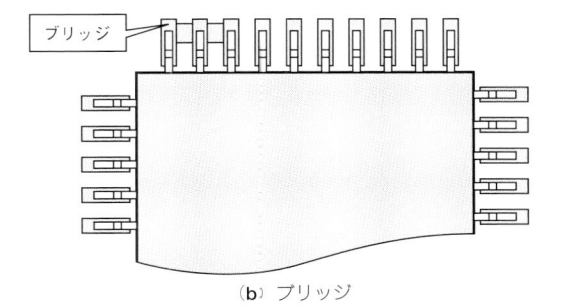

（a）マンハッタン現象　　（b）ブリッジ

図10.6　はんだ不良
マンハッタン現象では，リフロ時の熱分布が不均一になり，チップ部品などの比較的小さな部品の片方のはんだ付け部が先に硬化を始め，熱収縮により部品が浮き上がってしまう．一方，ブリッジでは，はんだペーストの量が最適でないときに，近接する部品のピンどうしが短絡する．

注1：温度プロファイルとは，リフロ炉の温度やコンベアの速度などのこと．

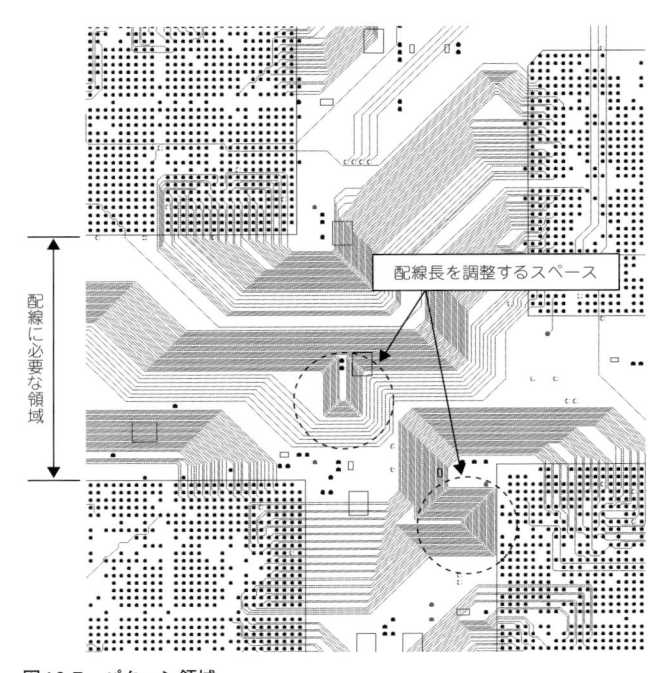

図10.7 パターン領域
ピン数が多いと，信号線の本数が多くなり，パターン領域を広く取る必要がある．
タイミング調整のために，配線長を調整する必要が出てくることも多い．

ス自体が熱破壊を起こしてしまう可能性があります．

最近は，この間隔を徐々に狭める方向にありますが，現状では20 mm〜30 mm以上は部品を離す必要があります．

リペアの問題もあります．リフロの可能性があるときには，ヒータのための領域をあらかじめ確保しておく必要があります．

当然，パターン領域も必要です．1,000ピン以上のBGAの場合，信号線の本数もかなりの数になります．当然，バス配線しなければならない信号もあり，その領域を確保する必要があります（**図10.7**）．

10.1.7　Q7──基板の層数を減らせませんか？

基板の層数はコストに直接影響するので，回路設計者からよく層数についての質問を受けます．

これはケース・バイ・ケースなのですが，多くの場合は「BGA部品からのパターン引き出しに多くの層を必要としているから減らせない」という回答になります．もちろん，多すぎる層数で設計しているケースがないとは言えませんが…．

最近では，ほとんどのプリント基板の層数は，BGAのピン配置によって決まってしまっています．信号の引き出しのためには，ピン数に応じてある程度の層数がどうしても必要になります．

また，インピーダンス制御を行う必要があった場合，ストリップ線路（**図10.8**）による配線を行いま

す．パターン層に隣接するベタ層が必要となり，プリント基板は引き出しに必要とする層数の2倍+αの配線層を必要とすることになります．

ボード上に複数の電源がある場合，それによって層数が増えることもあります．

10.2 実装設計を理解しよう

製品を開発するにあたって，実装設計の工程は図10.9のようにほぼ中間に位置します．回路設計部門と製造部門の橋渡しの役目を担っているわけです．ここでは，実装設計でどのような作業が行われているのかを簡単に説明します．

図10.8 ストリップ線路
信号線をGNDベタ層で挟み込む．

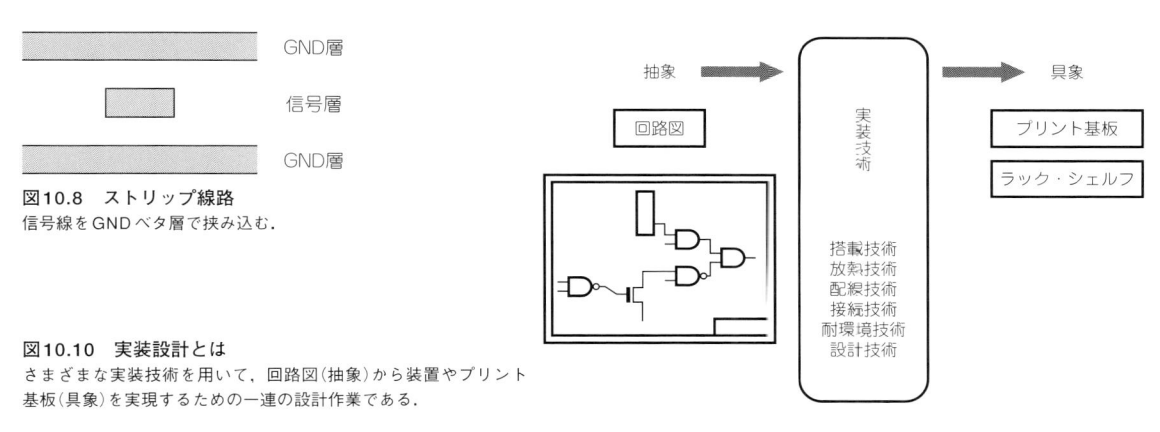

図10.10 実装設計とは
さまざまな実装技術を用いて，回路図（抽象）から装置やプリント基板（具象）を実現するための一連の設計作業である．

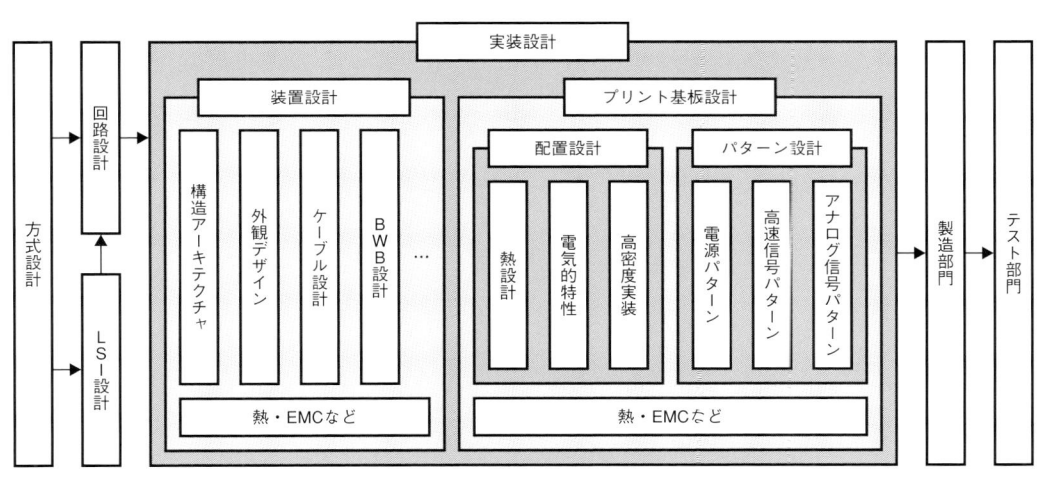

BWB：back wired board

図10.9 実装設計の役割
製品開発の中で，回路設計部門と製造部門の橋渡しの役目を果たす．

第10章

10.2.1　実装設計とは何か

　実装設計をひと言で説明すると「さまざまな実装技術を用いて，回路図（抽象）から装置やプリント基板（具象）を実現するための一連の設計作業」ということになります（**図10.10**）．

　少々乱暴ですが，製品を具象化するには，次に述べるようなさまざまな目的を，まず明確にする必要があります．

(1) 製品機能（電気的機能，操作性など）
(2) 製品コスト（販売価格，製造原価，原価率）
(3) 信頼性（製品寿命，MTBFなど）
(4) 製造性（作りやすさ＝製造コスト低減，大量生産）
(5) 操作・保守性（建設工事性，定期・異常時保守）
(6) 環境耐性（装置設置環境，運搬性）
(7) エコ・デザイン（組み立て，分解時に環境を考慮）
(8) 法規制適合（国際規格，国内規格，自主規制，ユーザ仕様など）

●●●● 実装設計者の悩み ●●●●　　コラムF

● プリント基板の熱

　今，実装設計者を悩ませているもっとも大きな問題は熱でしょう．

　数年前までは数枚のプリント基板で実現されていた機能が，現在では小さな1個のLSIで実現可能となっています．当然，高機能を追求するため，そのようなLSIが数個，1枚のプリント基板に搭載されることになります．すると，プリント基板の1枚当たりの消費電力が100 Wを超えるということが珍しくなくなります．

　これを装置のレベルで考えてみると，もっとたいへんなことになります．冷却ファンの出力を上げると，今度は騒音の問題が出てくるのです．産業用機器の中には，冷却ファンのような機械的な部品を使用できないものもあります．

　熱で装置が壊れてしまう前に，高機能な低消費電力デバイスの登場が望まれます．

● プリント基板の多層化

　熱よりも，もっと身近な問題もあります．プリント基板の多層化の問題です．数年前までは6層，8層で設計されていたプリント基板が，今では12層，16層，さらには20層というようにスーパ・コンピュータの基板なみになっています．

　大きな原因は，高密度化するBGA部品の配線に対応するためです．そこで，ちょっとした工夫が重要になります．LSIのピン配置をプリント基板のパターンを考慮したものにしてしまうのです．実は，これだけでもかなりの層数の削減を期待できます．ASICやFPGAであれば，ピン配置の指定がある程度は可能です．

　筆者の経験では，当初，30層近く必要と見積もられていたプリント基板が，ピン配置を変えただけで，20層で済んだということがありました．当然，パターン設計の工数も削減できました．

　LSI設計者の方は，ぜひとももう一度ピン配置を見直していただきたいと思います．

これらの中の環境耐性ひとつとってみても，装置が屋内に設置されるのか，屋外に設置されるのかによって条件が違ってきます．屋内は環境が比較的安定していますが，屋外の場合は砂漠や極地，海底，宇宙空間と，実にさまざまです．また，それぞれの環境に耐えるために，耐熱性，耐寒性，防塵性，耐腐食性，耐衝撃性，耐震性などを考慮する必要があります．

これだけでも非常に守備範囲は広いのですが，さらに市場要求をも考慮する必要があります．トレンドは「小型化，軽量化，高速化，多機能化（高密度化）」などですが，それに応えるためには，放熱技術，製造技術（部品搭載，パターンの微細化，接続技術），EMC技術など，これまでの実装技術分野よりもさらに広い技術が要求されています．

10.2.2 プリント基板設計

実装設計には，装置設計とプリント基板設計の二つが含まれています．このうち，身近なのはプリント基板設計でしょう．ここでは，プリント基板設計の流れを簡単に紹介します．

なお，プリント基板材料には有機系材料と無機系材料があります（**表10.1**）．ディジタル回路ではガラス基材銅張積層板（ガラス・エポキシ）がよく使われますが，回路によってはこの基板材料の選択が必要になるケースもあります．

● 配置検討

まず，回路で使用している部品をどのようにプリント基板上に配置するかを検討します．この時点で特性面（電気的特性，熱，EMIなど）や製造/テスト容易性を考慮しておかないと，パターンを引いたあとで部品移動が発生し，設計工数が大幅に膨らむ可能性があります．意外に重要な作業といえるでしょう．

回路設計者の中には，「配置の段階は，まだ大ざっぱなもの．パターンを引いてみないと特性はわからない」と思っている方もいるようです．しかし，部品配置が決まれば，物理的な信号ラインの配線長がほとんど決まってしまいます．実装設計部門から配置案などが提示された場合は，じっくりと確認するようにしてください（パターンが引かれていないので，配線をイメージするのは難しいかもしれないが…）．

表10.1 プリント基板の材料

種別	基板代表例
紙基材銅張積層板	紙フェノール銅張積層板
ガラス基材銅張積層板	ガラス布エポキシ銅張積層板
コンポジット銅張積層板	紙・ガラス・エポキシ銅張積層板
耐熱熱可塑性基板	ポリエーテルイミド樹脂
フレキシブル基板	ポリイミド・フィルム

（a）有機系材料を使った機材

種別	基板代表例
セラミック基板	アルミナ基板
金属系基板	メタル・コア基板

（b）無機系材料を使った機材

第10章

● パターン設計

　次の作業はパターン設計です．まず，パターン設計者はクロックやデータなどの高速信号の配線を行います．速度が速いものほど優先順位は高くなります．ただし，アナログ信号が含まれる場合は，信号周波数とは別の視点で考える必要があります．回路設計者はプリント基板設計者に，重要な信号の情報を確実に伝える必要があります（コラム「信号の保護」を参照）．

　重要な信号を引いたあとは，電源パターンを引きます．実際には，電源パターンは最初に引いたり，最後に引くこともありますが，多ピン・大電流LSIを使用した設計では，このあたりで引いておいたほうがよいと筆者は考えています．

　電源パターンを引くといっても，多層プリント基板では電源層を複数持っているので，LSIの電源ピンと電源層をビアで接続していくのが主な作業です．しかし，最近の大規模LSIでは，内蔵するアナログ回路のための電源を必要とする場合があります．単純に電源層に接続するだけでは，誤動作の原因となってしまいます．

　アナログ電源ピンには，ディジタル電源とは別にフィルタ回路を用意しておくのが一般的です．コイルでディジタル電源から分離してあれば，そのままパターンを引けます．コスト・ダウンなどの理

●●●● 信号の保護 ●●●●　コラムG

　ちょっと前までは，クロック信号に並走してGNDラインを引いているプリント基板を見かけることがありました（図10.C）．クロック信号をほかの信号のノイズ（クロストーク・ノイズ）から守ってやろうという意図から，よく用いられていた手法です．

　しかし，この方式には，配線効率が落ちてしまうという問題がありました．GNDラインの線長が長くなると，GNDラインが逆にアンテナになってしまいます．このため，一定間隔でGND層に接続させるためのビアを配置する必要がありました．当然，設計工数もそれなりにかかっていました．

　現在は，回路シミュレーションにより，「クロック信号からどれくらいほかのパターンを離せばクロストーク・ノイズの影響を受けない」ということがわかってきたので，この方式はあまり見かけなくなりました．

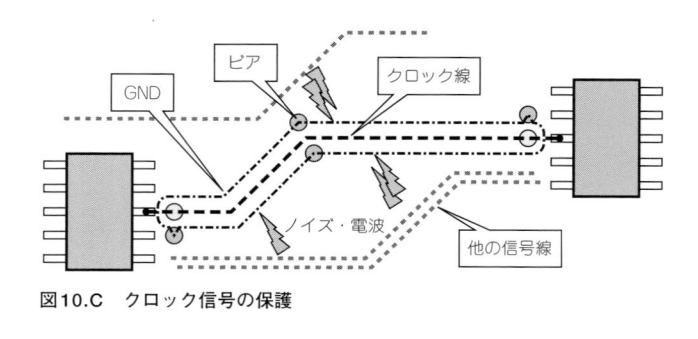

図10.C　クロック信号の保護

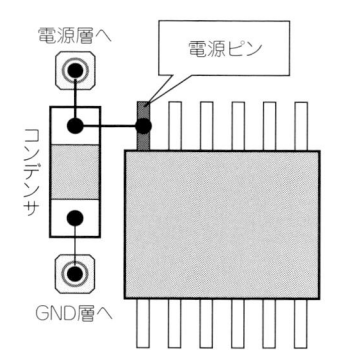

図10.11　電源部のコンデンサの配置

由でコイルがなかったりすると，パターン設計では細心の注意を必要とします(**図10.11**)．

　電源パターンを引き終われば，あとは制御信号や残りのパターンを引いて完了です．パターンを引く際に自動配線ツールを使用することもありますが，回路要求が厳しいため，すべてマニュアル(人手)で引くことも最近では珍しくありません．筆者は，多いもので5,000本以上の配線をマニュアルで引いたこともあります．

　プリント基板設計には，十分な設計期間を見積もっておくことが，品質向上のかぎとも言えます．

参考文献
(1) 月元誠士；高性能LSIのためのオンボード電源技術，Design Wave Magazine，2002年10月号．
(2) 井倉将実；高性能LSI向けオンボード電源回路集，Design Wave Magazine，2002年10月号．

# 第11章 大規模LSI実装におけるノウハウ

近年，システムLSIやFPGA（Field Programmable Gate Array）が広く活用されています．また，ゲート規模は年々増加の一途をたどり，1,000ピンを超えるLSIも一般的になってきました．ここで問題になってくるのがプリント基板設計です．数百ピンを超えるLSIでは，BGA（Ball Grid Array）と呼ばれるパッケージを採用する場合がほとんどです．ここでは，BGAが実装されるプリント基板を設計する際の問題点，留意点について，プリント基板設計者から回路設計者への要望を含めて解説します．

11.1 スルー・ホール基板のための回路設計

プリント基板の構造には，スルー・ホール（貫通ビア）構造，パッド・オン・ビア構造，ビルドアップ構造などがあります．後者の二つについては，軽薄短小が要求される携帯端末などに一般的に使用されています．一方，FPGAなどが活用される少量多品種製品の分野では，スルー・ホール構造の基板が主流です．そこで，ここではスルー・ホール基板を対象に解説します．

11.1.1 なるべく小さいパッケージを使う

説明を簡単にするために，10ピン×10ピンのフルグリッド100ピンBGAの場合を例にとって説明します．ここでプリント基板のパターンは，BGAのパッド間に1本だけ配線を通せるものとします．

図11.1のように，一般的にまず基板の外層（表面/裏面）を利用してBGAパッドの外側の2列の配線を行います．基板の外層にパターンを引くときは，スルー・ホールが不要となるためです．外から2列目より内側にあるピンについては，パッド間にスルー・ホールを打ち，基板の内層を使用して配線を引き出します．

こうしてパターンを引いてみると，100ピンBGAでは，配線層として最低でも3層を必要とすること

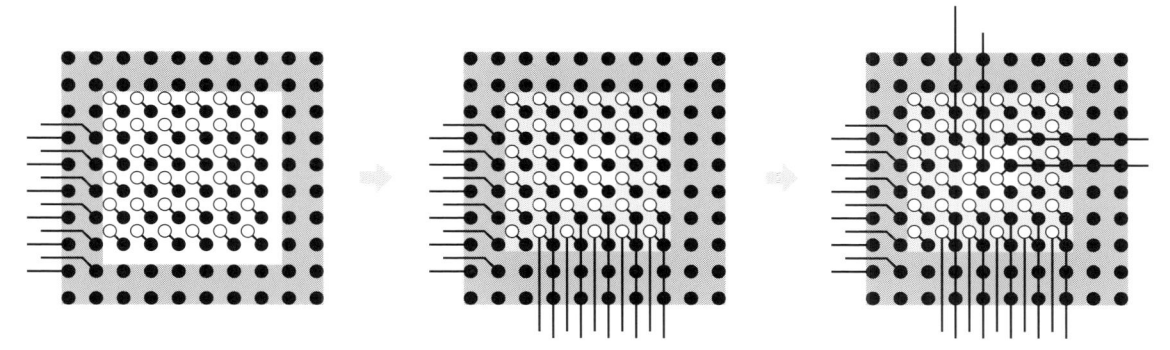

図11.1　フルグリッド100ピンBGAの配線引き出しの例(パッド間配線1本の場合)

黒丸はBGAのパッド，白丸は内側の配線を別層に引き出すためのスルー・ホールである．初めに表面層を使ってBGAパッケージの外側2列の配線を引き出す．スルー・ホールを打つ位置は，パッド間が一般的である．次に裏面層を使って，BGAの外側から3列目と4列目の配線を引き出す．最後に内層を使って，いちばん内側の配線を引き出す．

表11.1　フルグリッドBGAパッケージからの配線引き出しに要する層数

BGAサイズ	配線引き出し層数
8×8(64ピン)	2
10×10(100ピン)	3
12×12(144ピン)	3
16×16(256ピン)	4
32×32(1,024ピン)	8

がわかります．1,000ピンといった多ピンBGA部品が搭載されているプリント基板では，信号を引き出すために何層必要かという部分で，基板自体の層数が決まってしまう傾向にあります．多ピンBGAパッケージの部品を使うだけで，プリント基板の層数が必要以上に増えてしまうということもよく起こります．

　すべてのピンから配線を引き出す場合に必要な配線層数の目安を，**表11.1**に示します．実際には，電源ピンやグラウンド・ピン，NCピン(non connection)があるため，多くの場合はこの層数より少なくて済むので，最大値を示していると考えてください．

　10ピン×10ピンのフルグリッドBGAのすべてのピンから配線を引き出す場合，配線層として3層が必要になります．これに，グラウンド層と電源層を1層ずつ加えると5層になります．一般に，プリント基板製造上の理由で5層は製造されていないため，6層基板が必要ということになります．

　プリント基板の層数が増えるということは，基板単価が上がるということにつながります．とくに，量産向けプリント基板の設計では，できるだけ層数を減らすことが求められます．しかし，プリント基板の設計段階に入ってしまうと，製造上の制約(パターンの幅やギャップ確保など)から，どんなに時間をかけてパターンの引き回しをくふうしたとしても，たいして改善できないのが現実です．

　それでは，プリント基板の層数を抑えたい場合は，どうしたらよいのでしょうか．パッケージに選択肢があるFPGAでは，次のような解決策があります．部品実装スペースに余裕がある場合，無理に

多ピンのパッケージを使わず,ひとまわり小さいパッケージのものを複数個使用するのです.表11.1を見ると,10ピン×10ピンから8ピン×8ピンのパッケージに変更できれば,4層基板にできるかもしれないことがわかります.

11.1.2 保険が自分の首をしめる

バイパス・コンデンサ(パスコン)は,交流信号を通しやすくする,電源変動を少なくする,放射ノイズを抑えるといった面から,非常に重要な部品です.パスコンのない基板はないといってもよいでしょう.

しかし,BGAパッケージのためのパターン設計において,パスコンは配線領域を非常に圧迫します.回路図を見ると,電源ピンの数だけパスコンが挿入されていることがあります.フルグリッドのBGAの場合,パスコンを適所に配置することすら非常に困難です.かろうじて配置できたとしても,今度は配線領域が圧迫されてしまいます.

回路設計者は,スペース的になんとか置けるだろうと思うかもしれません.そして,スルー・ホールを打たなくては電源やグラウンドに接続できないこと,さらに,そのスルー・ホールがどれだけ配線領域を圧迫するかを忘れがちです.

表11.2のように,一般的に小径と呼ばれる0.3 mmのスルー・ホールであっても,実質は1.20 mmのスペースをつぶしてしまいます.スルー・ホールの話をする場合,ドリル径で話すことが一般的なため,回路設計者はスルー・ホールによる配線領域への影響を軽く考えてしまう傾向が見受けられます.

多ピンのBGAパッケージの部品を使用する場合は,適材適所を考えてパスコンの数をできるだけ削減し,配置スペースを確保することが重要です.そこで,配置スペースを確保する一つの手法を紹介します.

たとえば,FPGAを使用する場合,すべてのピンを使用するということはまれで,たいてい何ピンかはNCピンが存在すると思います.そこで図11.2のように,パスコンを配置したい部分(電源ピンの近く)にNCピンを持ってくると,パスコンを配置しやすくなります.

FPGAの場合,後から回路をどうにでも変更でき,必要とあればNCピンを利用して新たな信号を入出力させることができるので,NCピンを外部に引き出したり,ジャンパ用のパッドに接続したくなるものです.しかし,ある程度回路が確定していて,あまり変更がないと思われる場合は,パスコンに目を向けたほうが,安定動作のためには有効です.

パスコンと同様に,信号線に過剰にダンピング抵抗が入っている回路図も見受けられます.ダンピング抵抗は,信号のオーバ・シュートやアンダ・シュートによる回路の誤動作の防止,電磁放射ノイ

表11.2 スルー・ホールの形状

ドリル径	表面層(部品面,はんだ面)			内層		
	ランド	サーマル	クリアランス	ランド	サーマル	クリアランス
0.3 mm	0.50 mm	——	1.20 mm	1.00 mm	——	1.20 mm
0.6 mm	1.00 mm	——	2.00 mm	1.20 mm	0.30 mm	2.00 mm
0.7 mm	1.40 mm	——	2.00 mm	1.40 mm	0.40 mm	2.00 mm

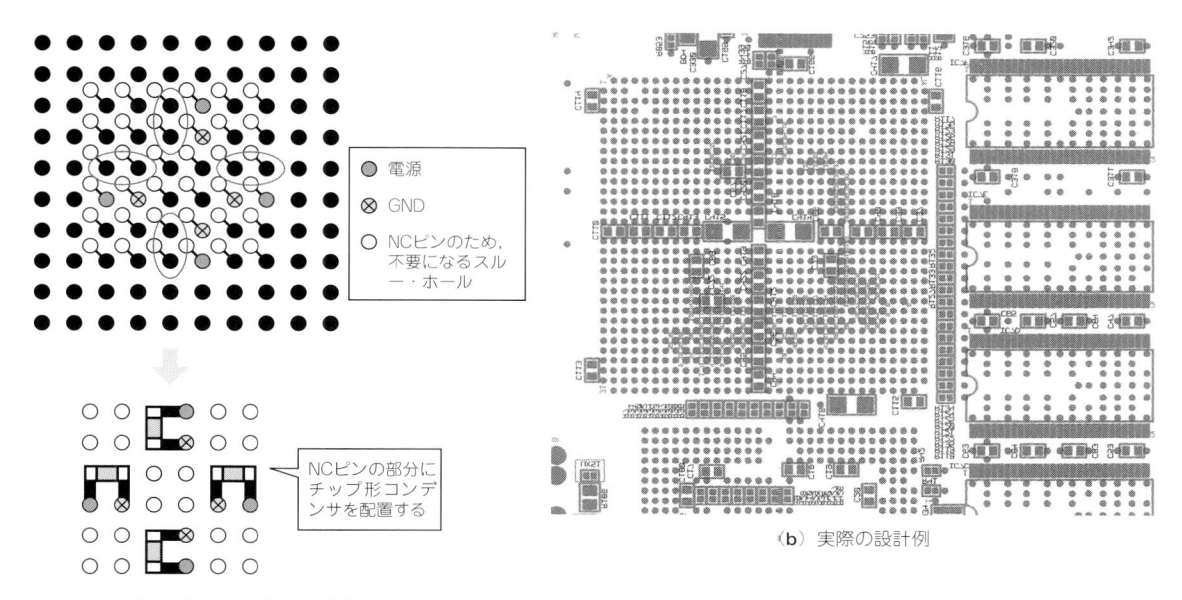

11.1 スルー・ホール基板のための回路設計

（a）パスコン配置のくふう

凡例：
- 電源
- ⊗ GND
- ○ NCピンのため，不要になるスルー・ホール

NCピンの部分にチップ形コンデンサを配置する

（b）実際の設計例

図11.2 パスコンの配置スペースを確保する方法
ここで，（a）のだ円で囲んだピンをNCピンに設定した場合，当該パッドには，配線引き出し用に設けたスルー・ホールが不要になる．そこで裏面にパスコンを置くスペースができる．

ズの抑圧などを目的に挿入する部品です．しかし，動作周波数（立ち上がり時間）や配線長，分岐数などを考えて，どう見ても誤動作しないだろうと思われる部分にまで，ダンピング抵抗が入っていることがあります．

何かあったときの保険として入れておきたいという回路設計者の気持ちはわかりますが，これもプリント基板の配線領域の圧迫を招きます．スルー・ホールによってかえって信号の劣化を招き，誤動作や電磁放射ノイズ発生の恐れすらあります．ダンピング抵抗も，やみくもに保険をかけるのではなく，ほんとうに必要と思われる部分にだけ挿入するといった配慮が必要です（**図11.3**）．

11.1.3 プリント基板のつごうを優先してピン配置を決める

プリント基板設計において，交差しないように配線を行うことは，配線効率や信号劣化を抑えるために非常に重要なルールになっています．プリント基板設計者は，部品配置の際に，なるべくクロス配線が生じないように部品の位置と方向を考えます．

回路設計者でもこのことを理解している人は多く，部品のレイアウトや配線の引き回しなどを考慮したうえで，FPGAやASICのピン配置を決めてきてくれることがあります．プリント基板設計者にとっては部品配置作業がスムーズに行えるため，とてもありがたいことです．

この作業は，回路設計者にとって非常に労力がかかることでしょう．ところが，実際に細かな部品まで置いてパターン設計を始めてみると，回路設計者がイメージしたとおりにパターンを引けず，苦

第11章

(a) 部品配置

> ダンピング抵抗が大量に配置されている．また，スルー・ホールもたくさんある

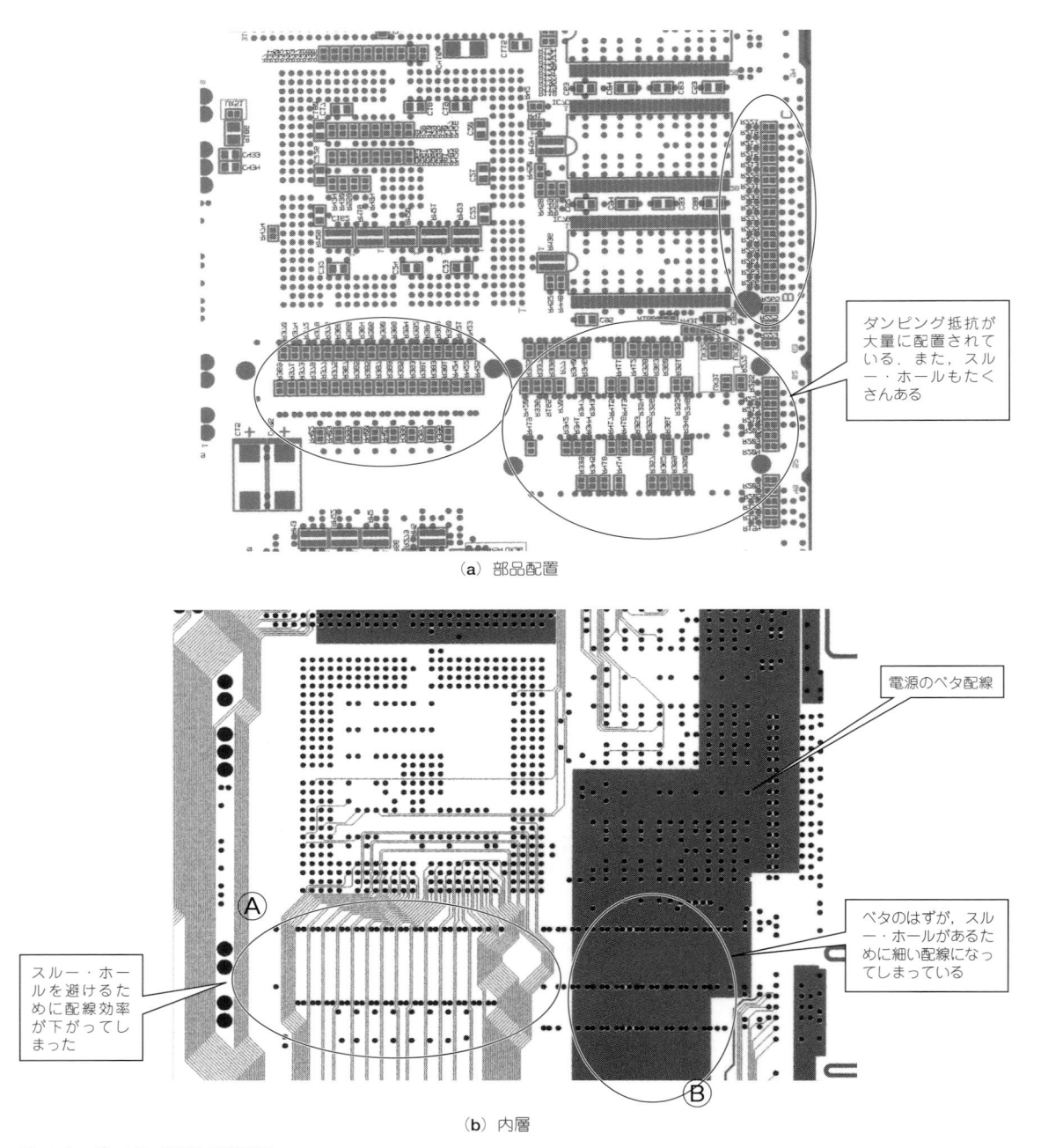

(b) 内層

> 電源のベタ配線

> ベタのはずが，スルー・ホールがあるために細い配線になってしまっている

> スルー・ホールを避けるために配線効率が下がってしまった

図11.3　ダンピング抵抗の配置例

(a)のだ円で囲んだ部分がダンピング抵抗である．チップ抵抗は単体で見ると小さい部品だが，数がまとまるとかなりの配置スペースが必要となる．(b)はダンピング抵抗配置下の内層のようすである．Ⓐ点はスルー・ホールを避けて配線したために，内層での配線効率が悪化している．Ⓑ点はスルー・ホールがあるため，見かけよりも電源パターン幅が狭くなって，インピーダンスが高くなっている．必要な電流容量によっては，別層に補強配線を用意するかどうかを考慮しなければならない．

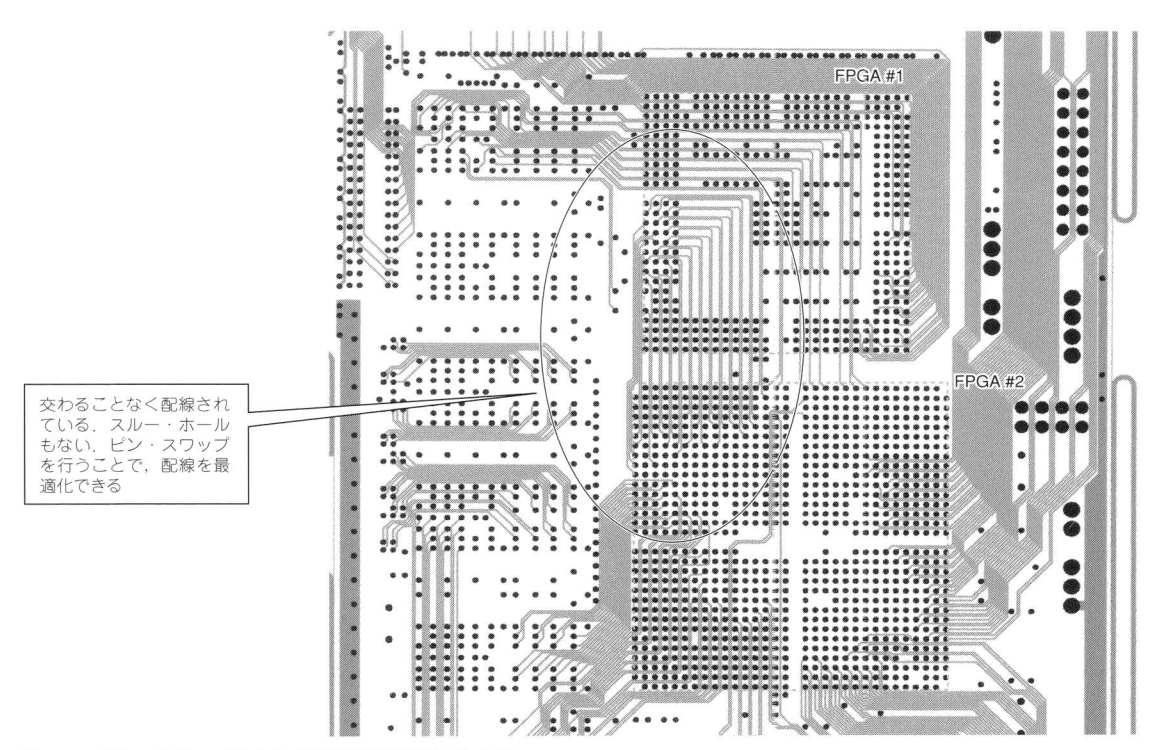

図11.4 ピン・スワップによりクロス配線が排除された例
二つのFPGA間の配線にクロスが生じないようにピン・スワップを行ってから配線した例を示す．クロス配線を排除することによって，部品間隔を極限まで近づけることができた．また，配線効率も上がった．

(吹き出し) 交わることなく配線されている．スルー・ホールもない．ピン・スワップを行うことで，配線を最適化できる

労が報われないケースも多々あります．

　何も考えないでピン配置を決めるのも困りますが，特定の信号（高速信号など）以外は，「だいたいこれでいけそうかな」程度に検討をとどめ，あとはプリント基板設計者に依頼するのが，全体の設計工数の観点では得策でしょう．FPGAを利用する場合には，回路設計者はピン・スワップ（ピンの入れ替え）が可能な信号名称やエリアを基板設計者に示しておくとよいでしょう（**図11.4**）．

11.1.4 理想は単一電源

　最近のLSIは，低電圧で動作するようになりました．具体的には3.3 V，2.5 V，1.8 V，1.2 Vなどがあります．

　たとえばFPGAでは，論理ブロックを動作させるためのコア電源とインターフェース部のI/O電源を別々に供給するのが一般的です．どのようなLSIとでもインターフェースを取ることができます．回路設計者から見ると，部品を選ぶ手間が減り，外部にレベル変換回路を置かなくてよくなったため，非常に便利になったと感じると思います．しかし，多電源を使用することは，プリント基板設計の観点から見るとよいことではありません．

電源の種類が増えるほど，電源層の切り分けは複雑になってしまいます．場合によっては，電源層を増やさないと切り分けができなくなります．もし層数を抑えようとすると，電源をパターンで引かなければならず，トラブルの原因になりかねません．グラウンド層に電源のベタ・パターンを置く例も見られますが，電源，グラウンドのインピーダンスを極力小さくする，回路のリターン経路を確保するという観点でみると必ずしもよい方法ではありません．

電源の切り分け作業については，プリント基板設計の終わりのほうで実施することが一般的です．このため，グラウンド層を切り欠いて電源パターンを通すようなことを行うと，信号線のリターン経路が確保されているかどうかの検証や，それらの修正などの手戻り作業が入るため，プリント基板設計の工数が増えてしまいます．場合によっては，最短のリターン経路を確保できないケースも出てきます．

このように，プリント基板設計のことを考えるのであれば，電源数はできる限り少なくする必要があります．理想は単一電源です．

11.2 高速信号への配慮

最近のFPGAは，多くのI/Oインターフェースをサポートしています．その中には，高速インターフェースもあり，高速配線設計を必要とするケースが増えてきています．

FPGAかどうかにかかわらず，高速配線で基本となるのは，
(1) インピーダンス整合
(2) リターン経路の確保
(3) 配線長

です．これらの三つについては，どれが欠けても基板の動作不良につながるので注意が必要です．

パターンの特性インピーダンスの細かい算出方法についてはさまざまな文献があり，またプリント基板設計者の専門分野となるのでここでは説明を省略し，回路設計時に考慮しておいてほしい点を中心に説明します．

11.2.1 インピーダンス整合

代表的な数字として，特性インピーダンス50Ωのパターンで配線を行う場合を例にとります．特性インピーダンス50Ωのパターンは，BGAの内側のピンからは引き出せません．層構成やピン・ピッチにもよりますが，配線が太くなりすぎることなどが原因です．

このような場合，引き出す部分までは，細いラインで引き出すのが一般的ですが，短い区間とはいえ不整合区間ができてしまいます．そこで，インピーダンス整合が必要な信号は，回路設計時になるべく外側のピンにもってくることが重要となります（図11.5）．クロック信号ピンなど任意に設定できないピンについては，不整合区間はできる限り短くなるようにプリント基板設計者に指示することも必要です．

優先度の高い信号は，なるべく一つの層で引くように指示します．層をまたいで配線する場合，必

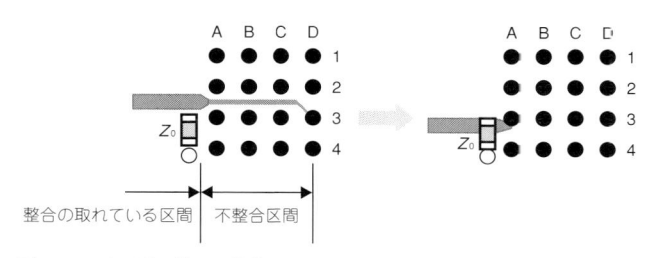

図11.5 インピーダンス整合
短い区間だが，不整合区間が発生している．高速信号を入出力する場合には，可能であれば外周ピンを使って入出力をとりたいものである．そうすることで，インピーダンス・マッチング用の終端抵抗などもピンの直近に置きやすくなる．

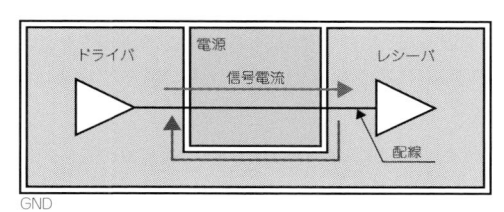

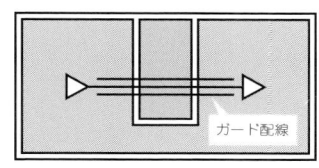

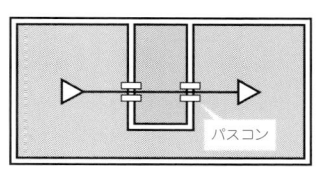

図11.6 リターン経路の確保
(a)のようにグラウンド層の一部を電源として使用することがある．この場合，リターン電流は，う回して得ることになる．う回の程度によって信号劣化の具合は変わるが，高速な信号や優先度の高い信号では，このような配線は避けなければならない．どうしても避けられないケースでは，ガード配線やスリット部分へのパスコン挿入などの対策を施す．理想は，信号配線下に連続したグラウンドが存在することである．このような状況を避けるためにも，電源の種類は極力抑えるような回路設計が必要になる．

ずスルー・ホールが介在します．スルー・ホールは，短い区間であっても不整合ラインとなってしまいます．200 MHz～300 MHz 程度までの動作速度であれば，気にする必要もないとは思いますが，できる限りスルー・ホールを介在せずに接続するのが理想です．1層で引き切ることは，信号のリターン経路を確保するうえでも有効です．

11.2.2　リターン経路の確保と配線長

　信号のリターン経路を確実に確保することは，信号を劣化させることなく伝送するうえで非常に重要です．

　プリント基板の設計において，信号のリターン経路の確保を簡単かつ確実に行う方法は，スリットがないベタのグラウンドや電源層の上に信号を配線することです．スリットなどが途中に介在するような場合，リターン経路が遠回りになります．この場合，波形の劣化や電磁放射ノイズ発生の要因になってしまうため，信号の優先度に応じて対策を施さなければならないケースも出てきます．このような事態に陥らないためにも，電源電圧の種類を抑えることは重要です（**図11.6**）．

　プリント基板設計において，配線長を短くすることは鉄則ですが，それを阻害するものがあります．保険として挿入されたパスコンやダンピング抵抗です．パスコンをLSIの周辺にびっしり配置しないと置ききれないように設計していると，それだけで自然と配線長が長くなってしまいます．よって配線

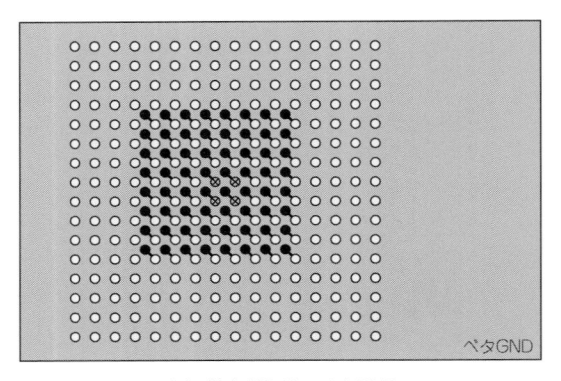

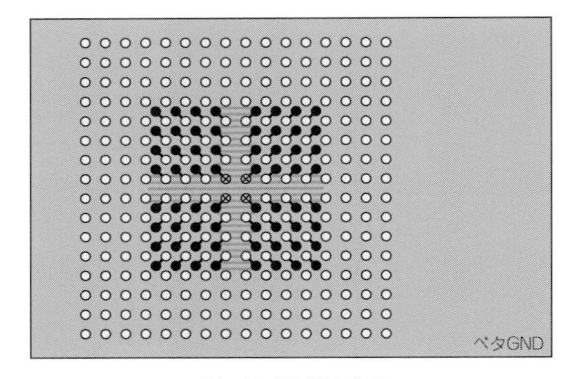

(a) 巣穴だらけのベタGND　　　　　　　　　　　　　　(b) 太い通り道を作る

図11.7　電源とグラウンドの確保
例えば，中央の4個のパッドがグラウンドであるとする．このとき，スルー・ホールが密集して配置されているため，ベタのグラウンド・パターンは巣穴だらけになってしまう．このような場合，パッドからスルー・ホールへの引き出し線を中心から放射線上に引き出すようにすると，巣穴の空いていない太い通り道を作ることができる．

長を短くする意味合いからも，適材適所で適切な数だけこれらの部品を挿入するような回路設計を行うことが重要です．

11.2.3　電源，グラウンドの確保

図11.7のように，スルー・ホールが密集して存在する場合，グラウンド・パターンや，電源パターンのインピーダンスが高くなったり，電流容量が足りなくなるといった問題があります．とくに，BGAの直下の部分は，それが顕著に現れるため注意が必要です．極端な例では，グラウンドや電源が浮いてしまうケースもあります．このような場合，NCピンを設けて，経路を確保する方法が一般的です（パスコンの適所への配置と合わせて一石二鳥）．

また，電源やグラウンド・ピンが内側に設定されているようなケースでは，パッドからスルー・ホールへ引き出し線の向きをくふうすることで，NCピンを設けなくても対応できる場合があります．

第12章 パワー回路基板設計におけるノウハウ

パワー回路のプリント基板設計で重要なことは，
- 安全なこと
- ほかの電子機器を妨害しないこと

です．安全とは，回路が燃えないことや人が感電しないことです．このように書くと大げさに感じますが，パターン設計を間違えると大事故につながる可能性があります．また，同一筐体内の電子回路を誤動作させないことは当然ですが，周囲の電子機器を誤動作させないためにも，パターン設計は重要です．

安全性と機器への妨害については，UL規格やEMC規格などで細かく決められています．規格を満足させるためには，回路設計と同様にプリント基板のパターン設計に関する知識と注意が必要です．ノイズなどによる誤動作対策はカット＆トライになる場合も多いのですが，注意してパターン設計を行えば，多くの問題をあらかじめクリアできることが多いと思います．

本稿では，パワー回路基板を設計するうえでのポイントと，それを踏まえた設計例を解説します．

12.1 パワー回路基板設計の鉄則

12.1.1 パターンは引くな！
● パターンを引くのではなく，不要な銅はくを削る

パターン設計のことを「パターンを引く」とよくいいますが，パワー回路基板のパターン設計では，パターンは引きません．「回路に加わる電圧によって必要な間隔（ギャップ）を設ける」，つまり不必要な銅はくを削るという作業が，パワー回路基板のパターン設計です．実際に，PCBCADで設計を行う場合は「パターンを引く」ことになりますが，イメージとして「不必要な銅はくを削る」という作業を心

がけてください.

　なぜパターンを引かないのかというと，一言でいえば，パターンのインピーダンスを小さくするためです．不必要な銅はくを削るだけの作業によって，パターン幅が太くなるため，銅はくの断面積が大きくなり，直流抵抗が小さくなります.

　また，パターンで囲まれる面積が小さくなるため，パターンのインダクタンスが小さくなります．したがって，インピーダンスが小さくなります．

12.1.2　パターンは太く，短くを心がけよ！

　ディジタル回路などの小信号回路と比べると，パワー回路では高電圧・大電流を扱います．そのため，回路電流をよく把握して，パターン幅を決定する必要があります．

● パターン幅は電流の実効値から求める

　パターン幅1 mmに対する許容電流の目安は1 Aといわれています．この目安は，電流変化の少ない直流電源などには適用できます．しかし，スイッチング電源など，電流変化とピーク電流が大きい回路にそのまま適用してしまうと，効率低下や誤動作の原因につながることがあります．

　スイッチング電源などでは，電流は断続的に流れるため，電流の実効値は平均値に比べて大きくなります．パターン幅を決める電流は，実効値を使います．例えば，**図12.1**のような電流波形の実効値I_{RMS}〔A_{RMS}〕は，式(1)から0.5 A_{RMS}と求まり，パターン幅は0.5 mm以上必要となります．

$$I_{RMS} = \sqrt{\frac{I_p^2 \times \frac{t_{on}}{2}}{t}} \quad\cdots\cdots(1)$$

　ただし，I_p：ピーク電流〔A〕，t_{on}：ON時間〔s〕，t：スイッチング周期〔s〕

　パターン幅を十分に太くできない場合は，銅はくを厚くします．パターン幅1 mmに対して許容実効電流1 Aという目安は，銅はく厚が35 μmの場合です．パワー回路の銅はく厚は70 μmとする場合が多く，この場合はパターン幅1 mmに対する許容実効電流の目安は2 Aとすることができます．

● パターンが太ければ損失は減る

　最近のスイッチング電源などでは，効率の向上は必要条件になっています．高効率な回路の開発も

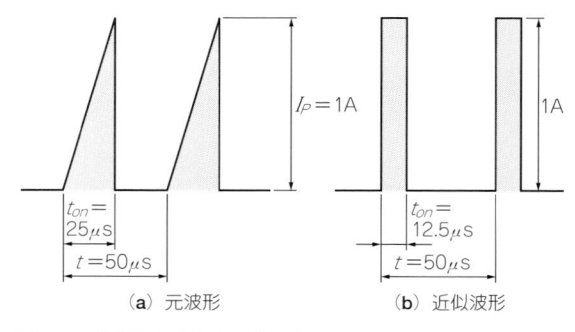

（a）元波形　　　（b）近似波形

図12.1　断続的に流れる電流の例

必要ですが，パターンで不必要な電力損失が発生したのでは，高効率な回路が無駄になってしまいます．パターン設計では，効率が低下しないようにパターン幅を決定することが重要です．

パターンによる電力損失は，回路の実効電流とパターンの直流抵抗から計算できます．パターンの直流抵抗 R ［Ω］は，次式で表されます．

$$R = \rho \frac{\ell}{a} \tag{2}$$

ただし，ρ：体積抵抗率［Ω・m］，ℓ：パターン長［m］，a：断面積［m²］

銅の体積抵抗率は，0℃時で 1.55×10^{-8} Ω・m，100℃で 2.23×10^{-8} Ω・mですから，ある温度 T ℃での銅の体積抵抗率 ρ は，次式のようになります．

$$\rho = \{(2.23 - 1.55) \times (T/100) + 1.55\} \times 10^{-8}$$
$$= (0.0068T + 1.55) \times 10^{-8} \tag{3}$$

パターンの直流抵抗は，パターンが太ければ太いほど小さくなります．そこで，パワー回路では必要なパターン間ギャップを確保しつつ，そのほかの部分はパターンとして残るように，パターン以外の銅はくをエッチングで除去して製作します．

このように設計すると，可能な限り太いパターンとなるため，パターンの直流抵抗が小さくなり，回路の効率向上に寄与します．

● パターンの温度上昇

パターンの温度上昇と許容電流を**表12.1**に示します．この表は，パターンの温度が10℃および20℃，45℃上昇するときの，パターン幅と電流値を表しています．通常は，温度上昇を20℃以下とします．つまり，0.1 mmのパターンは0.7 Aの電流を流すことができ，1.0 mmのパターンは3 Aの電流を流せます．ただし，この表は最大許容値を示しているので，実際には前述したとおりパターン幅1.0 mmに対する電流は1 A程度までとします．

12.1.3　必要なギャップを確保せよ！

パターン間ギャップは，回路に加わる電圧によって決まります．また，適用する規格によっても，パターン間ギャップは変わってきます．安全規格でパターン間ギャップと耐電圧が決められているのは，商用電源側と十分な絶縁を確保して，感電などの危険から保護するためです．

パターン間ギャップが狭いと，耐電圧試験時にコロナ放電が発生し，絶縁破壊を起こします．耐電圧試験で加える電圧は，適用する安全規格によって決められています．参考までに，いろいろな規格

表12.1　パターンの温度上昇と許容電流

導体幅［mm］	許容電流［A］		
	10℃上昇	20℃上昇	45℃上昇
0.1	0.24	0.7	0.9
0.2	0.8	1.2	1.7
0.5	1.4	2.0	3.0
1.0	2.2	3.0	4.2

第12章

表12.2 パターン間ギャップと耐電圧

(a) JIS規格

パターン・ギャップ		耐電圧 [V_{ACPeak}, V_{DCPeak}]
0.127 mm	5 mil	0〜9
0.254 mm	10 mil	10〜30
0.381 mm	15 mil	31〜50
0.508 mm	20 mil	51〜150
0.762 mm	30 mil	151〜300
1.524 mm	60 mil	301〜500
0.00305 mm/V		500以上

(b) そのほかの規格

規格	パターン・ギャップ [mm]	耐電圧 [V]
電気用品安全法* (日本)	2.5	51〜150
	3.0	151〜300
	5.0	301〜440
UL (アメリカ)	1.59	51〜125
	2.38	126〜250
	12.7	251〜440
ヨーロッパ規格 (ドイツ)	2.0	51〜130
	3.0	131〜250
	4.0	251〜440

＊：旧電気用品取締法

のパターン間ギャップと耐電圧を**表12.2**に示します．

12.1.4 同一パターンでも各部の電位は違う！

● 電流によって発生する電位差を考慮する

　大きな電流が流れる部分には，パターンの直流抵抗によって電位差が発生します．また，方形波のように立ち上がりの速い電流が流れる場合は，パターンのインダクタンスによって電位差が発生します．

　そのため，制御回路のコモン電位などの小信号を扱う回路部に，大きくて変化が激しい電流が流れないようなパターンとすることが重要です．

　電流の流れを考慮した回路例として，たとえば**図12.2**(a)のような回路図をそのままパターンにしてしまうと，ICのグラウンドになっているパターンに大きな電流が流れます．そこで，回路図を少し変形して，**図12.2**(b)のように1点接続します．このようにすれば，ICのグラウンド・パターンには大電流は流れません．

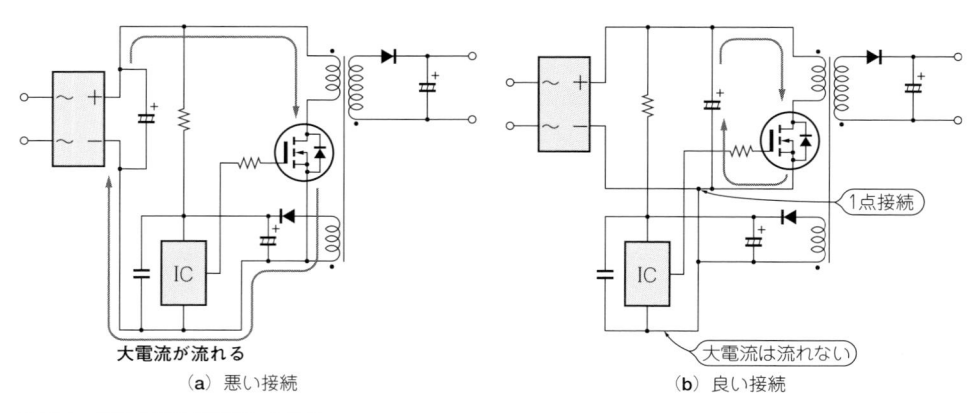

(a) 悪い接続　　　　(b) 良い接続

図12.2　電流の流れを考慮した回路

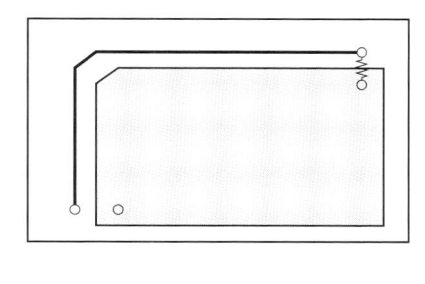

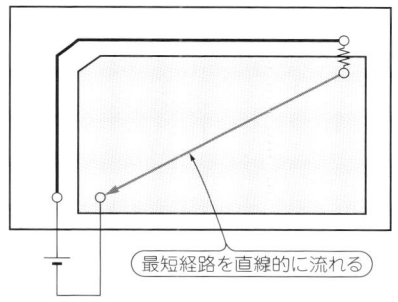

(a) リターン側をベタ・パターンにした基板　　（b）直流電流の場合

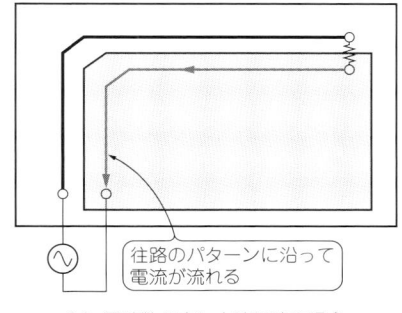

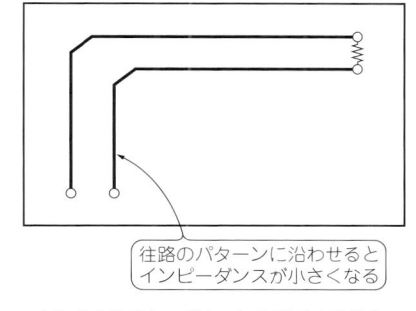

最短経路を直線的に流れる

(c) 周波数の高い交流電流の場合　　（d）(c)のベタ・パターンを細くする場合

往路のパターンに沿って電流が流れる

往路のパターンに沿わせるとインピーダンスが小さくなる

図12.3　リターン電流の流れ方

12.1.5　電流は流れやすい所を流れる！

● リターン電流の流れ方

電流は，インピーダンスが小さいほど流れやすくなります．これはごく当たり前のことなのですが，パターン設計時に見落とすことがあります．

図12.3(a) のパターンでは，リターン電流はグラウンド・パターンのどこを流れるでしょうか．それは，流れる電流の周波数によって変わってきます．直流の場合は，**図12.3(b)** のように流れます．しかし，周波数が高くなると**図12.3(c)** のように流れます．

つまり，リターンのパターンを細くする場合，周波数が高いときは**図12.3(d)** のようなパターンにしたほうがインピーダンスは小さくなります．よく考えずに直線的なパターンを引いてしまうと，インピーダンスが大きくなってしまいます．

● 均等に分流させる

電解コンデンサの許容リプル電流を考慮して，**図12.4(a)** のようにコンデンサを並列接続する場合を考えてみましょう．近年，機器の小型化や薄型化のため，小容量の電解コンデンサを複数個使用して並列接続が必要な機会が多くなっていると思います．

単純に，**図12.4(b)** のようなパターン設計をすると，C_2 より C_1 の電流が大きくなってしまいます．これは，C_2 を通るⒷの経路よりも，C_1 を通るⒶの経路のほうが短いため，電流が流れやすいからです．

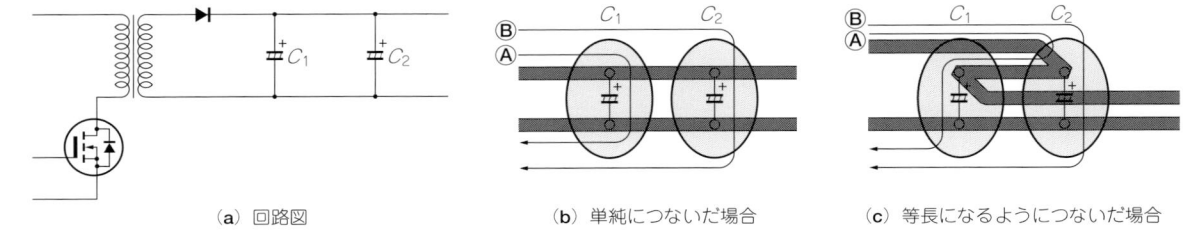

(a) 回路図 (b) 単純につないだ場合 (c) 等長になるようにつないだ場合

図12.4 電解コンデンサの並列接続

これでは，C_1 の電流は許容リプル電流を越える可能性があります．

このため，電解コンデンサを複数個並列接続する場合は，各コンデンサのスイッチング電流が流れるパターン長が，できるだけ等しくなるようにします．具体的には，**図12.4(c)** のようにパターンを設計します．これなら C_1 を通るⒶの経路も，C_2 を通るⒷの経路もほぼ同じ長さになり，電流が均等に流れます．

12.1.6 パターン設計でノイズは変わる！
● ノイズ発生のメカニズム

周波数が高い場合，パターン間の浮遊容量によって，ほかのパターンに電流が流れてしまいます．この電流が，誤動作や伝導ノイズの原因になります．パターン間だけでなく，パターンと筐体でも同じことです．パターン設計にはあまり関係ありませんが，部品と筐体の間でも同じことが発生します．

● 高インピーダンスのパターンは要注意！

OPアンプの加算点（サミング・ポイント）など，インピーダンスが高いパターンは，とくに注意が必要です．OPアンプの入力インピーダンスは非常に高いため，pAレベルの漏れ電流でも影響を受けます．そのため，OPアンプの入力端子パターンとほかのパターンが交差しないように注意が必要です．

また，OPアンプの入力端子には，入力抵抗や帰還抵抗など物理的に離れた部品からのパターンが集まります．このため，入力端子のパターンは長くなりがちです．できるだけ部品をOPアンプの入力端子の近くに配置して，パターンを短くする必要があります．

12.1.7 誤動作はパターン不良が原因！

誤動作の多くは，同一パターンでの電位差が原因です．回路図上では同一電位でも，実際の回路では電位が異なってしまいます．つまり，配線インピーダンスなどの目に見えない回路定数が実際のパターンに加わり，設計した回路と実物が異なってしまうため，設計どおりの動作にならないのです．

制御回路のコモンに大きな電流が流れないような1点接続や，大電流が流れるパターンで囲まれる面積を減らすなど，パターンのインピーダンスを十分考慮してパターン設計を行うことが大切です．このような点に気を配れば，誤動作の発生を少なくすることが可能です．

12.1.8 パワー回路と制御回路は離せ！

パワー回路では制御回路に比べて，大きな電力を扱っています．このため制御回路にとっては，パ

ワー回路はノイズ源となります．

このノイズの影響を少なくするには，パワー回路と制御回路を物理的にできるだけ離して配置します．

12.1.9 部品面パターンを引いてはならない場合がある！
● **部品の外装とパターンとの距離が問題になる**

電解コンデンサのケースは絶縁フィルムで絶縁されていますが，このフィルムの絶縁は保証されていない場合が大多数です．したがって，部品面にパターンを配線すると，電解コンデンサの端子につながるパターンとケースが，絶縁フィルムだけで絶縁されることになります．

このような部分も，UL規格などと使用電圧から決まる耐電圧を満足する必要があります．使用電圧が低い場合は問題になりませんが，使用電圧が高い場合，電解コンデンサの絶縁フィルムでは耐電圧不足になります．

● **部品面以外にパターンを引けば問題ない**

したがって，使用電圧が高い場合，電解コンデンサの下には部品面パターンを配線しないようにする必要があります．使用電圧が高い場合とは，具体的には安全電圧ではない電圧と考えればよいでしょう．UL規格では，尖頭値42.4 Vまたは直流60 Vを越える場合となります．

12.1.10 発熱部品は分散して配置せよ！

多くのパワー回路部品は発熱するため，パターンや放熱器で放熱する必要があります．発熱部品が集まっていると，放熱器などの熱抵抗によって熱が集中してしまい，温度上昇が大きくなってしまいます．そのため，発熱部品は分散して配置したほうがよいことになります．

しかし，パワー回路では，パターンのインピーダンスを小さくするため，部品を近くにまとめて配置する必要があります．ここで，放熱的な要求と回路的な要求に矛盾が生じます．

したがって，回路条件と放熱条件を考慮して，それぞれの条件のトレードオフで，パターン設計をする必要があります．

12.2 パワー回路基板の設計例

12.2.1 フライバック方式のスイッチング電源の設計

ここでは，フライバック方式のスイッチング電源を例に，パターン設計の実際を説明します．フライバック方式は，スイッチングFETがONしている間はエネルギをトランスに蓄え，FETがOFFしたとき出力にエネルギを伝送します．設計したスイッチング電源の概略仕様を**表12.3**に，回路図を**図12.5**に示します．

電源入力側（1次側）と出力（2次側）は，高周波トランスT_1で絶縁します．したがって，T_1を境に1次側部品と2次側部品を分離します．この回路は出力電圧を帰還せず，IC用の電源を得る補助巻き線の電圧を帰還しているので，1次と2次の分離は比較的容易です．

第12章

表12.3 スイッチング電源の概略仕様

項　目	仕　様
入力電圧	AC95 V〜130 V，50 Hz/60 Hz
スイッチング周波数	40 kHz
出力電圧，出力電流	$+5$ V $\pm 5\%$，最大4 A ± 12 V $\pm 3\%$，最大0.3 A

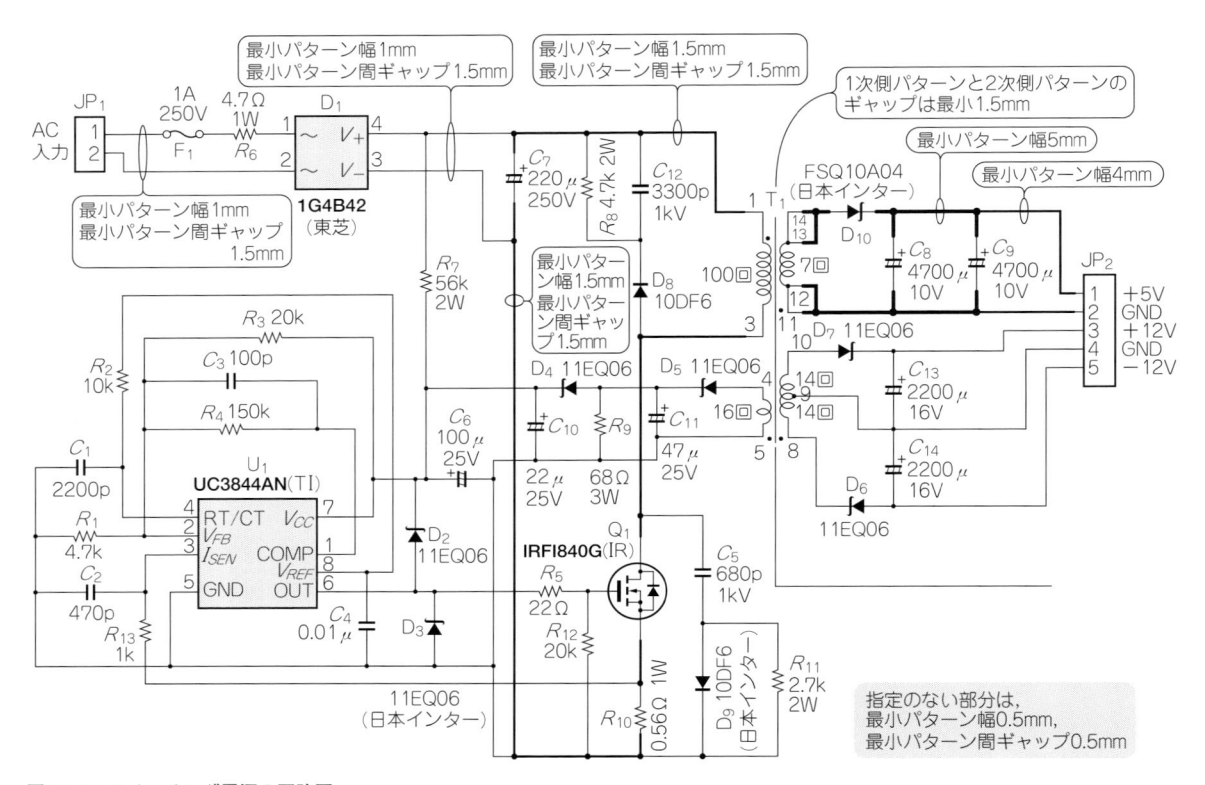

図12.5 スイッチング電源の回路図

なお，基板の端とケースが近い場合は，1次側パターンおよび1次側部品を基板の端から内側に配置する必要があります．

12.2.2 設計したパターンの詳細

合成パターン図を図12.6に，部品面パターン図とはんだ面パターン図をそれぞれ図12.7と図12.8に示します．なお，この設計例は解説用ですから，動作や性能を保証するものではありません．

● パワー回路部

▶ 1次側パターンのポイント

C_7 の＋端子から T_1 のピン1，T_1 のピン3から Q_1 のピン2（ドレイン），そして Q_3 のピン3（ソース）から R_{10} を通って C_7 の－端子へつながるパターンは大電流が流れます．そこで，このパターンは太く・短く，

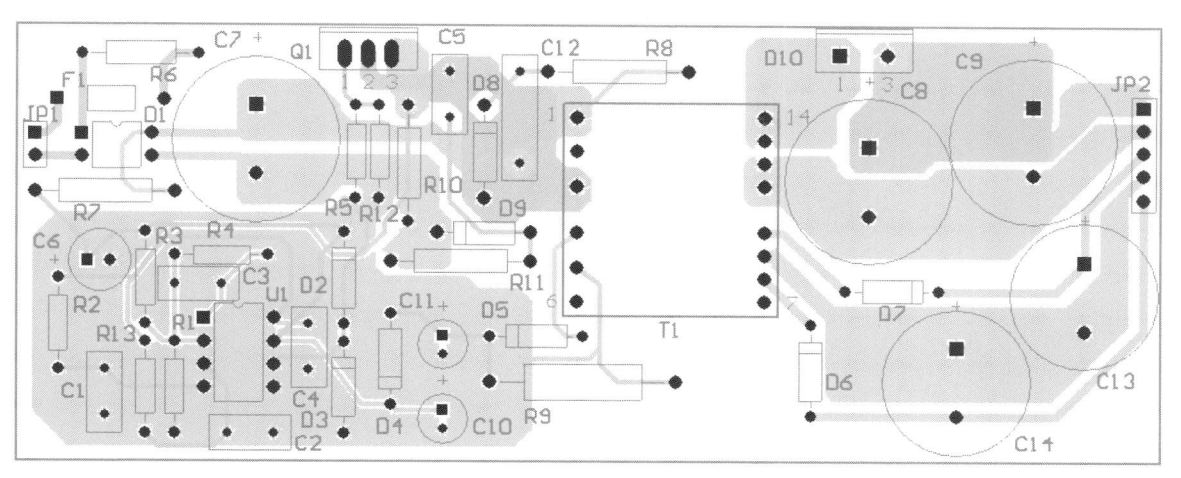

図12.6 スイッチング電源基板の合成パターン図

そして囲まれる面積が小さくなるよう，**図12.9**のように配線します．
▶ 2次側パターンのポイント

先の1次側パターンと同様に，2次側の以下の部分も太く・短く，そして囲まれる面積が小さくなるよう，**図12.10**のように配線します．

- T_1のピン13，ピン14からD_{10}を通ってC_8およびC_9の＋端子につながるパターン
- C_8とC_9の－端子からT_1のピン11，ピン12につながるパターン

▶ コンデンサの並列接続は等長配線を意識する

C_8とC_9の接続は，**図12.4(b)**のようにT_1から見て＋端子と－端子の合計パターン長が等しくなるように接続します．C_8とC_9の部分のパターンは**図12.10**に示したとおりですが，一見すると単純なベタ・パターンに見えます．しかし，パターンを細くしてみると，**図12.4(b)**のようになっていることがわかると思います．

▶ 関連のある回路は近くに配置する

D_8，R_8，C_{12}で構成される回路，およびD_9，R_{11}，C_5で構成される回路はスナバ回路です．これらはそれぞれ，T_1のピン1とT_1のピン3，およびQ_1のドレイン，ソースの近くに配置します．

実際には，Q_1のソースには電流検出抵抗が入るので，D_9とR_{11}はR_{10}に接続することになります．

▶ パターンのインピーダンスを低減する

±12V側のC_{13}，C_{14}のパターンは，電流が少ないため太いパターンは要求されません．しかし，囲まれる面積を小さくして，パターンのインダクタンスを減らすために，**図12.10(b)**のようにコモンのパターンを太くしています．

● 制御回路部

▶ グラウンドはベタ・パターンにする

制御回路部のグラウンドは**図12.11(b)**のようなベタ・パターンとし，R_{10}に1点接続します．

第12章

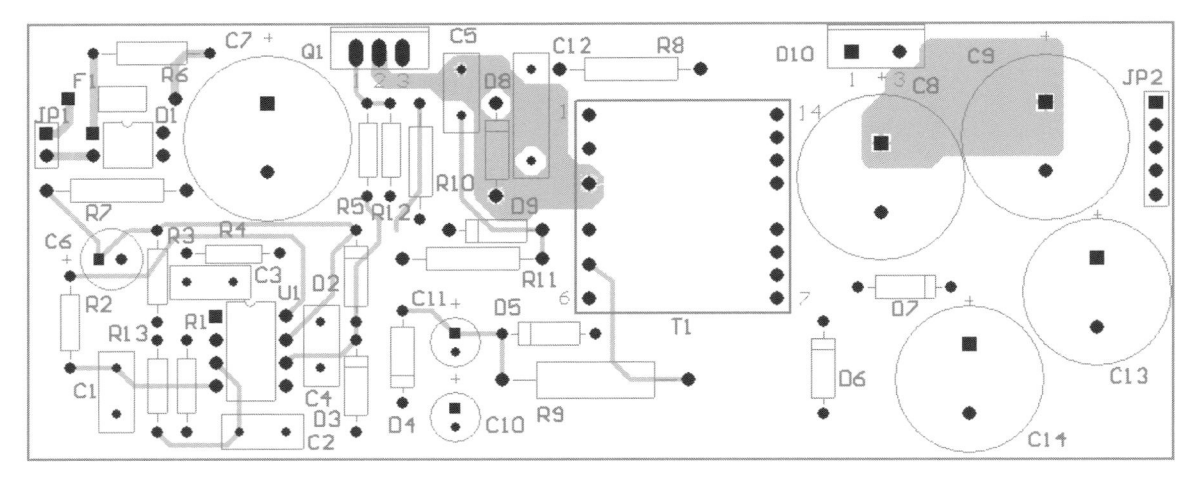

図12.7 スイッチング電源基板の部品面パターン図

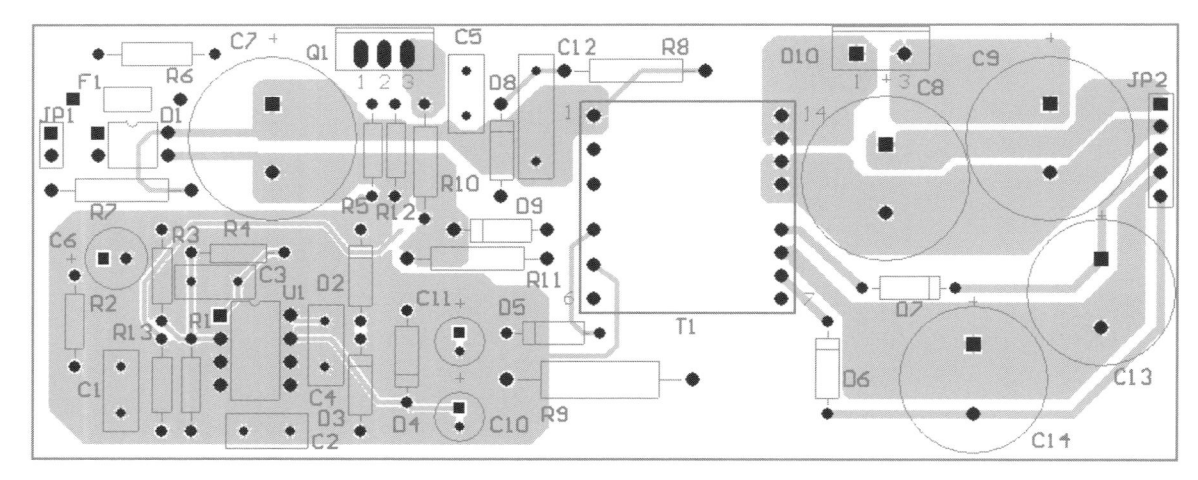

図12.8 スイッチング電源基板のはんだ面パターン図

▶制御IC周辺のパターン

UC3844Aのブロック図を，**図12.12**に示します．

C_2は過電流検出電圧のスパイク・ノイズを除去するコンデンサですから，U_1のピン3に可能な限り近づけます．

また，U_1のピン2は電圧帰還入力端子で，OPアンプの加算点です．そのため，U_1のピン2からのパターンは最短とします．また，OPアンプの加算点パターンに，ほかのパターンが交差しないように注意します．今回は，はんだ面に加算点のパターンを引き，ほかのパターンが部品面を通らないようにしました．具体的には，**図12.11**(a)のように，U_1のピン8からR_2へのパターンを，R_4を迂回して引き回しています．

12.2 パワー回路基板の設計例

(a) 部品面

- C_7の下にはパターンを引かない
- 太く・短く配線する
- 部品面を通るC_8の経路

(b) はんだ面

- 太く・短く配線する

図12.9 パワー回路の1次側パターン

(a) 部品面

(b) はんだ面

- C_9の経路
- C_8の経路
- コモンのパターンを太くする

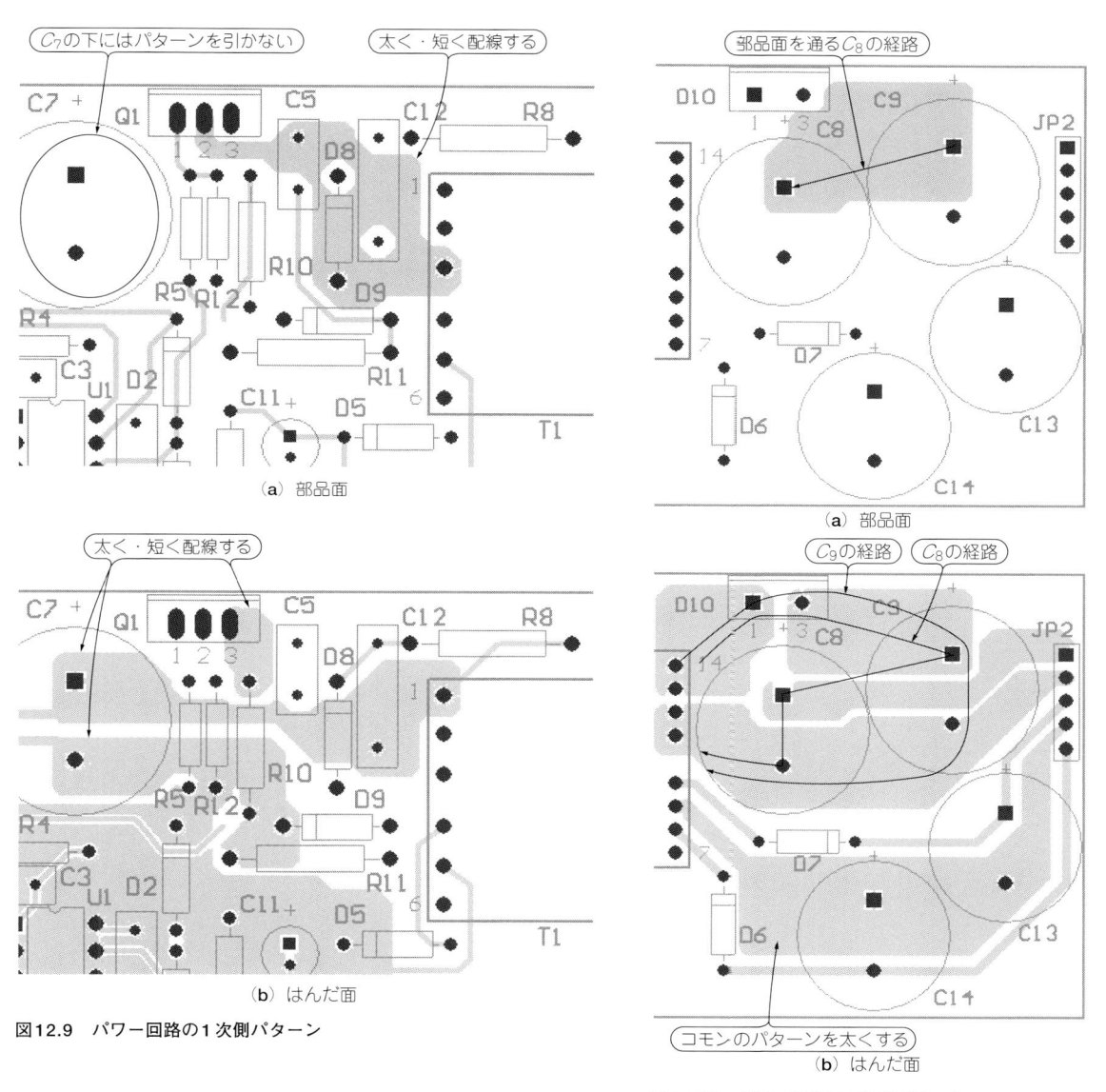

図12.10 パワー回路の2次側パターン

FETのゲート抵抗R_5は，FET(Q_1)の近くに配置します．D_2，D_3は，U_1のFETドライブ出力回路がサージ電圧などで破壊されるのを保護するダイオードですから，U_1の近くに配置します．

第12章

(a) 部品面

- 加算点の配線と交差しないようにR4を迂回して配線する

(b) はんだ面

- ベタ・パターンはこの1点で接続
- 加算点からの配線は最短にする
- グラウンドはベタ・パターンにする

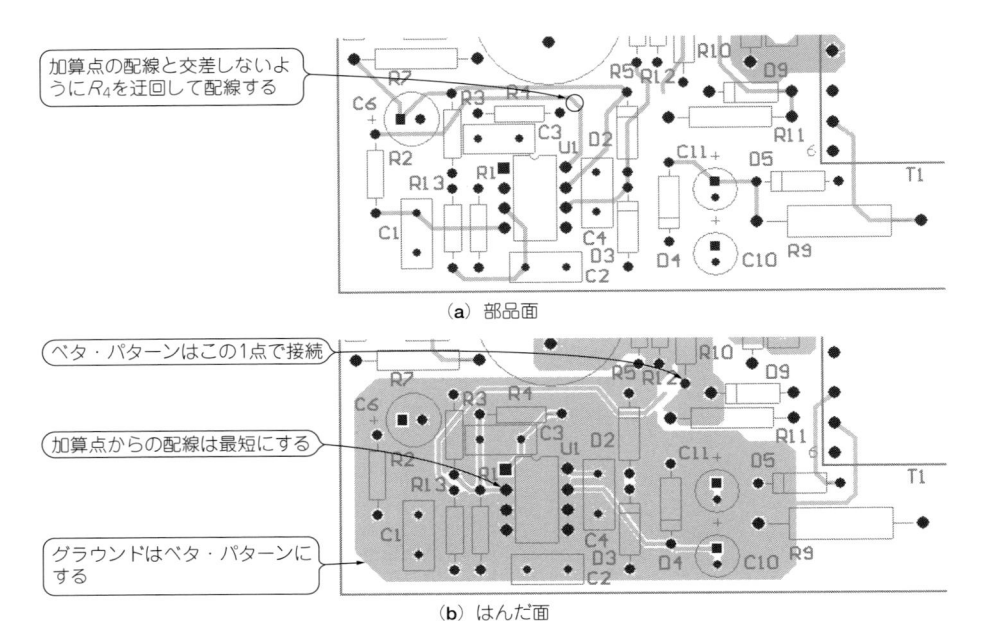

図12.11 制御回路のパターン

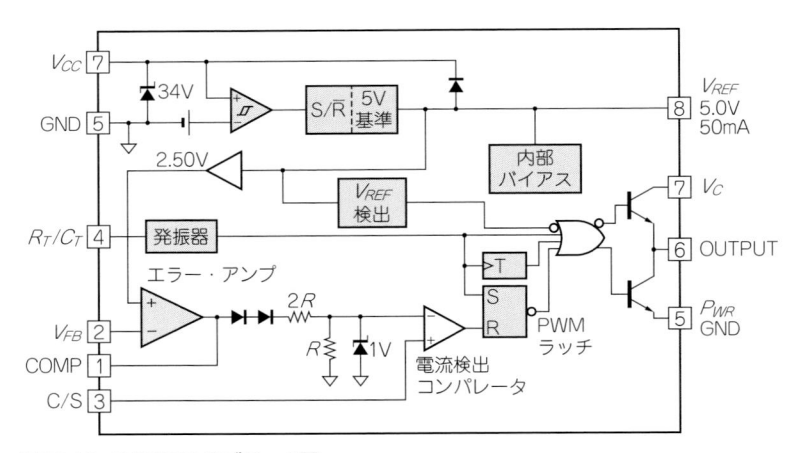

図12.12 UC3844Aのブロック図

第13章 高速ディジタル回路基板設計のノウハウ

　高速ディジタル回路の解説書には難しい数式などが並びがちで，内容を読むだけで疲れてしまいます．そこで，本章では高速ディジタル回路基板の設計のポイントだけを示します．理論も含めて詳しく知りたい方は，稿末に示した参考文献などを参照してください．また，ここでの説明は，基板材料がFR-4の場合に限定しています．

13.1　回路設計者が基板を設計する目的はノイズ対策

　回路設計者がプリント基板の設計を行うことの意味を，もう一度考えてみましょう．その効果が，開発予算の低減や開発日程の短縮だけなら正直いって外注したほうが楽です．回路設計と基板設計に関して，すべての問題を背負い込むのはつらいところがあります．

　それでもあえて，回路設計者が基板設計をするべきだとすれば，それはノイズ対策に全責任を取ることでしょう．フィルタやダンピング抵抗を回路図に記載し，配線長やガード・パターンを指定しても，実際はどんなパターンが引かれているかよくわからないままノイズ試験を繰り返しても，得られるものは限られます．

13.1.1　対策すべきノイズ規制
● エミュニティ規制
　電源のサージ・ノイズや静電ノイズ，強電界に対する回路のタフネスですが，これは原因も特定が容易で，CRやフィルタ，保護素子などで対策も容易です．基板設計に関する要因は少なく，回路設計上で対応ができるので，たいした問題にはなりません．
　たいていは，実験室で評価と対策を繰り返すことができるので解決は早いものです．

第13章

● エミッション規制

　エミッション規制はVCCI規制と呼ばれるもので，日本では自主規制ですが事実上義務化されています．これがなかなか曲者で厄介な代物です．ノイズが出始めると，フィルタを入れたくらいではなかなか効果が現れませんし，電波暗室での評価が必要になり，そこを借用するたびに数十万の費用が消えます．

13.1.2　ノイズ対策のポイント

　ノイズ対策に関する出版物は多く，CQ出版社の「高速ディジタル回路実装ノウハウ」は筆者のバイブルです．また，村田製作所のホームページにも同社の製品の適用を前提とした具体的な対策例が示されています．

　まとめると，基本的には6点に絞られます

(1) 配線は短くする

(2) インピーダンス整合を行う

(3) ベタ・アースで信号を囲む

(4) ダンピング抵抗やフィルタを使用する

(5) SMD部品を使用してリード部品やソケットの使用を避ける

(6) それでもだめならノイズ発生源をアルミ・ケースで囲む

13.2　高速ディジタル回路基板設計のポイント

　それでは次に，高速ディジタル回路基板を設計する際の具体的なポイントを紹介します．

13.2.1　基板の誘電率や誘電正接は低いほうがよい

　誘電率が高いと電磁界が通りやすく，ノイズの影響を受けやすくなります．一般のFR-4は誘電率4.8，誘電正接0.015程度ですが，低誘電率タイプのFR-4は誘電率3.5，誘電正接0.010程度です．ただし，そのぶんコストは高くなります．

13.2.2　多層基板を利用する

　内層に電源層がある多層基板を利用すると，

- 電源が安定する
- 回路のインピーダンスが下がる
- 配線長を短くできる

など，数々のメリットがあります．単に同じ面積の基板でコストを比較すると，当然コストアップとなります．しかし，基板の小型化やノイズ対策の簡略化などをあわせて，トータルのコストで判断すると，それほど大きな差は出ません．隙間だらけの両面基板を使用するよりは，小型の4層基板で高密度配線をしたほうが好ましいと思います．

13.2 高速ディジタル回路基板設計のポイント

表13.1 両面基板と4層基板のコストを比較した例

基板サイズ [mm]	1枚当たりの単価	
	両面基板	4層基板
59×22×0.8	30円(1万枚製造時)	—
48×42×1.2	80円(500枚製造時)	—
150×130×1.6	680円(100枚製造時)	1,200円(100枚製造時)
230×130×1.6	940円(100枚製造時)	2,000円(100枚製造時)
299×178×1.6	—	1,540円(100C枚製造時)

表13.1は，両面基板と4層基板のコストの一例です．単純に計算すると，1円当たりの面積は両面基板では30 mm²，4層基板では15 mm²程度ですから，4層基板の面積を1/2にすれば基板単価は並びます．

購入方法によってはもっと差が広がりますが，それでも4倍以上には広がりません．差が大きい場合でも，基板サイズを1/4にすることを検討したほうがよいと思います．

13.2.3 マイクロストリップ・ラインやストリップ・ラインを利用する

CMOSデバイスの出力インピーダンスは50〜100Ω程度といわれています．そこで，図13.1に示すようなマイクロストリップ・ラインやストリップ・ラインを形成して，パターン・インピーダンスを50〜100Ω程度に揃えます．

● インピーダンスの計算法

基板メーカにインピーダンスの指定を行うと，それなりの作業が発生するためコストアップを招きます．パターン設計段階でインピーダンスを50〜100Ωに揃えるには，あらかじめ基板メーカに標準の層厚を確認してからパターン幅を決めるか，層厚を指定します．わざわざ基板メーカに指示しなくても，それなりの効果が期待できます．

計算式は，図13.1を参照してください．マイクロストリップ・ラインの場合，パターン幅0.1 mmで

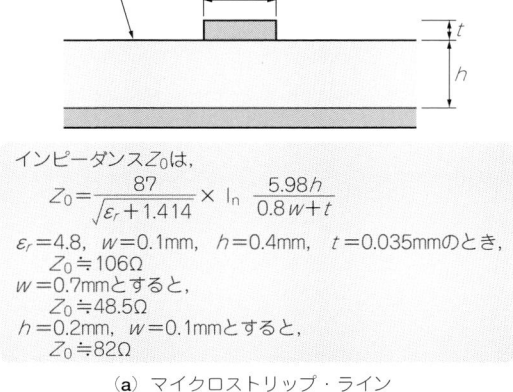

インピーダンスZ_0は，

$$Z_0 = \frac{87}{\sqrt{\varepsilon_r + 1.414}} \times \ln\frac{5.98h}{0.8w + t}$$

$\varepsilon_r = 4.8$, $w = 0.1$mm, $h = 0.4$mm, $t = 0.035$mmのとき，
 $Z_0 \fallingdotseq 106\Omega$
$w = 0.7$mmとすると，
 $Z_0 \fallingdotseq 48.5\Omega$
$h = 0.2$mm, $w = 0.1$mmとすると，
 $Z_0 \fallingdotseq 82\Omega$

(a) マイクロストリップ・ライン

インピーダンスZ_0は，

$$Z_0 = \frac{60}{\sqrt{\varepsilon_r}} \times \ln\frac{4h}{0.67\pi w\left(0.8 + \frac{t}{w}\right)}$$

$\varepsilon_r = 4.8$, $w = 0.12$mm, $h = 0.4$mm, $t = 0.035$mmのとき，$Z_0 \fallingdotseq 48\Omega$

(b) ストリップ・ライン

図13.1 マイクロストリップ・ラインとストリップ・ライン

絶縁層の厚みを0.2 mmとすると80 Ω，絶縁層の厚みを0.4 mmにすると100 Ω程度に配線インピーダンスがそろいます．なお，実際のパターンの仕上がり幅は少し細くなります．パターン幅を0.15 mm程度にすると，仕上がり幅は0.1 mm程度になります．

信号パターンにグラウンド・シールドを設ける場合は別の計算式が必要になりますが，インピーダンスはそれほど大きく変わりません．また，両面基板でも対面をグラウンドのベタ・パターンにすれば，一定の効果が得られます．

● ストリップ・ラインはノイズ対策に効果大

ストリップ・ラインには，
- 8層以上ないと効果的に構成できない
- 配線容量が2 pF/cmと大きいので高速な信号にはやや向かない

など不利な面もあります．しかし，ノイズ対策としてはもっとも有利な配線と考えられます．

13.2.4　4層構成のときは2層目をグラウンドにする

グラウンド層は，電源層に比べてノイズの低減効果が大きいといわれています．そこで，図13.2に示すように，2層目をグラウンド層として，部品面信号層を中心に高速配線を行います．つまり，高速な配線はすべて部品面上に構成します．

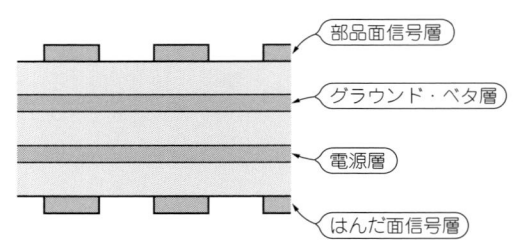

図13.2　4層構成のときは2層目をグラウンドにする

13.2.5　終端抵抗でインピーダンスを整合する

● 一般的なインピーダンス整合

ICは出力抵抗が小さく入力抵抗は大きいため，入力が余分な電流を跳ね返してしまい，反射が起きます．ECLやクロック・ドライバなどは，出力インピーダンスが50 Ωに整合するように設計されているので，図13.3(a)に示すような整合回路が使用されます．

これに対して，一般的なCMOSロジックICの出力インピーダンスは50～100 Ω程度といわれています．例えば，100 Ωで整合すると図13.3(b)のような構成となり，クロック・ドライバのような高出力デバイス以外は出力が不足します．何より消費電流が増大するのは耐えがたいものです．

● 消費電流を減らすには直列終端が効果的

図13.3の方法は，いずれも消費電流が増えるだけでなく，伝達特性を悪くして速度を落とすことにつながります．むしろ，単純に図13.4(a)のように直列抵抗を加えるのが効果的です．これをダンピン

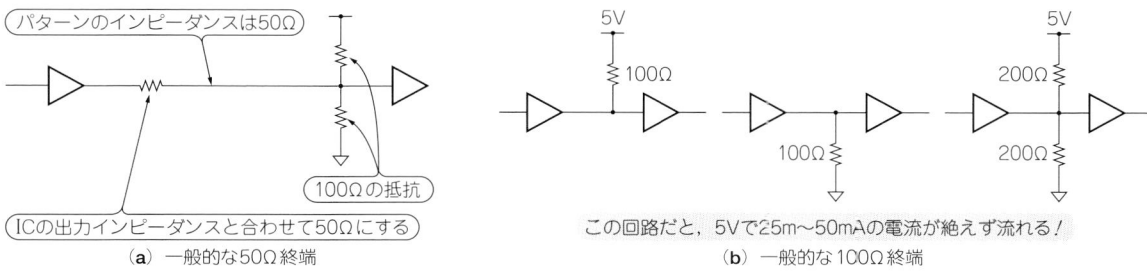

図13.3 一般的なインピーダンス整合回路
(a) 一般的な50Ω終端
(b) 一般的な100Ω終端

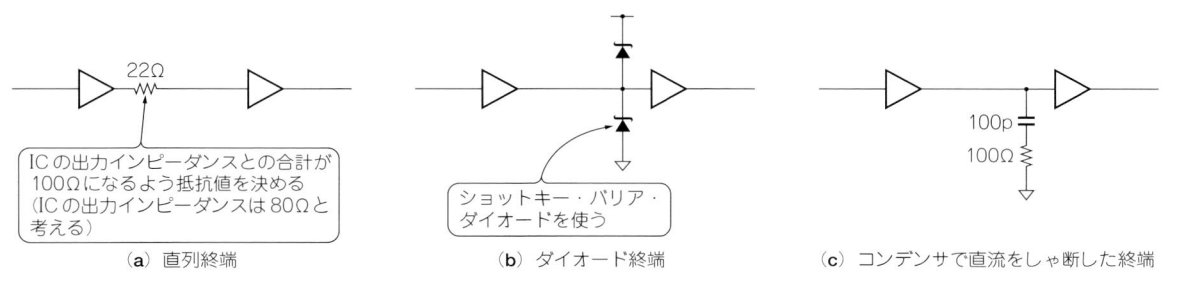

図13.4 いろいろな整合回路
(a) 直列終端
(b) ダイオード終端
(c) コンデンサで直流をしゃ断した終端

グ抵抗または直列終端抵抗と呼びます．直列終端を基本としてパッドを用意しておけば，必要に応じて0Ω抵抗でジャンパしたり，フェライト・コアを付けたりできるので便利です．

また，立ち上がり/立ち下がり時間の長い低速デバイスを使用したり，電源電圧を下げるのも，消費電流の低減に効果的です．

13.2.6 表面の信号層もベタ・パターン処理する
● リターン電流のルートを確保しないとノイズが出る

ICからICへ電流が流れるとそのリターン電流が元のICへ戻りますが，そのルートを確保しないと電流が遠回りしてノイズの原因となるといわれています．

多層基板の場合は，内層のグラウンド層でルートを確保できるので有利ですが，それでもビアなどの穴がリターン電流を乱すとされています．他の信号のビアなどを避けるために，ベタ層にスリットができてしまう場合もあります．

● グラウンド・シールド

リターン電流のルート確保と，隣り合う信号ラインとのクロストークを防止するために，**図13.5(a)**のように表面層にもグラウンドのベタ・パターンを設けます．このように，信号をグラウンドで囲うことをグラウンド・シールドと呼びます．

クロック・ラインやとくに高速なラインは，できたら1本ごとにグラウンド・シールドするのが効果的です．1本ごとのシールドが困難な場合は，**図13.5(b)**のように数本ごとのブロックをグラウンド線

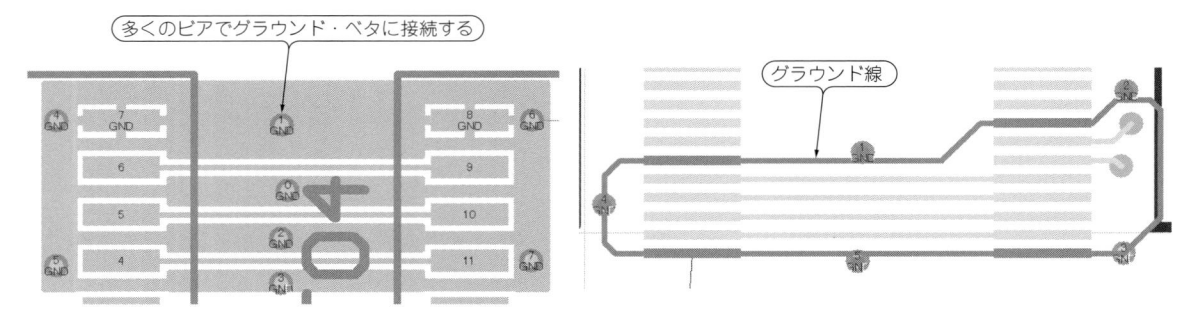

(a) 表面の信号層もベタ・パターン処理する　　(b) 複数の信号をグラウンド線で囲む

図13.5 ベタ・パターン処理とグラウンド・シールド

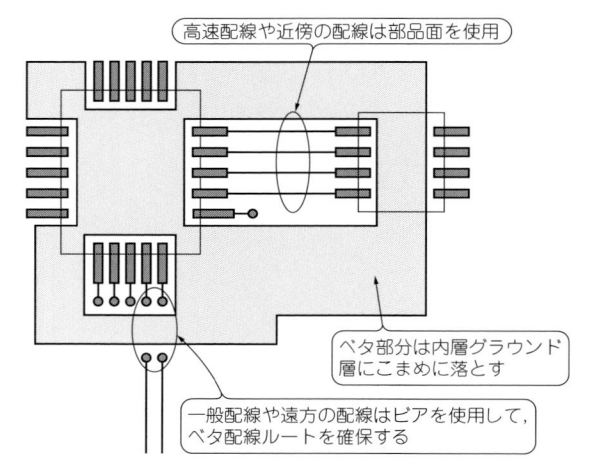

図13.6 LSI下のベタ・パターン例

で囲み，最後に全体をグラウンド・ベタで囲みます．ただし，グラウンド・シールドは多くのビアで内層のグラウンド層に確実に接続してください．

なお，グラウンド・シールドと信号線のギャップが0.1 mmのとき，配線容量は0.5 pF/cm程度になります．ノイズ対策には有効ですが，遅延が問題となる場合や配線が長くなるときは，グラウンド・シールドと信号線のギャップを少し広げたほうがよいでしょう．

● **LSIの下にはベタ・パターンを配置する**

LSIはそれ自体がノイズ発生源であり，ノイズがひどい場合はパッケージ自体をアルミ・ケースなどで囲うことも必要になります．ビアの乱用は有害とされていますが，図13.6のように適時利用し，効果的なベタ・パターンを構成してノイズを吸収しやすくします．

13.2.7　配線の曲げは45°，ビアの使用は最小限で同一層に配線する

図13.7(a)に示すように，パターンを直角に曲げるとパターン幅が変化し，インピーダンスが変化す

るため反射が起きやすいとされています．また，図13.7(b)のようなビアも，直角曲げと同じようにインピーダンス変化を起こし，反射が起きるといわれています．つまり，角は円弧にして，部品面だけで配線するのが理想的です．

しかし，現実には円弧配線は大変なので，図13.7(c)のように45°で曲げます．これならパターン幅の変化も少なくなります．また，ビアの使用は最小限にして，同一層で配線するように心がけましょう．

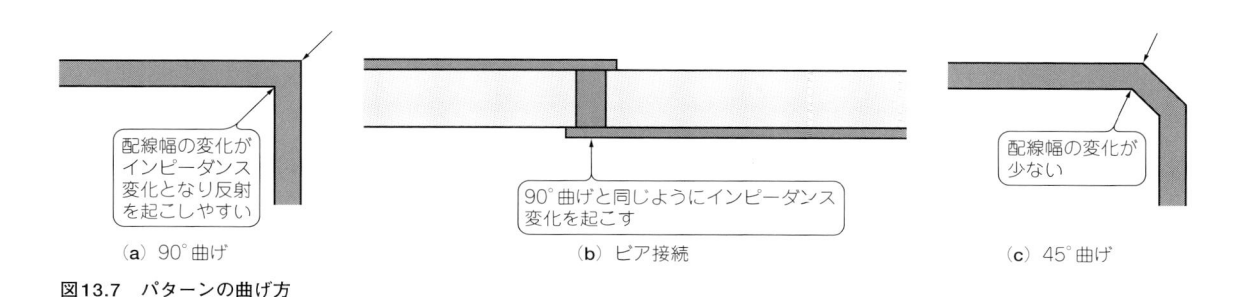

(a) 90°曲げ　　(b) ビア接続　　(c) 45°曲げ

図13.7　パターンの曲げ方

13.2.8　ビアの内層逃げ穴で内層にスリットを作らない

図13.8(a)に示すように，ランド径0.66 mm (26 mil)，ドリル径0.35 mmの小径ビアの内層逃げは，穴径1 mm～1.2 mmです．SOP ICなどのピン・ピッチに合わせて，図13.8(b)のようにビアを1.27 mm (50 mil) 間隔で直線状に並べると，内層にスリットが生じたり，最悪の場合は一部のベタ・パターンが分離されてしまいます．

このようなスリットができないようにするには，図13.8(c)のように千鳥状にビアを配置するなどして配置間隔を空けます．

0.35 mmのドリルを1 mm径の中に通すことに自信のない基板メーカが，勝手に逃げ穴を大きくしてしまうこともあるので，きちんと確認して指示する必要があります．

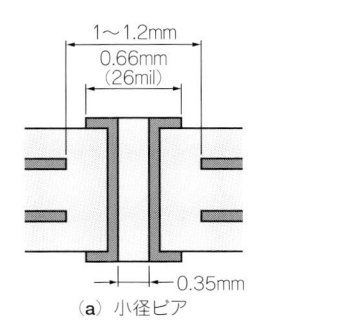

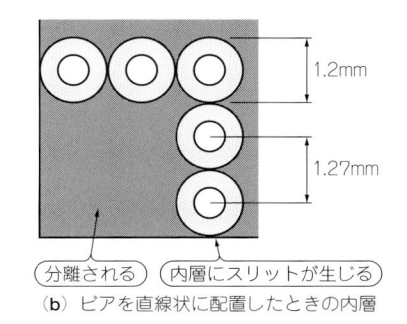

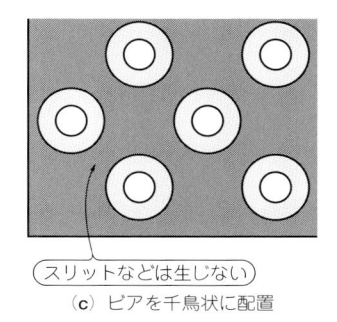

(a) 小径ビア　　(b) ビアを直線状に配置したときの内層　　(c) ビアを千鳥状に配置

図13.8　ビアの内層逃げによるスリットの発生

13.2.9 とにもかくにも短い配線が最適解！

実験データやシミュレーション結果から認められるように，せいぜい100 mm以下の短い配線こそがノイズ対策の王道であることはいうまでもありません．この意味でも，多層基板を利用して最短ルートで配線したり，図13.9のように配線しやすいようにFPGAなどのピン配列を最適化することなどが極めて重要です．

また，クロックなどの配線はできるだけ1：1配線となるように，FPGA/PLDやクロック・ドライバなどを利用して工夫しましょう．

また，バス接続する場合は一筆書き配線が基本です．図13.10(a)のようなT型配線は，接続部で反射が起きやすいとされています．図13.10(b)のような一筆配線を心がけます．

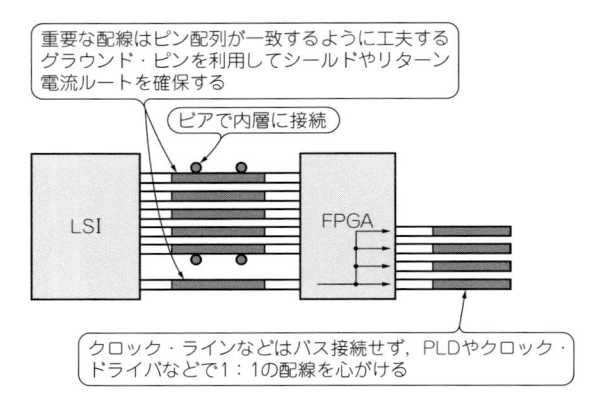

図13.9 最短接続した配線例

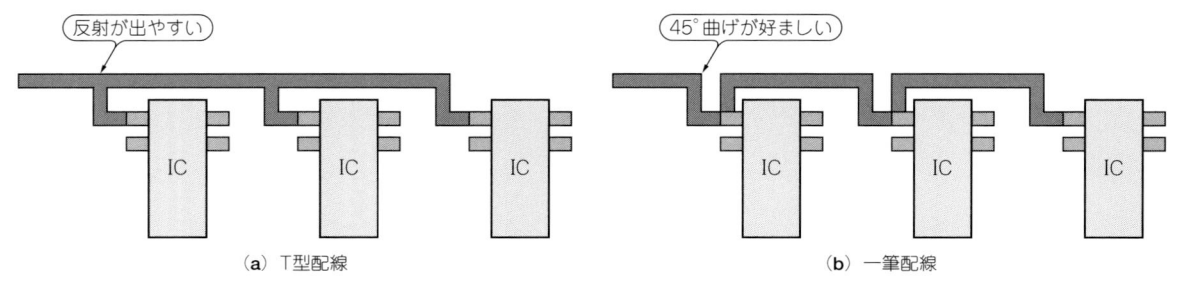

図13.10 一筆配線を心がけよう！

13.2.10 デバイスの選択を工夫する
● 高速性が必要ない回路は低速デバイスを使用する

高速デバイスは信号の変化速度が速いので，回路のインダクタンスが大きく影響します．そこで，とくに高速性が必要ない部分は，HC-CMOSなどの遅いデバイスをできるだけ使うようにします．

後述する実験では，74VHCシリーズと74ACシリーズの比較を行いましたが，大きな差は確認できませんでした．

13.2 高速ディジタル回路基板設計のポイント

● **できるだけ表面実装デバイスを使用する**

リード部品のリードはインダクタンス分となり，悪影響を及ぼす場合があります．ですから，高速ディジタル回路はできる限り表面実装デバイスで構成します．

ソケットの使用はもっとも悪い結果を招くとされているので，ソケットを使用するときは注意してください．

● **クロック・ラインやバス・ラインにはダンピング抵抗やフェライト・コアが効果的**

直列終端として先に説明しましたが，クロック・ラインやバス・ラインには最も効果的で，低コストな終端方法です．

▶ ライン上にパッドを用意しておいて，ノイズを測定しながら調整する

一般には，たとえば図**13.11**のように1608サイズのパッドをクロック・ラインなどに設けておき，0Ω抵抗でショートしておきます．そして，ノイズを測定しながら，必要に応じて数十Ωの抵抗に置き換えます．適切な周波数特性をもつフェライト・コアを使用してもよいでしょう．

抵抗やフィルタが必要ない場合，量産に移る前に基板メーカに依頼すれば，わずかな費用でパッド間をショートしてもらえます．

▶ ダンピング抵抗は出力端子の近傍に配置する

基本的に，ダンピング抵抗は出力端子の近傍に配置しなければなりません．データ・バスなど双方向の場合には，全端子の近傍に10Ω程度の抵抗を配置します．

終端抵抗と同じことですが，ダンピング抵抗の挿入は伝達特性を下げ，速度を落とすことにつながります．スキューなどが問題になる場合は，抵抗値や配線長に注意が必要です．

● **外部との入出力部分にも直列抵抗やフェライト・コアを使用する**

図**13.12**に示すように，可能なら入力部には1 k～10 kΩ程度の直列抵抗を挿入します．これによって静電ノイズから素子を保護したり，ノイズの流出を防げます．また，出力部からのノイズの流出には，電流容量の大きいフェライト・コアなどの使用が適切です．

ただし，電源層や他の配線とコネクタ部との間にスペースを取らないと，C結合でノイズの進入を許してしまいます．

このあたりの詳細は，村田製作所のWebページに詳しく紹介されているので，参考にしてください．

● **パスコンはケチらない**

可能なら各ICの電源端子の数だけ，パスコンを配置しましょう．

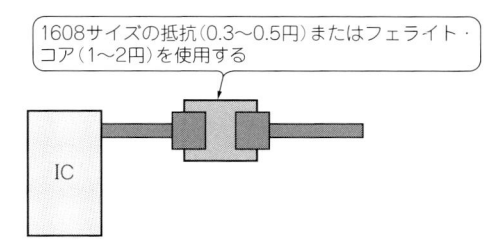

図13.11 ライン上に1608サイズのパッドを用意する

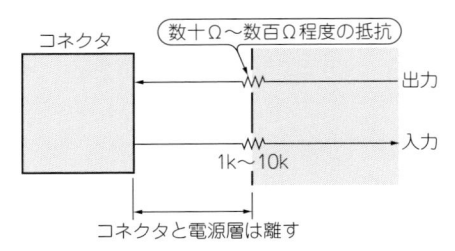

図13.12 コネクタ接続部の処理

13.2.11　配線を工夫する

● バス・ラインと他の信号線は距離を1mm以上とる

　CPUなどが制御するバス・ラインは，信号が安定してから読み取られるので，相互のクロストークはあまり問題になりません．しかし，CPUとタイミングが無関係な信号線とバス・ラインとの間では，有害な影響がでる場合があります．そこで，バス・ラインと他の信号線は，並行配線にならないようにするか，ギャップを1mm以上とるようにします．

● 等長配線を心がける

　クロックの分配やCPUなどの制御信号は，できるだけ等長配線を心がけましょう．配線長が100mm違えば，信号の伝達速度に0.6nsの差が出ます．

　後述する実験では，等長配線する代わりに直列終端抵抗を50〜100Ωに調整することで，1nsのスキュー調整ができることを紹介します．

13.2.12　覚えておくべき基本的な数値

▶マイクロストリップ・ラインの信号速度

　マイクロストリップ・ラインの信号は6nsで1m進む．

▶パターンの仕上がり幅

　0.15mmでパターン設計すると，エッチング後のパターン幅は0.1mm程度にやせる．

▶マイクロストリップ・ラインのインピーダンス

　絶縁層の誘電率4.8で，絶縁層の厚みが0.4mmなら，パターン幅0.1mmでインピーダンスは100Ωとなり，パターン幅0.7mmで50Ωとなる．絶縁層の厚みが0.2mmなら，パターン幅0.1mmでインピーダンスは80Ωとなる．

▶ストリップ・ラインのインピーダンス

　絶縁層の誘電率4.8で，絶縁層の厚みが0.4mmなら，パターン幅0.12mmでインピーダンスは50Ωとなる．

▶クロストークとパターン間隔/絶縁層厚の関係

　クロストークは，パターン間隔を1mmとすると0.15mmのときの1/10以下となり，それ以上離しても効果はあまりない．また，マイクロストリップ・ラインの絶縁層厚を1.5mmから0.2mmにすると，クロストークは1/10以下になる

13.3 高速回路の実測例

▶配線容量

パターン幅0.1 mmで絶縁層厚が0.2 mmのマイクロストリップ・ラインの配線容量は0.3 pF/cm．

パターン幅0.1 mmで絶縁層厚が0.24 mmのストリップ・ラインの配線容量は2 pF/cm．

パターン幅0.1 mmでパターン・ギャップが0.2 mmのときの配線容量は0.3 pF/cm．パターン・ギャップが1 mmなら0.01 pF/cm．

▶自己インダクタンスと相互インダクタンス

パターン幅0.1 mmのパターンの自己インダクタンスは8〜16 mH/cm．

パターン・ギャップが0.2 mmのときの配線間相互インダクタンスは6 mH/cm．

13.3 高速回路の実測例

13.3.1 実験基板の概要

図13.13(a)は，実験基板のパターン図です．配線長や配線の引き回し条件などを変えたパターンを作りました．また，**図13.13**(b)は，実験基板の断面図です．それぞれの配線長について，マイクロストリップ・ライン構成の有無や，パターン周辺のグラウンド・シールドの有無などの条件を変えています．

図13.13(b)の248 Ωラインは，配線の下にまったくグラウンド層がない場合を想定したものです．また，144 Ωラインは，両面基板を使って配線の1.6 mm下と周囲にグラウンド層がある場合を想定したものです．100 Ωラインと50 Ωラインは，配線の0.44 mm下に内層のグラウンド層がある場合と，それ

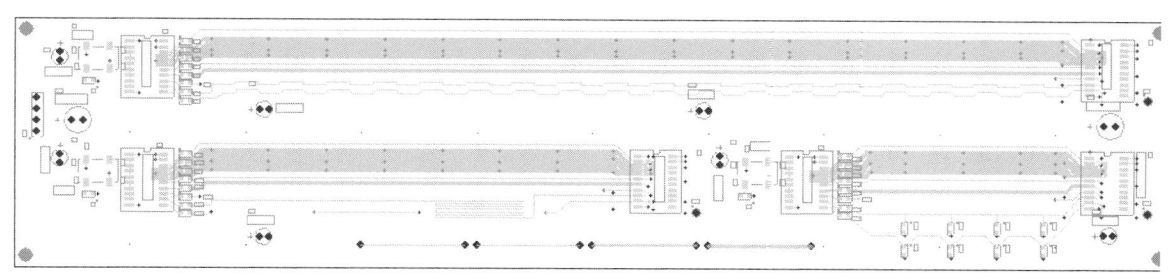

(a) パターン図

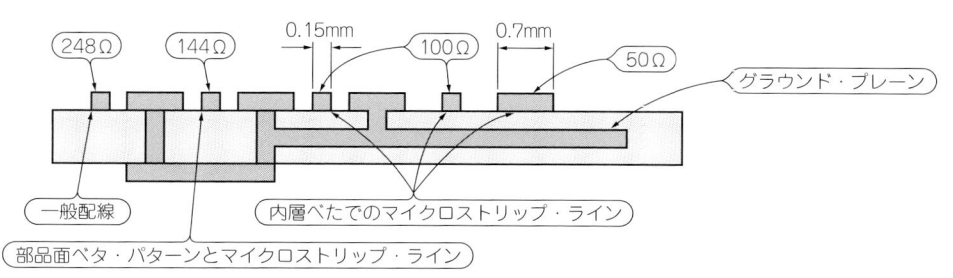

(b) 断面図

図13.13 製作した実験基板の構造

第13章

れの周囲をグラウンド・ベタで囲んだ場合を想定したものです．

　この基板の層厚やターゲット・インピーダンスなどの情報は，㈱キョウデンのご厚意で提示していただきましたが，伝送シミュレータの結果や図13.1の計算式で計算したインピーダンスとほぼ一致しています．

13.3.2　パターンによる伝送信号変化の観測

　先に説明した実験基板を使って図13.14のような回路を構成し，パターンや終端の条件を変えながら伝送波形を観測しました．使用するオシロスコープの能力や測定系の限界があるので，信号の周波数を4MHzに抑えて，クロック信号に対する反射波形を見てみます．

● マイクロストリップ・ラインを使うと反射が少ない

　図13.15は，終端していない配線長200mmの各パターンについて，クロック波形を観測したものです．この図から，一般配線と比べてマイクロストリップ・ラインの反射レベルがわずかに低いことが読み取れます．

● 直列終端は反射の低減に有効

　図13.16は，図13.15と同じパターンに，51Ωの直列終端を加えた場合のクロック波形です．50Ωのマイクロストリップ・ラインに直列終端を加えた場合の反射が，とくに低減されていることがわかります．

● 配線は短いほうがよい

　図13.17は100Ωのマイクロストリップ・ラインについて，配線長が50mmと200mmの場合の波形を観測したものです．直列終端の有無もパラメータとしました．

　終端がない場合は，50mmの場合も200mmの場合も反射の減衰時間には差があるものの，反射波形のレベルはそれほど差がありません．しかし，51Ωで直列終端すると，配線が短いほうがより効果的に反射が収まっていることがわかります．

● デバイスが高速だと反射が大きくなる

　図13.18は，74AC541よりも高速な東芝の74VHC541を使ったときのクロック波形です．図13.18（a）は比較用で，74AC541を使ったときの波形です．

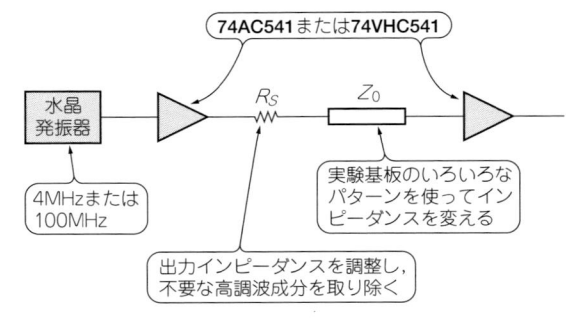

図13.14　実験回路

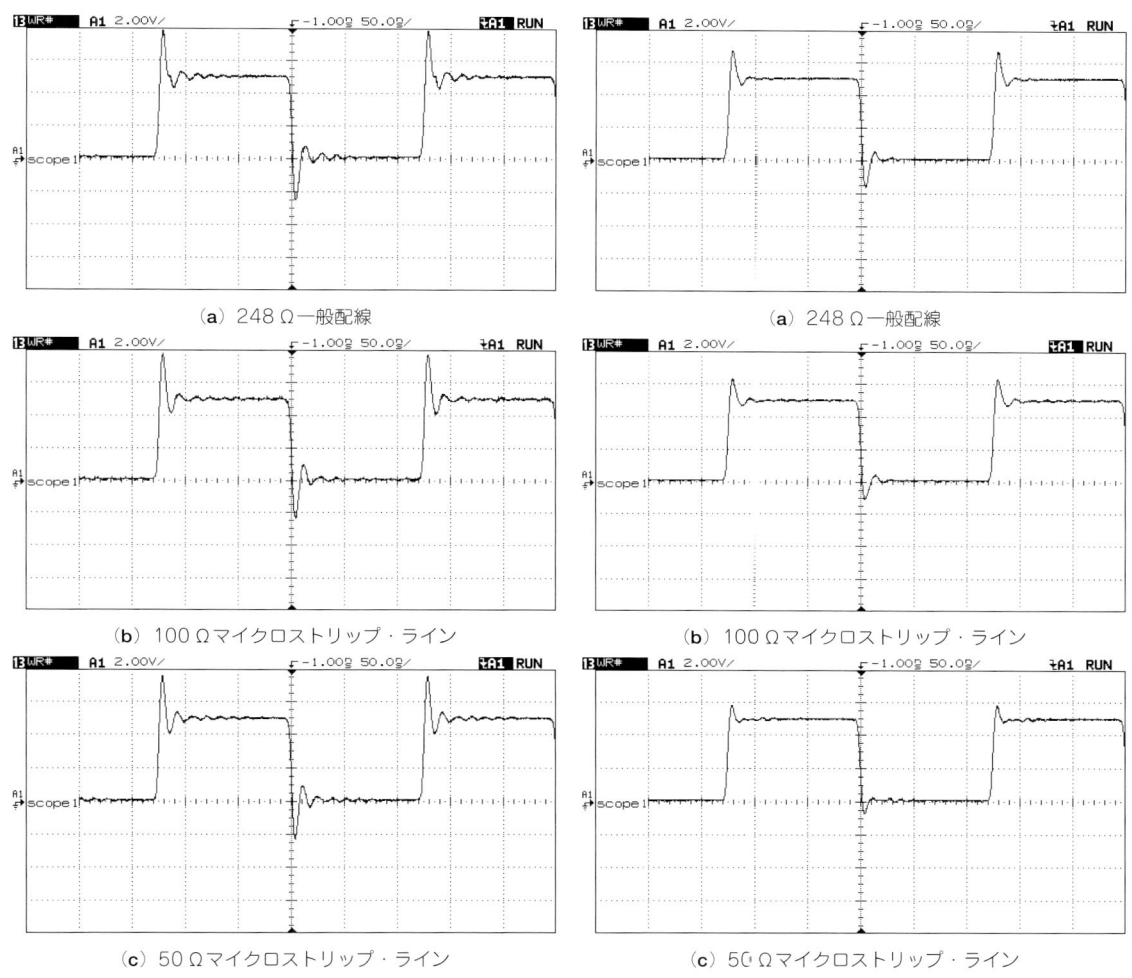

13.3 高速回路の実測例

(a) 248 Ω 一般配線

(a) 248 Ω 一般配線

(b) 100 Ω マイクロストリップ・ライン

(b) 100 Ω マイクロストリップ・ライン

(c) 50 Ω マイクロストリップ・ライン

(c) 50 Ω マイクロストリップ・ライン

図13.15 終端していない配線長200 mmのパターンにおけるクロック波形(2 V/div., 50 ns/div.)

図13.16 51 Ωで直列終端した配線長200 mmのパターンにおけるクロック波形(2 V/div., 50 ns/div.)

図13.18(a)と図13.18(b)を比較すると，デバイスが高速なぶんだけ，74VHCタイプのほうが反射レベルが少し大きいのが見受けられます．また，図13.18(b)と図13.18(c)を比べると，配線インピーダンスの低下とともに，反射レベルが低下していることがわかります．

図13.18(d)は，図13.18(c)と同じインピーダンス条件で，51 Ωの直列終端を加えた場合です．反射レベルがかなり低下していることがわかります．

● 直列終端すると遅延が発生する

図13.19は，74VHC541を使って248 Ωの一般配線にクロック信号を通したときの，終端方法の違いによる伝達遅延を調べたものです．

51 Ωだと1 ns程度，100 Ωだと2 ns程度の遅れが見られます．100 mm配線すると信号が0.6 ns遅れ

191

第13章

(a) 配線長50 mm，直列終端なし

(a) 100 Ωマイクロストリップ・ライン，直列終端なし，74AC541

(b) 配線長50 mm，51 Ω直列終端

(b) 100 Ωマイクロストリップ・ライン，直列終端なし，74VHC541

(c) 配線長200 mm，直列終端なし

(c) 50 Ωマイクロストリップ・ライン，直列終端なし，74VHC541

(d) 配線長200 mm，51 Ω直列終端

(d) 50 Ωマイクロストリップ・ライン，51 Ω直列終端，74VHC541

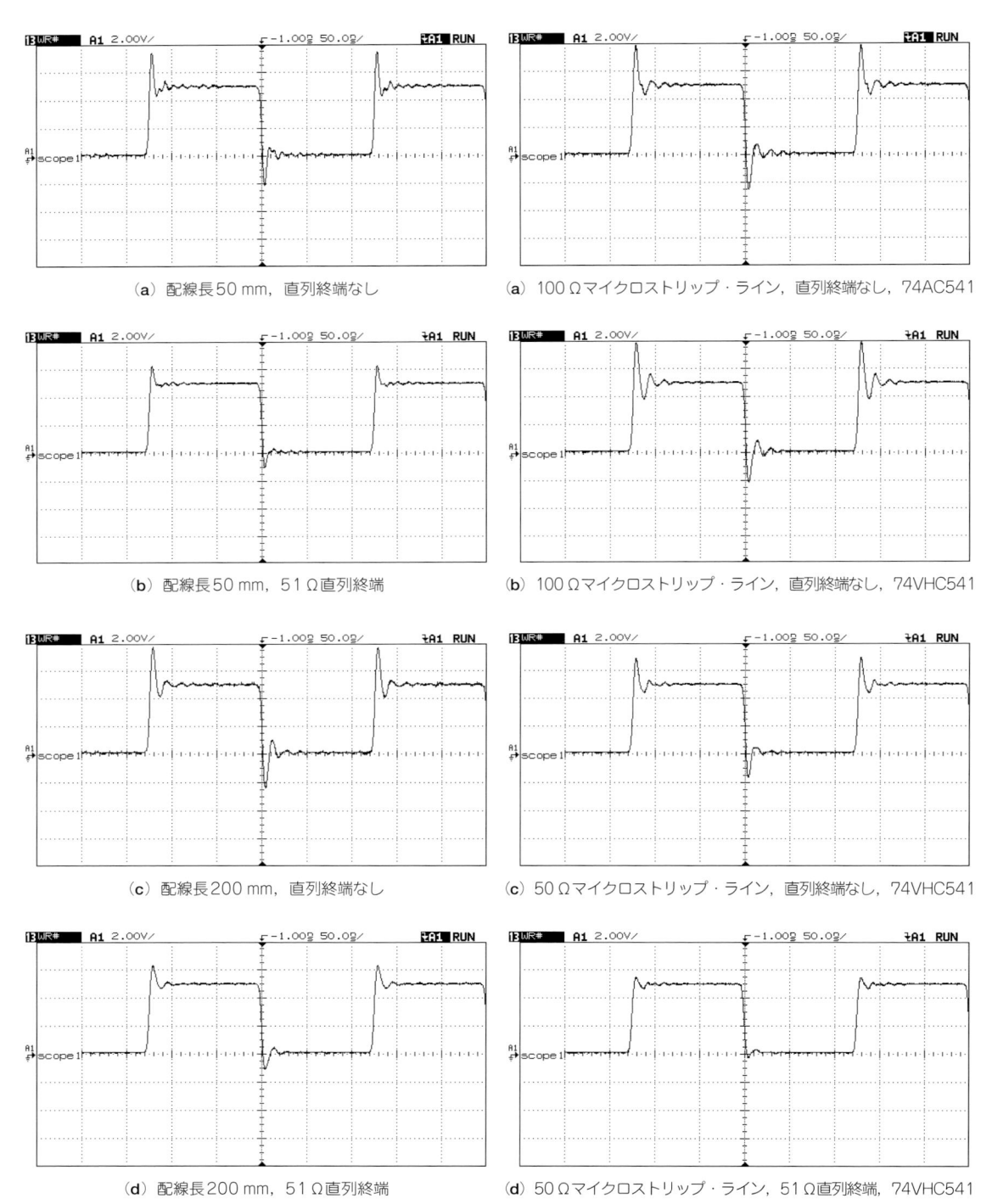

図13.17 100 Ωマイクロストリップ・ラインの長さを変えたときのクロック波形の変化（2 V/div., 50 ns/div.）

図13.18 デバイスの違いによるクロック波形の変化（配線長200 mm，2 V/div., 50 ns/div.）

(a) 直列終端なし

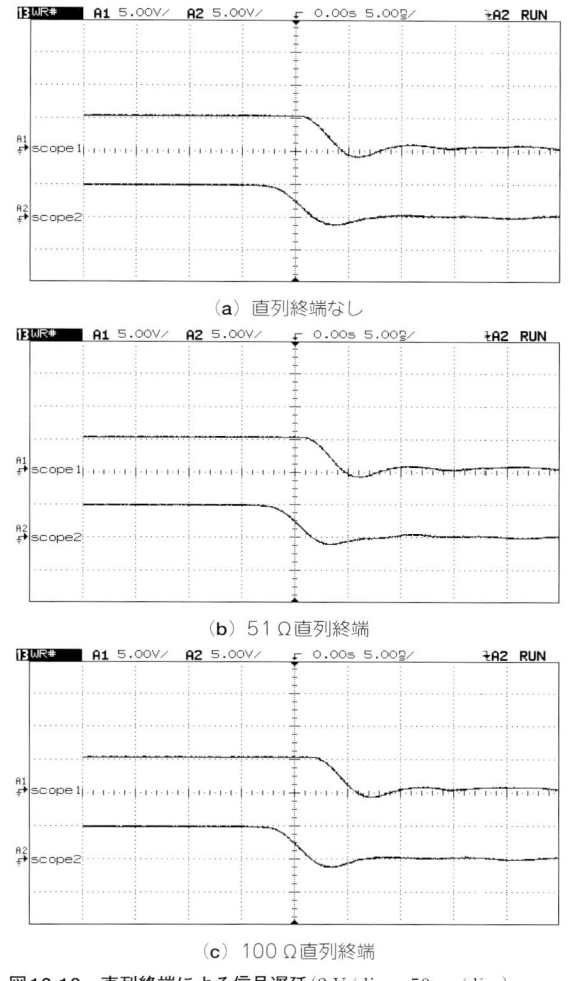

(b) 51Ω直列終端

(c) 100Ω直列終端

図13.19 直列終端による信号遅延(2 V/div., 50 ns/div.)

ますが，場合によっては配線長でスキューを調整するより，直列終端で調整するのも一考かもしれません．

13.3.3 放射ノイズの測定

シミュレーションやオシロスコープによる波形観測では，反射波の減衰などが確認でき，ノイズ低減を期待できます．しかし，実際の高周波ノイズ・レベルはわかりません．そこで，山梨県立産業技術短期大学のご配慮により，スペクトラム・アナライザと電波暗室を借用して測定しました．

ただし今回は，簡易な測定で回路やデバイスの違いによる放射ノイズの差を求めただけです．正式なEMI測定手法には沿っていませんし，アンテナ校正なども省略しています．あくまでも回路の差とノイズ・レベルを比較したものと考えてください．

第13章

(a) 電波暗室

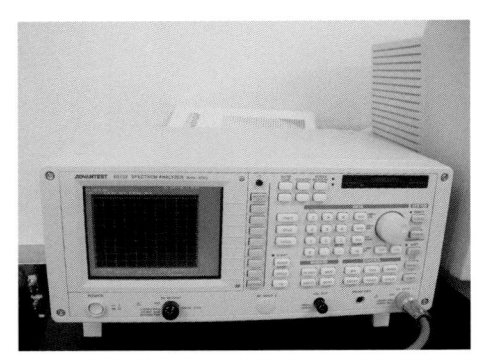

(b) スペクトラム・アナライザR3132[㈱アドバンテスト]

写真13.1 EMI測定環境(協力：山梨県立産業技術短大)

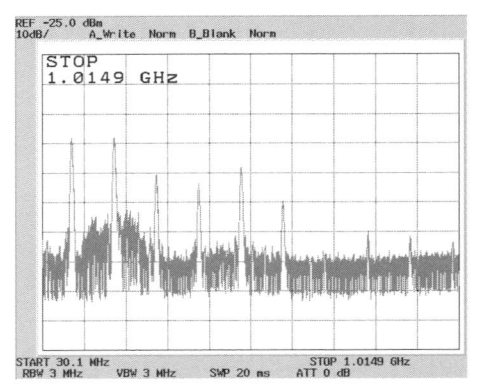

(a) 248Ω一般配線

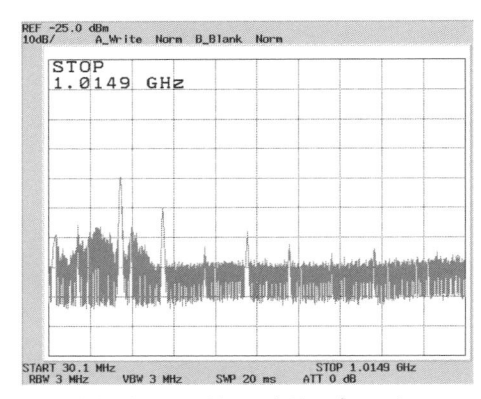

(b) 100Ωマイクロストリップ・ライン

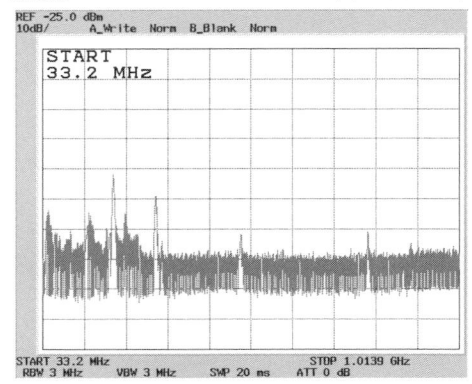

(c) 50Ωマイクロストリップ・ライン

図13.20 一般配線とマイクロストリップ・ラインの放射ノイズの差

写真13.1は，今回使用した電波暗室とスペクトラム・アナライザです．

● マイクロストリップ・ラインはノイズ低減に効果大

図13.20は，配線長200 mmでインピーダンスが248Ω，100Ω，50Ωの各パターンに，100 MHzの

クロック信号を通した場合の放射ノイズです．ドライバには74VHC541を使用し，パターンは51Ωで直列終端しています．

この測定結果から，マイクロストリップ・ラインを構成したパターンのほうが，放射ノイズが低いことがわかります．また，インピーダンスが低い50Ωラインのほうが，わずかですが放射ノイズが低いようにも見えます．

● 直列終端も放射ノイズ低減に効果がある

図13.21は，直列終端の有無による放射ノイズの変化を測定したものです．クロックは4MHzです．

248Ωの一般配線では，ノイズ・レベルが高いため終端抵抗の効果が限定的ですが，終端があるほうが放射ノイズが低いことがわかります．また，マイクロストリップ・ラインを構成した配線では，高周波域でのノイズは終端抵抗の有無にかかわらず低いものの，低周波域には終端抵抗の効果が見られます．

● 配線長が短いほど放射ノイズが低くなる

図13.22は，配線長の違いによる放射ノイズの差を測定したものです．248Ωの一般配線と50Ωのマ

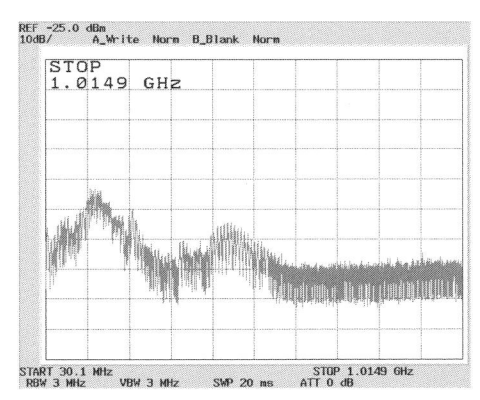

(a) 248Ω一般配線，直列終端なし

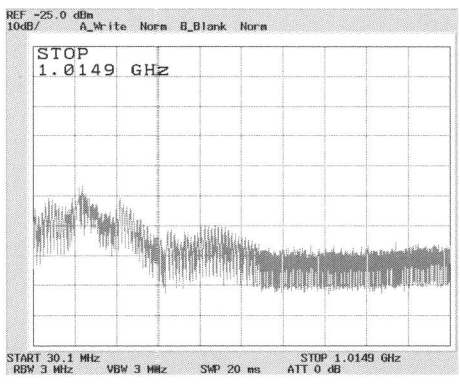

(b) 248Ω一般配線，51Ω直列終端

(c) 100Ωマイクロストリップ・ライン，直列終端なし

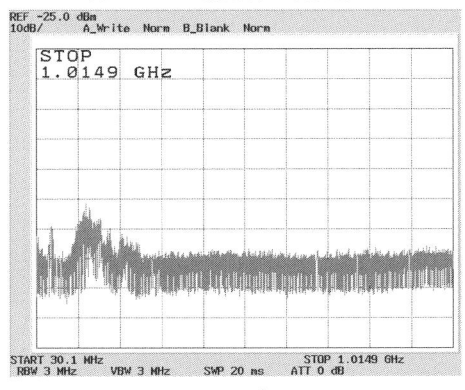

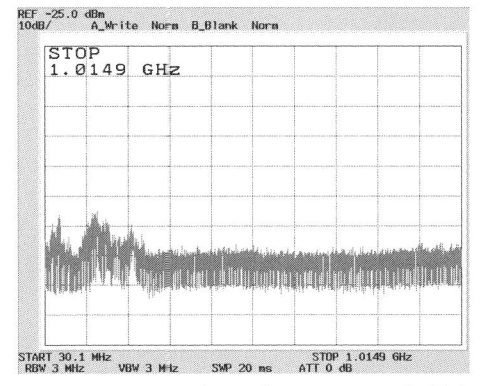

(d) 100Ωマイクロストリップ・ライン，51Ω直列終端

図13.21 直列終端の有無による放射ノイズの差

第13章

イクロストリップ・ラインについて，配線長が200 mm，100 mm，50 mmの場合の放射ノイズを測定しました．クロック周波数は100 MHzで，終端はしていません．

マイクロストリップ・ラインを構成するよりも，配線長を短くしたほうが放射ノイズが少なくなっ

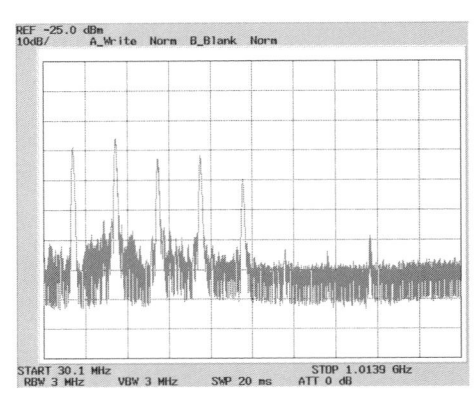

(a) 248 Ω一般配線，配線長200 mm

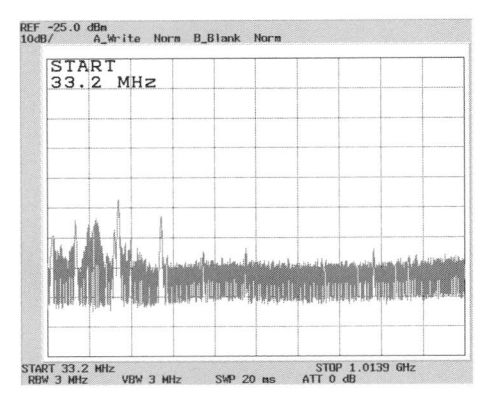

(b) 248 Ω一般配線，配線長100 mm

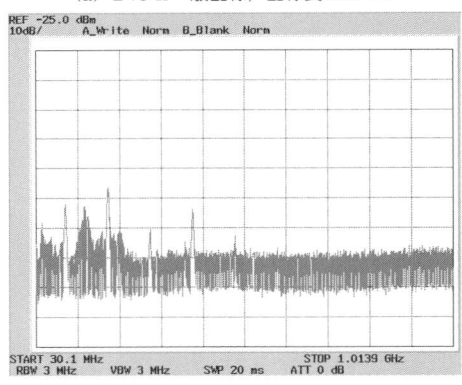

(c) 248 Ω一般配線，配線長50 mm

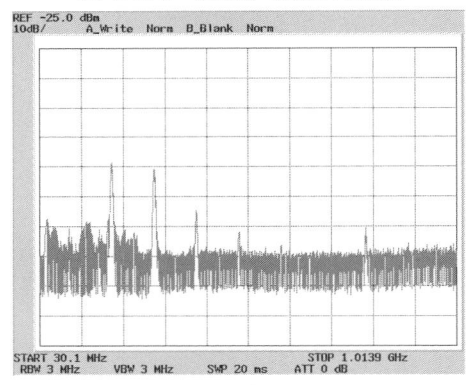

(d) 50 Ωマイクロストリップ・ライン，配線長200 mm

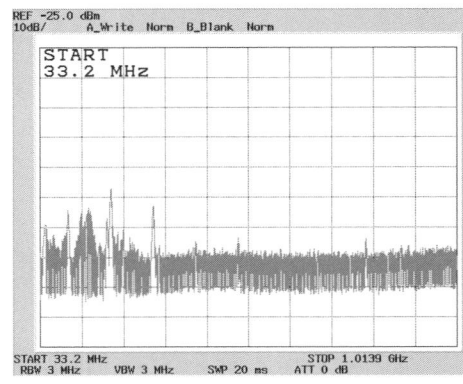

(e) 50 Ωマイクロストリップ・ライン，配線長100 mm

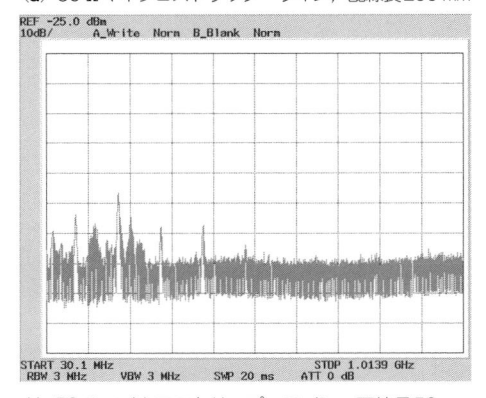

(f) 50 Ωマイクロストリップ・ライン，配線長50 mm

図13.22　配線長の違いによる放射ノイズの差

ていることがわかります．

● 低電圧デバイスの使用も放射ノイズ低減に効果がある

図13.23はデバイスの立ち上がり/立ち下がり速度の違いと，電源電圧の違いによる放射ノイズの変化を測定したものです．

電源電圧を5Vから3.3Vに落とすと，明らかに放射ノイズが低下しているのがわかります．また，終端をしない場合は，デバイスによる差はあまり出ていません．しかし，51Ωで直列終端した場合は，立ち上がり/立ち下がり速度の遅い74AC541のほうが放射ノイズが低いことがわかります．

13.3.4 実験結果の要約

ここでは，測定したデータの一部しか示していません．また，時間と予算の関係で，簡略な測定しかできませんでしたが，おおよそ期待どおりの結果が得られたと思います．以下に要点を示します．
(1) 終端抵抗を使用しなくても，配線長が100 mm以下のマイクロストリップ・ラインならばノイズ・レベルを抑えられる．

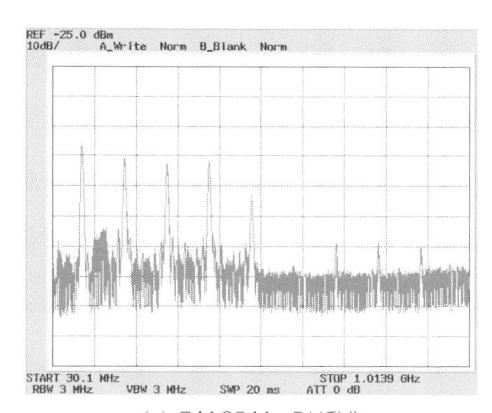

(a) 74AC541, 5V動作

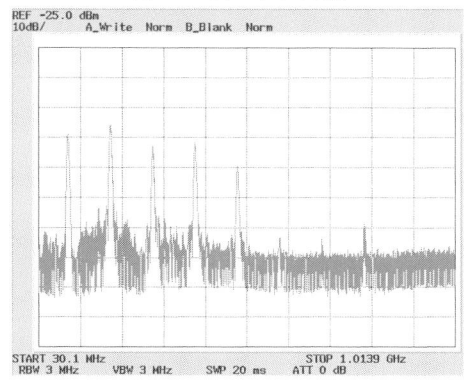

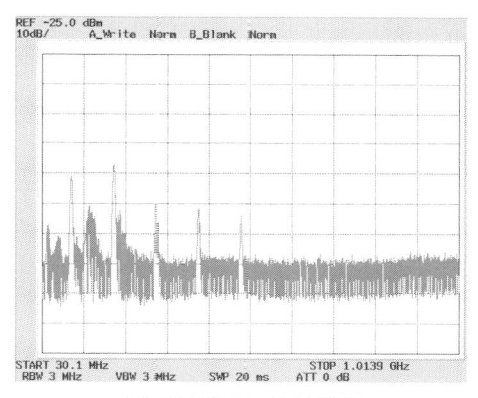

(b) 74AC541, 3.3V動作

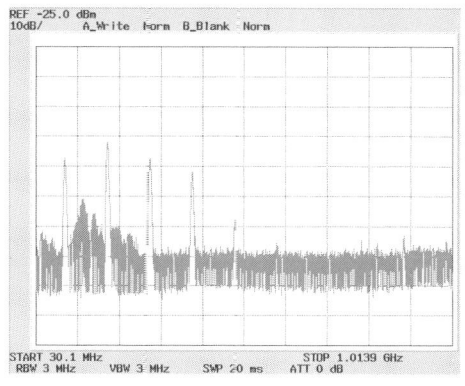

(c) 74VHC541, 5V動作

(d) 74VHC541, 3.3V動作

図13.23 デバイスの違いや動作電圧による放射ノイズの差

(2) 配線インピーダンスの完全なマッチングにこだわるよりは，できるだけ配線インピーダンスを下げたパターンを構成したほうがコスト的に有利である．今回は，信号層とベタ層のスペースを 0.44 mm として実験したが，スペースを 0.2 mm，パターン幅を 0.15 mm として，インピーダンスを 80 Ω 程度に設計するのが一般の CMOS デバイスには効果的である．また，クロック・ラインは配線幅を 0.6 mm 程度にして，インピーダンス 50 Ω を狙うのが好ましい．

(3) スキュー調整のため，等長配線をして配線長を長いほうに合わせるよりは，短く配線できるものは短く配線してしまい，直列終端の抵抗値でスキューを調整するという考えも必要である．

参考文献
(1) 久保寺 忠；高速ディジタル回路実装ノウハウ，2002年9月15日，CQ出版（株）．
(2) 村田製作所のウェブ・ページ．
 http://www.murata.co.jp/

第14章
高周波用基板設計におけるノウハウ

広いリビングや子供部屋にゆったりとした寝室，そして物入れ…．自分の家を建てるときはいろんな思いが膨らみます．でも現実には，土地の面積や予算などの関係で，限られた条件の中で間取りを決めることになります．

時間をかけて何度も図面を引いて，やっと納得のいく間取りができたとしても，「ああすれば良かった」とか「こうすれば良かった」と，後から不満が出てくるものです．間取りはうまくできたものの，基礎工事の手抜きで家が傾いたり，揺れたりという最悪の結果になることもあります．

高周波用のプリント基板を作る場合も，これとよく似ています．回路ブロックや部品の配置など最初の構想検討が不十分だと，回路の動作が不安定になったり，トラブルを解決するために何度もプリント基板を修正することになります．最初からやり直したほうが早かったということもあるくらいです．すべてのプリント基板設計に言えることですが，高周波プリント基板ではとくにこの傾向があります．

高周波プリント基板を設計するときの注意点はたくさんあります．しかし，数十MHzで動作するラジコンの受信部のプリント基板のように，ラフにレイアウトして結線してもそこそこ動作する場合もあれば，12 GHzを扱うCSチューナのように，部品パッドやプリント・パターン長による影響に細心の注意を払わなければならない場合もあります．すなわち，状況に応じて，対応方法を考慮することも重要です．

本章では，高周波基板を設計するときに意識すべき事柄を説明したのち，高周波回路設計の重要なポイントの一つであるプリント・パターンの長さとビアの位置が特性に与える影響について説明します．

第14章

14.1 高周波用プリント基板の設計で知っておきたいこと

14.1.1 高周波プリント基板を作るときの三つの心得

　最近は，高周波回路とディジタル回路が同じプリント基板に実装されたシステムが増えました．このようなプリント基板では，高周波回路部だけなら何とか動作するものの，ディジタル部を動かした途端に，回路動作が不安定になってしまうという問題が起きています．この原因の一つは，ディジタル回路が発生するノイズの高周波回路への干渉です．

　こういった事態に陥らないためには，高周波回路ブロックとディジタル回路ブロックを分離する方法を考えて，プリント基板を作る前にしっかりと構想を練ることがとても重要です．ではここで，高周波プリント基板を設計するときの心得をまとめておきましょう．

(1) 見た目に美しいこと

　回路のつながりや信号の流れが，回路図だけでなくプリント基板にもきれいに表現されていることが重要です．得てして，そういった高周波基板は性能も良いものです．

(2) 手抜き設計をしないこと

　単に部品間を結線しただけでは，回路はほとんど安定に動作しません．

(3) 時間勝負のプリント基板設計をしないこと

　「時間がないから次の試作で何とかすればいいや」と，安易な気持ちで設計すると，いつまでたっても動作するプリント基板は完成しません．

14.1.2 高周波プリント基板設計の常識

　高周波基板を設計するときに，知っておきたい具体的な事柄を下記にまとめてみました．

● プリント・パターンの長さが特性に影響する

　最近は，伝送速度がGビットなんていう高速動作のディジタル回路も現れました．これらのプリント基板は，高周波の基板技術が基礎になって作られています．例えば，高周波基板ではあたりまえのストリップ・ラインが高速ディジタル信号の伝送線路用に使われていたり，線路の長さを調整して伝播遅延時間の補正用としてライン長で調整しています．

　高周波のプリント基板を設計した経験のない人が一番理解しにくいのが，プリント・パターンの長さでしょう．高周波のプリント・パターンを描いて見るとわかると思いますが，部品配置によって大きく特性が変化します．

● グラウンドは大きなベタにする

　銅はく面全体がグラウンドの層を設けて，そこにビア接続するベタ・グラウンドも，高周波回路のプリント基板の特徴です．これは，高速ディジタル基板にも共通して言えることです．

　1本の細いプリント・パターンでグラウンドを描くようなことは，高周波では好ましくありません．

● 部品のグラウンド端子は最短でグラウンド層に接続する

　部品のグラウンド端子のパッドのすぐ近くには，ビアを打ってグラウンド層と最短で接続します．

- **信号線は最短配線する**

  むやみに長く配線してはいけません．最短の結線が望まれます．
- **回路間の結合を小さくする**

  フィルタの入出力間やアンプの入出力間など，回路間を分離することを意識する必要があります．これは，オーディオ回路でいうクロストーク対策に相当します．

14.1.3 高周波回路基板の設計ステップ

高周波回路基板の設計の手順を大まかに整理すると，次のようになります．

(1) 筐体の外形制約から基板寸法を決める
(2) プリント基板の外形やライブラリなどのデータを作成する
(3) 高周波回路部と信号処理部の実装場所を決める

高周波部とアナログ／ディジタル信号処理部に分けて実装します．分け方には，次の二つの方法があります．

　(a) 表と裏をそれぞれ高周波部とディジタル信号処理部に割り当てる

　　高周波回路部にディジタル回路のノイズが入りやすいため，高周波回路の裏側にディジタル回路を配置する場合には，同じ位置関係にならないよう十分注意する必要があります．

　(b) 基板の半分を高周波部，半分を信号処理部に割り当てる

　　高周波部への制御信号の引き回しが長くなると，ディジタル回路のノイズの影響を受けやすくなります．

(4) 基板に部品を配置する

高周波回路基板設計で最も重要な作業です．グラウンド・ビアや接続ビアの面積も含めて，おおよその部品間スペースを確保しておくことが大切です．部品を隙間なく詰め込んでしまうと，グラウンド・ビアや接続ビアが打てなくなります．高周波回路は，部品配置で性能が大きく変化します．

(5) 結線作業

プリント・パターンの結線のほかに，ラインのインピーダンスを調整したり，グラウンド・ビアを施します．

(6) 結線チェック

基板データが完成したら，デザイン・ルール・チェックをします．プリント・アウトして，配線などに設計ミスがないか念入りに確認しましょう．面付けの必要があれば，面付けをして基板製造メーカにデータを提出します．

14.2　実際の高周波回路基板に見る設計のヒント

14.2.1　プリント・パターンで受動部品の機能を実現している

写真14.1に示したのは，1.5 GHz帯のRFアンプが実装されたプリント基板の外観です．図14.1に回路図を示します．雑音指数が約0.6～0.7 dBと低ノイズです．

第14章

　基板の中央部付近に見えるのは，富士通（株）のHEMT（High Electron Mobility Transistor）FHC30FAです．

　図14.1のMSと表記してある部品は，マイクロストリップ・ラインです．コンデンサやコイルの機能は，このマイクロストリップ・ラインで実現されているので，いわゆる受動部品はあまり使われていません．たとえば，写真14.1のHEMTのゲートに垂直に引かれたプリント・パターン（オープン・スタブ）は，コンデンサの働きをしています．

　アンプの安定度を考慮して利得を得ることが重要で，入力回路はΓ_{opt}（NF最小点）に合わせ込んでいます．出力回路は，インピーダンスが50Ωに整合するように設計します．

　整合用の素子もプリント・パターンで作るので，基板設計の際は，長さと幅をぴったり合わせる必要があります．

14.2.2　信号の流れにそって部品が並び，最短で配線されている

　写真14.2に示したのは，800 MHz帯のRFアンプが実装されたプリント基板の外観です．図14.2に回路図を示します．NEC化合物デバイス㈱の低ノイズ・トランジスタ 2SC5185が使われています．

　写真14.2を見るとわかるように，信号の流れに沿って部品が並べられています．そして，部品間が短くなるように配線されています．

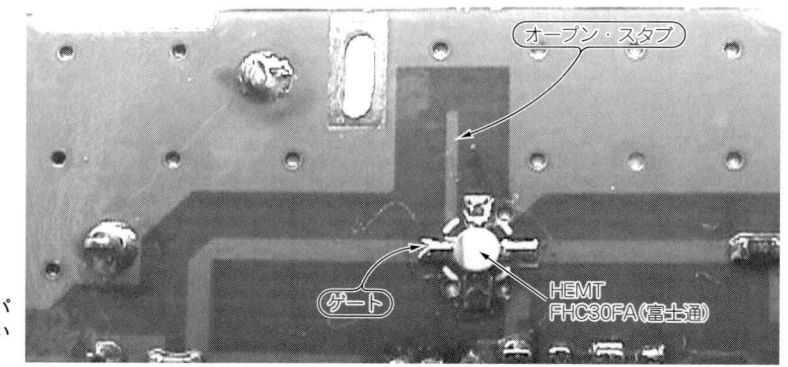

写真14.1　高周波基板ではプリント・パターンで受動部品の機能が実現されている（1.5 GHz帯のRFアンプ）

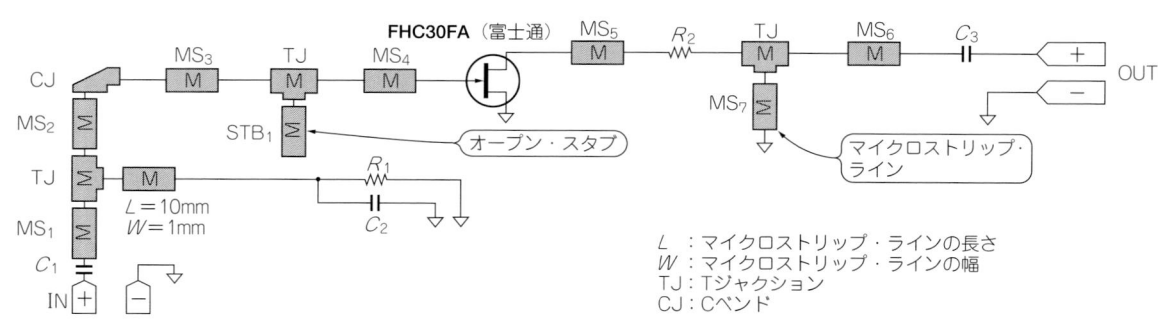

L：マイクロストリップ・ラインの長さ
W：マイクロストリップ・ラインの幅
TJ：Tジャクション
CJ：Cベンド

図14.1　写真14.1の1.5 GHz帯RFアンプの回路

14.2 実際の高周波回路基板に見る設計のヒント

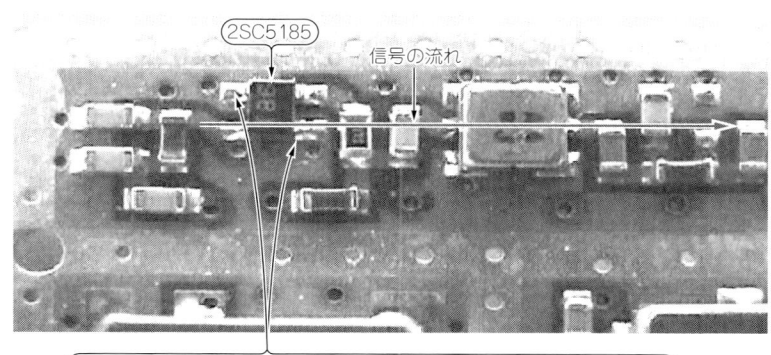

写真14.2 高周波基板では信号の流れに沿って部品が並べられている
（800MHz帯のRFアンプ）

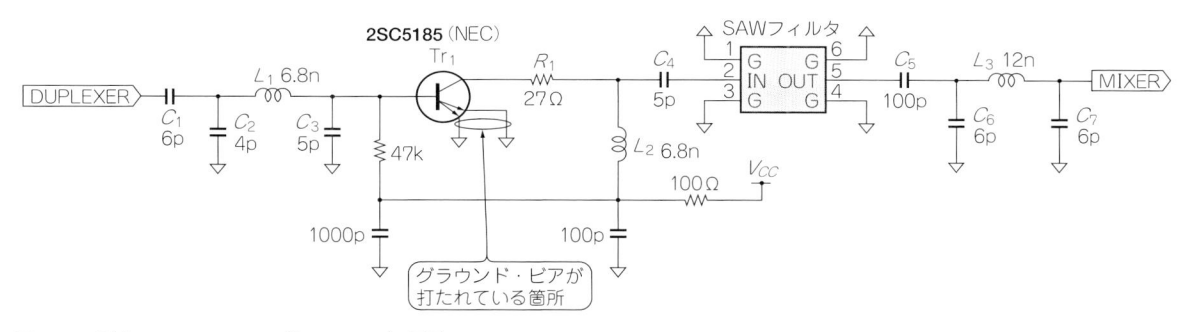

図14.2 写真14.2の800MHz帯RFアンプの回路

14.2.3 エミッタ端子の近くにグラウンド・ビアが打たれている

写真14.2に示す高周波トランジスタ 2SC5185は，2本のエミッタをもつ4ピンのミニモールド・タイプです．エミッタ端子を見ると，パッドのすぐ近くにグラウンドのビアが打たれています．

このビアがパッドから離れた場所にあると，アンプの特性は大きく変化して，シミュレーションまたは設計で得られた希望の利得やインピーダンス特性は得られなくなります．これは，エミッタ端子からビアまでの配線がマイクロストリップ・ラインとして機能するからです．この影響の度合いは，後ほど簡単にシミュレーションで検証します．

このように，高周波回路基板では部品のグラウンド端子の処理がとても重要です．

14.2.4 発熱部品はグラウンド面や金属筐体で放熱している

写真14.3に示したのは，800MHz帯送信機の終段回路が実装された基板の外観です．写真を見るとわかりますが，FETのソース端子付近にはたくさんのビアがあり，グラウンド層に接続されています．これらのビアは，グラウンド層に低インピーダンスで接続するという目的以外に，放熱効果を得るために施されています．高周波回路の送信段では，たくさんの熱が発生するからです．

こういった発熱部品の熱を逃がすことはなかなか難しく，場合によってはプリント基板のグラウンドの銅箔面を通じて，金属筐体に熱を逃がすこともあります．

14.3 波長とパターン長の関係

14.3.1 高周波信号の波長はどのくらいか
● 周波数が高いほど波長が短くなる

写真14.4に示したのは,12 GHzのマイクロストリップ・エッジ・カップルドBPFの基板の外観です.

このくらい高い周波数になると,プリント・パターンの重なり合った部分の長さや幅,間隔などに,高い寸法精度が要求されます.**写真14.2**に示した800 MHzのLNAのプリント基板と同じような扱い方では,まず間違いなく希望の高周波特性は得られません.

これは,扱う信号の波長の違いが原因です.空気中(真空中)の波長 λ [mm]と周波数 f [GHz]の間には,次の関係があります.

$$\lambda = \frac{300}{f} \quad \cdots\cdots\cdots\cdots\cdots\cdots\cdots\cdots\cdots\cdots\cdots\cdots\cdots\cdots\cdots\cdots\cdots\cdots\cdots\cdots (1)$$

表14.1は,式(1)を使って求めた波長と周波数の例です.

● プリント基板上の波長は空間波長より短い

比誘電率が ε_r の基板材では,信号の波長が短縮されます.これを波長短縮率 S と呼び,次式で表されます.

$$S = \frac{1}{\sqrt{\varepsilon_r}}$$

例えば,ガラス・エポキシ(G10)の場合, ε_r は4.8ですから波長短縮率は,

$$S = \frac{1}{\sqrt{\varepsilon_r}} \fallingdotseq 0.456$$

と求まります.800 MHzの信号の空間波長は375 mmですから,ガラス・エポキシ基板上では,

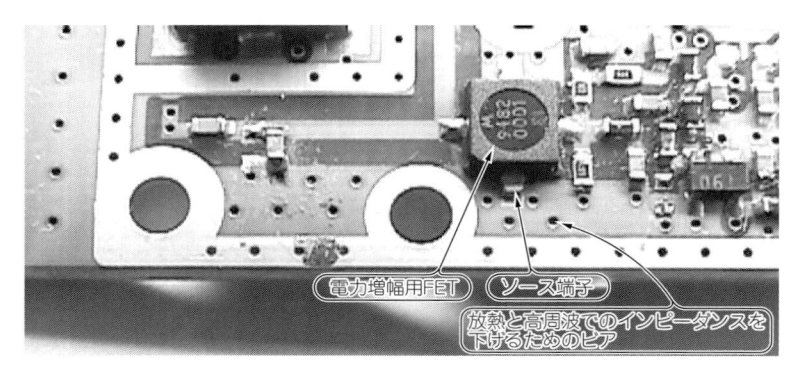

写真14.3 FETの放熱のためにビアがたくさんあけられた基板
(800 MHz帯の終段電力増幅回路)

写真14.4 12 GHz帯のマイクロストリップ・エッジ・カップルドBPF基板
(長さや幅,間隔などに,高い寸法精度が要求される)

14.3 波長とパターン長の関係

表14.1 空気中の波長と周波数の関係

周波数 [GHz]	空間波長 λ [mm]
1	300
2.4	125
5.6	53.6
12	25.0

表14.3 プリント基板上と空気中の波長の違い

周波数 [GHz]	空間波長 λ_{air} [mm]	基板上の波長 λ_{pcb} [mm]	$\lambda_{pcb}/4$ [mm]
1	300	166.5	41.6
12	25	15.5	3.9

表14.2 代表的な2種類のプリント基板の実効比誘電率

誘電体の厚み t [mm]	実効比誘電率 ε_r	特性インピーダンス Z_0 [Ω]	ライン幅 W [mm]
0.6	3.246	50.07	1.143
1.0	3.256	50.08	1.920

(a) CEM-3 (ε_r=4.3, 銅はくの厚さ18μm, 周波数1GHz)

誘電体の厚み t [mm]	実効比誘電率 ε_r	特性インピーダンス Z_0 [Ω]	ライン幅 W [mm]
0.6	2.591	50.06	1.396
1.0	2.669	50.06	2.289

(b) PPO (ε_r=3.2, 銅はくの厚さ18μm, 周波数10GHz)

$$375 \times 0.456 = 171 \text{ mm}$$

というふうに,大幅に波長が短縮されます.

● 実際の波長は実効比誘電率を使って計算する

実際の基板上でマイクロストリップ・ラインを構成した場合は,電界が誘電体基板の外にも漏れるために誘電率が下がります.この誘電率を実効比誘電率といいます.

基板上の短縮率S_{pcb}は,次式で求まります.

$$S_{pcb} = \frac{1}{\sqrt{\varepsilon_{eff}}} \quad \cdots \quad (2)$$

表14.2に示したのは,1GHzぐらいまでの周波数でよく使われる基板CEM-3と,それより高周波特性がよく12GHz帯のBSコンバータなどで使用されるPPO材の実効比誘電率を計算した結果です.計算には,SNAP〔(株)エム・イー・エル〕という高周波シミュレータを使いました.

求まった実効比誘電率から,1GHzと12GHzの高周波信号のプリント基板上での波長を計算すると,表14.3のようになります.このように,プリント・パターンを伝わる高周波信号の波長は,その周波数と基板材料に依存することがわかります.

14.3.2 マイクロストリップ・ラインの長さによるインピーダンスの変化

● 0Ω終端で$Z_{in}=\infty$,終端なし(開放)で$Z_{in}=0$Ω

図14.3に示すシミュレーション回路で,波長がλ/4のマイクロストリップ・ラインのIN端子側から見たインピーダンス特性(S_{11})を調べてみます.使用したシミュレータは,SNAPです.

終端抵抗は,0Ωと47kΩの2種類を選びました.0Ωは,グラウンドと接続されたパスコンを想定しました.47kΩ(ほぼ開放状態)は,トランジスタのバイアス電流をマイクロストリップ・ラインで供給する場合を想定しました.

図14.4に,シミュレーション結果を示します.図14.4(a)は,負荷端を短絡すると図14.3のINから見たインピーダンスは無限大,つまり開放になることを意味しています.図14.4(b)は,負荷を開放す

第14章

ると，図14.3のINから見たインピーダンスがゼロ，つまり短絡になることを意味しています．

● λ/4長ごとにZ_{in}は∞Ωになったり0Ωになったりする

図14.3のマイクロストリップ・ラインの入力インピーダンスZ_{in}は，λ/4長ごとに短絡（0Ω）になったり，開放（∞Ω）になったりします．高周波ラインのスイッチといったイメージです．このことは，高周波のプリント基板を設計するうえで，とても基礎的かつ大切な事柄です．

14.3.3 12GHzでは数mmで回路が動作しなくなる

ここでもう一度，表14.3を見てください．1GHzにおける$\lambda_{pcb}/4$は41.6mm，10GHzではたったの3.9mmです．このことが，回路上の特性にどのように左右するか考えてみましょう．

図14.5に示したのは，高周波トランジスタを使ったLNA（低雑音アンプ）です．λ/4マイクロストリップ・ライン（MS_1）でTr_1にバイアスを加えています．MS_1の片側にはパスコン（C_P）があり，高周波的にグラウンドに接続しています．

さて，波長λの周波数の信号が，点Ⓐを通過することを考えてみます．MS_1の電源側はC_Pによって高周波的に短絡されていますから，点ⒶからMS_1を見たインピーダンスは開放（$Z=\infty\Omega$）です．したがって，点Ⓐを通過する信号の流れが妨げられることはありません．

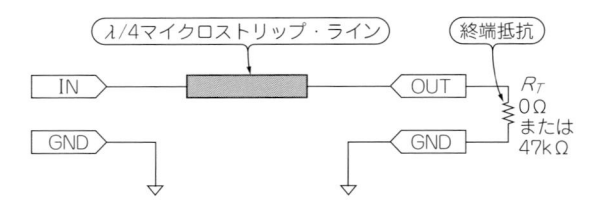

図14.3 λ/4マイクロストリップ・ラインのインピーダンス特性を調べるシミュレーション回路

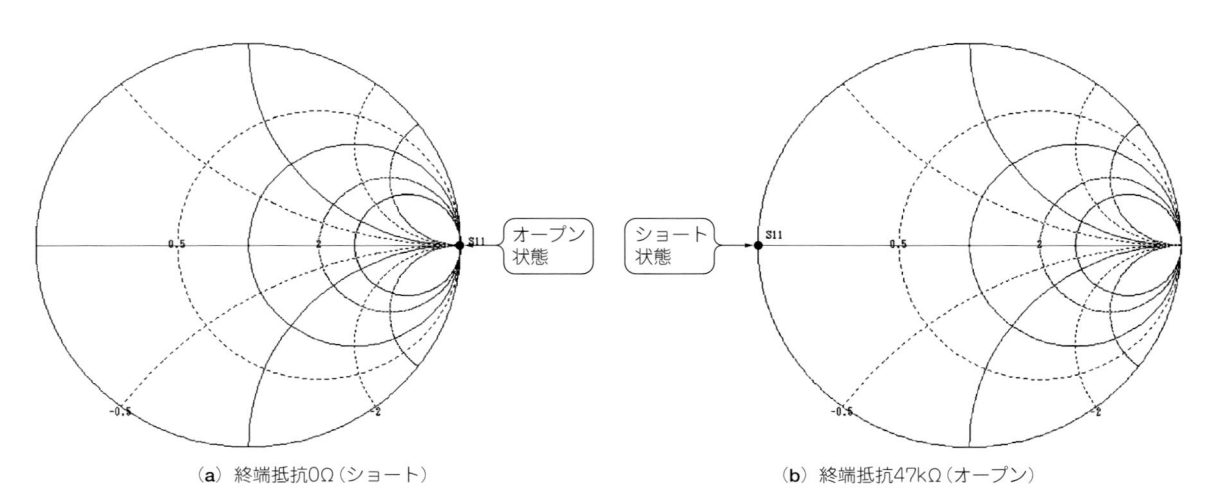

(a) 終端抵抗0Ω（ショート）　　(b) 終端抵抗47kΩ（オープン）

図14.4 終端抵抗によるλ/4マイクロストリップ・ラインのインピーダンス特性の違い

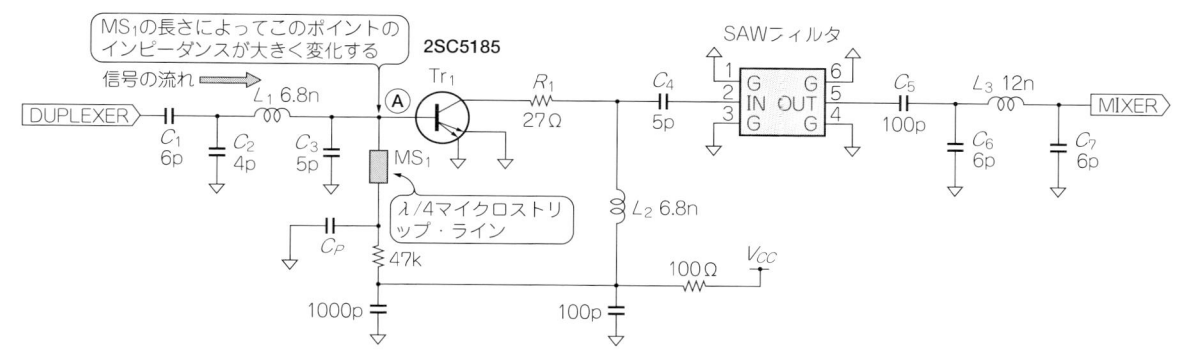

図14.5 マイクロストリップ・ラインの長さが増幅特性に影響を与える例

しかし，MS_1の長さを間違えて2倍の長さ，つまり$\lambda/4$ぶん長いマイクロストリップ・ラインを作成してしまうと，点ⒶからMS$_1$を見たインピーダンスはゼロΩになって，信号は点Ⓐを通過できません．

扱う信号が1 GHz程度なら$\lambda/2$は83.2 mmですから，多少の長さの違いは問題になりません．しかし，12 GHzの$\lambda/2$は，たったの7.8 mmですから，ほんの数mm長さを間違えただけで，希望どおりに信号を増幅できない可能性があります．

このように，周波数が高くなるほど慎重さとプリント・パターンの加工精度を上げる必要があるのです．

14.4 グラウンド・ビアの位置が高周波特性に与える影響

図14.6に示したのは，帯域870 M～890 MHzの高周波増幅回路の特性を調べるためのシミュレーション用の回路です．

これを誘電体の厚さ1.0 mm，$\varepsilon_r = 4.3$（CEM-3）のプリント基板に実装して，利得10 dB以上，VSWR(Voltage Standing Wave Ratio)が1.1以下の特性を得るためにどうしたらよいかを考えてみます．

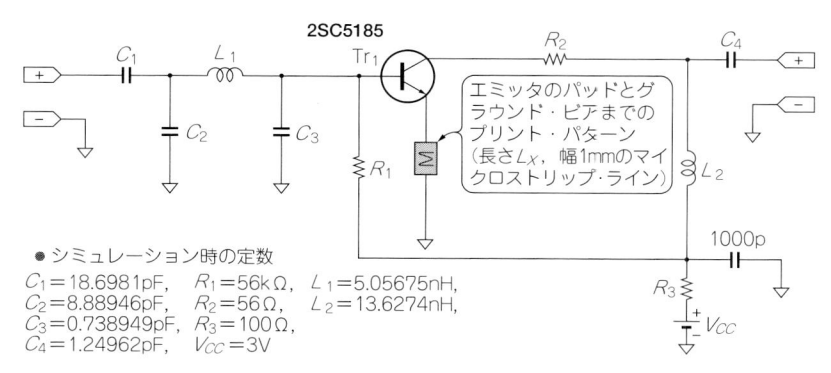

● シミュレーション時の定数
$C_1 = 18.6981$ pF, $R_1 = 56$ kΩ, $L_1 = 5.05675$ nH,
$C_2 = 8.88946$ pF, $R_2 = 56$ Ω, $L_2 = 13.6274$ nH,
$C_3 = 0.738949$ pF, $R_3 = 100$ Ω,
$C_4 = 1.24962$ pF, $V_{CC} = 3$ V

図14.6 帯域870 M～890 MHzの高周波増幅回路（シミュレーション回路）

(a) 直接グラウンドにエミッタを接続した場合（L_x＝0.001mm）　　(b) エミッタのパッドからL_x＝2.0mmの位置にグラウンド・ビアがある場合

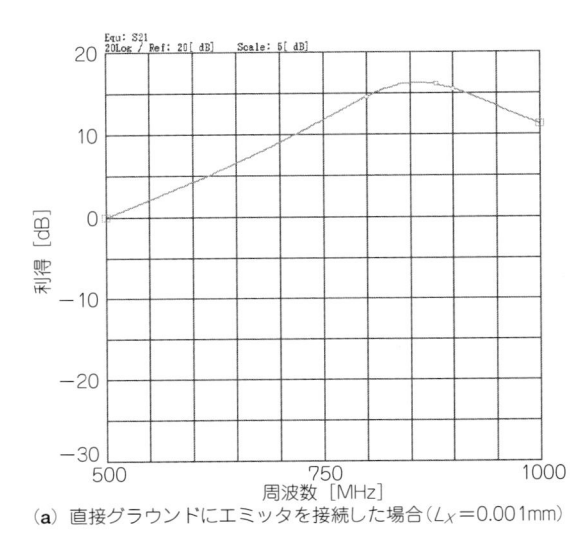

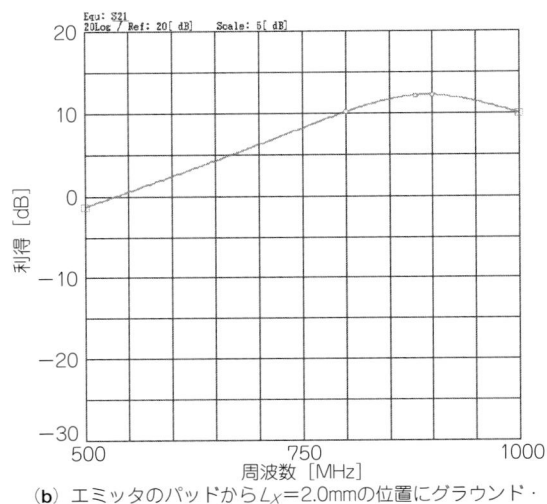

図14.7 エミッタのパッドとグラウンド・ビアとの距離による通過特性の違い（シミュレーション）

● グラウンド・ビアは可能な限りパッドの近くに置く

図14.6に示す回路には，トランジスタのエミッタ端子とグラウンドとの間に，マイクロストリップ・ライン・モデルが挿入されています．

これは，エミッタのパッドとグラウンド・ビアまでのプリント・パターンです．このプリント・パターンの長さ，つまりエミッタのパッドとグラウンド・ビアまでの距離が，高周波特性に与える影響をシミュレーションで調べてみます．

▶利得

図14.7に示したのは，エミッタが直接グラウンドに接続された理想的な場合と，エミッタのパッドとグラウンド・ビアの距離が2.0 mmのときの通過特性をシミュレーションした結果です．図14.7（a）では，シミュレーションの都合上，L_x = 0.001 mm = 1 μmに設定して解析しました．両者の利得の差を表14.4にまとめます．

800 MHz帯でも，たった2.0 mmのパッドが入ることによって，利得が約3.4〜4.4 dBも低下することがわかります．

表14.4 エミッタのパッドとグラウンド・ビアとの距離による利得の違い

周波数 [MHz]	利得 [dB]		利得差 [dB]
	エミッタを直接グラウンドに接続	L_x = 2.0 mmのとき	
800	14.5816	10.1609	− 4.4207
880	16.1218	12.1539	− 3.9679
900	15.5556	12.1961	− 3.3595

14.4 グラウンド・ビアの位置が高周波特性に与える影響

(a) エミッタを直接グラウンドに接続した場合

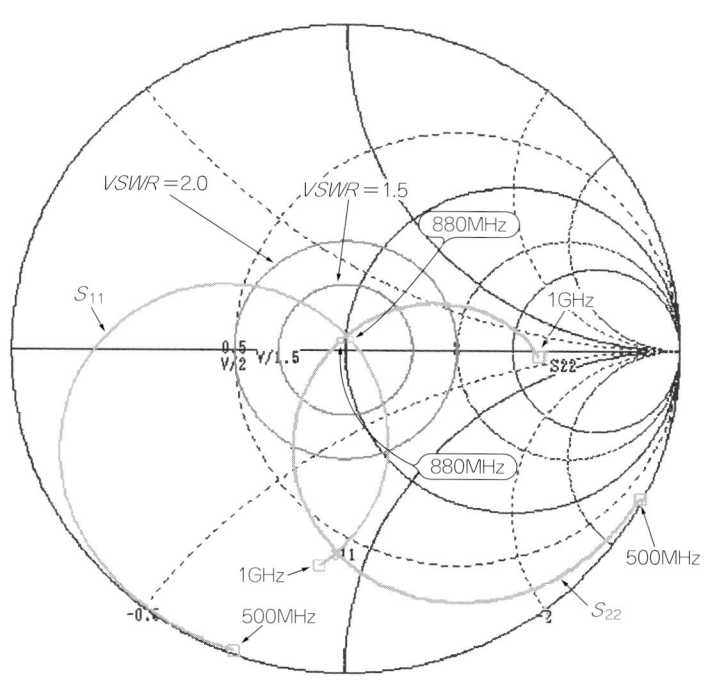

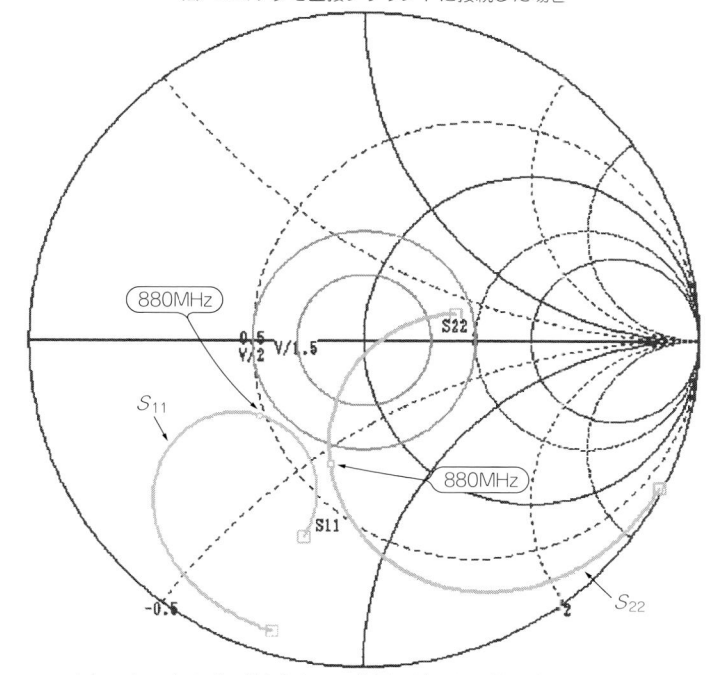

(b) エミッタのパッドから2mmの位置にグラウンド・ビアを打った場合

図14.8 エミッタのパッドとグラウンド・ビアとの距離によるインピーダンス特性の違い
（シミュレーション）

第14章

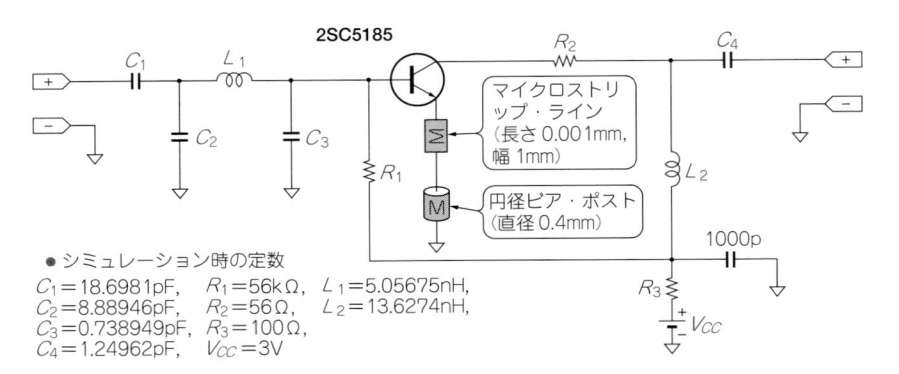

```
●シミュレーション時の定数
C₁ = 18.6981pF,   R₁ = 56kΩ,   L₁ = 5.05675nH,
C₂ = 8.88946pF,   R₂ = 56Ω,    L₂ = 13.6274nH,
C₃ = 0.738949pF,  R₃ = 100Ω,
C₄ = 1.24962pF,   V_CC = 3V
```

図14.9　グラウンド・ビア径による通過特性の違い（シミュレーション）

▶ 入出力インピーダンス特性

図14.8に示したのは，エミッタが直接グラウンドに接続された理想的な場合と，エミッタのパッドとグラウンド・ビアの距離が2.0 mmのときの，トランジスタ Tr_1 の入出力インピーダンス（S_{11} と S_{22}）の周波数特性をシミュレーションした結果です．

S_{11} と S_{22} の二つの特性線が描かれています．中心は，インピーダンス50 Ω，VSWRが1.0の点です．スミス・チャートの中心（50 Ω）から描かれている二つの同心円は，VSWRを表しています．内側の円が VSWR = 1.5，外側が VSWR = 2.0 です．

図14.8（a）から，エミッタを直接グラウンドに接続した場合は，880 MHzのときの入力インピーダンス S_{11} も出力インピーダンス S_{22} もほぼ50 Ωであり，マッチングしていることがわかります．

一方，L_x = 2.0 mmの位置にグラウンド・パッドがある場合は，880 MHzのときの入出力インピーダンスが VSWR = 2.0 の円の外側に位置しており，整合条件である50 Ωから大きくはずれています．

以上から，高周波回路の特性を良くするためには，高周波部品のグラウンド・ビアは，パッドのかなり近くに打つ必要があることが理解できます．

● ビア径は大きいほうがよい

図14.6のトランジスタのエミッタのパッドに，ϕ0.4 mmとϕ0.2 mmの穴径の異なるビアを打ち，図14.9に示す回路で増幅特性の違いを比較してみます．ビア径以外の条件は，図14.6のビアありのシミュレーションのときと同じです．L_xは，0.001 mmに設定しました．

図14.10に，グラウンド・ビア径ϕ0.4 mmとϕ0.2 mmのときの通過特性を，表14.5に両者の利得差を示します．ビア径による利得差は－0.5～－0.6 dBです．表14.5に示す直接グラウンドに接続したときと比較すると，ϕ0.4 mmビアのときで－1.3～－1.9 dB，ϕ0.2 mmビアのときで－1.8～－2.5 dBです．

図14.11に示したのは，グラウンド・ビア径ϕ0.4 mmとϕ0.2 mmのときの入出力インピーダンス特性です．ϕ0.4 mmビアのときのVSWRは約1.4，ϕ0.2 mmビアのときは約1.6です．ϕ0.4 mmビアのほうが，整合状態に与える影響が小さいことがわかります．

14.4 グラウンド・ビアの位置が高周波特性に与える影響

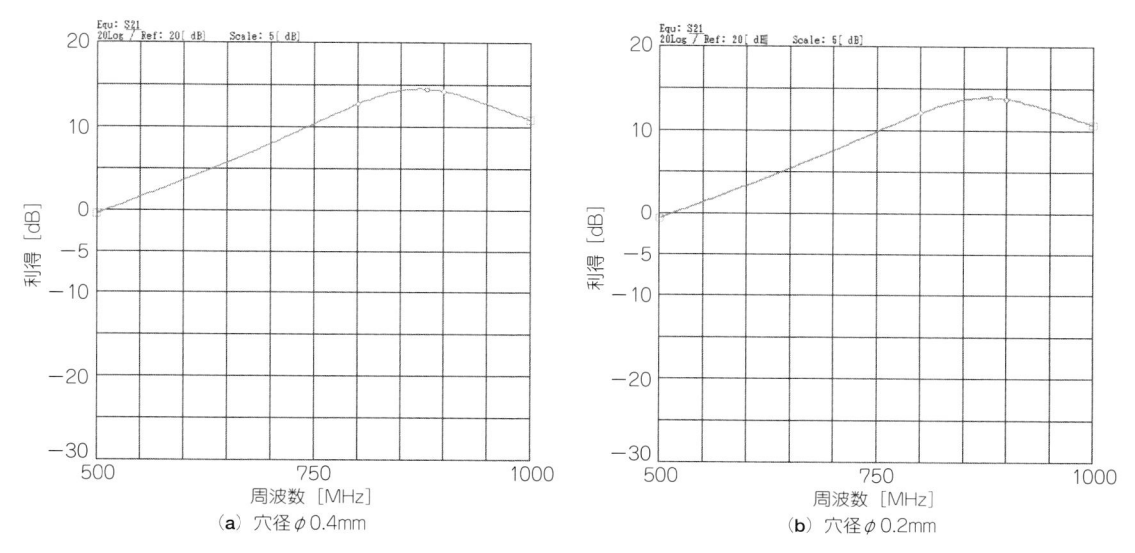

(a) 穴径φ0.4mm

(b) 穴径φ0.2mm

図14.10 グラウンド・ビア径の違いによる通過特性の違い(シミュレーション)

表14.5 グラウンド・ビア径φ0.4 mmとφ0.2 mmのときの利得の違い

周波数 [MHz]	利得 [dB]		利得差 [dB]
	グラウンド・ビア径φ0.4	グラウンド・ビア径φ0.2	
800	12.7150	12.0742	− 0.6408
880	14.5017	13.9251	− 0.5766
900	14.2372	13.7487	− 0.4885

(a) 穴径 φ0.4mm

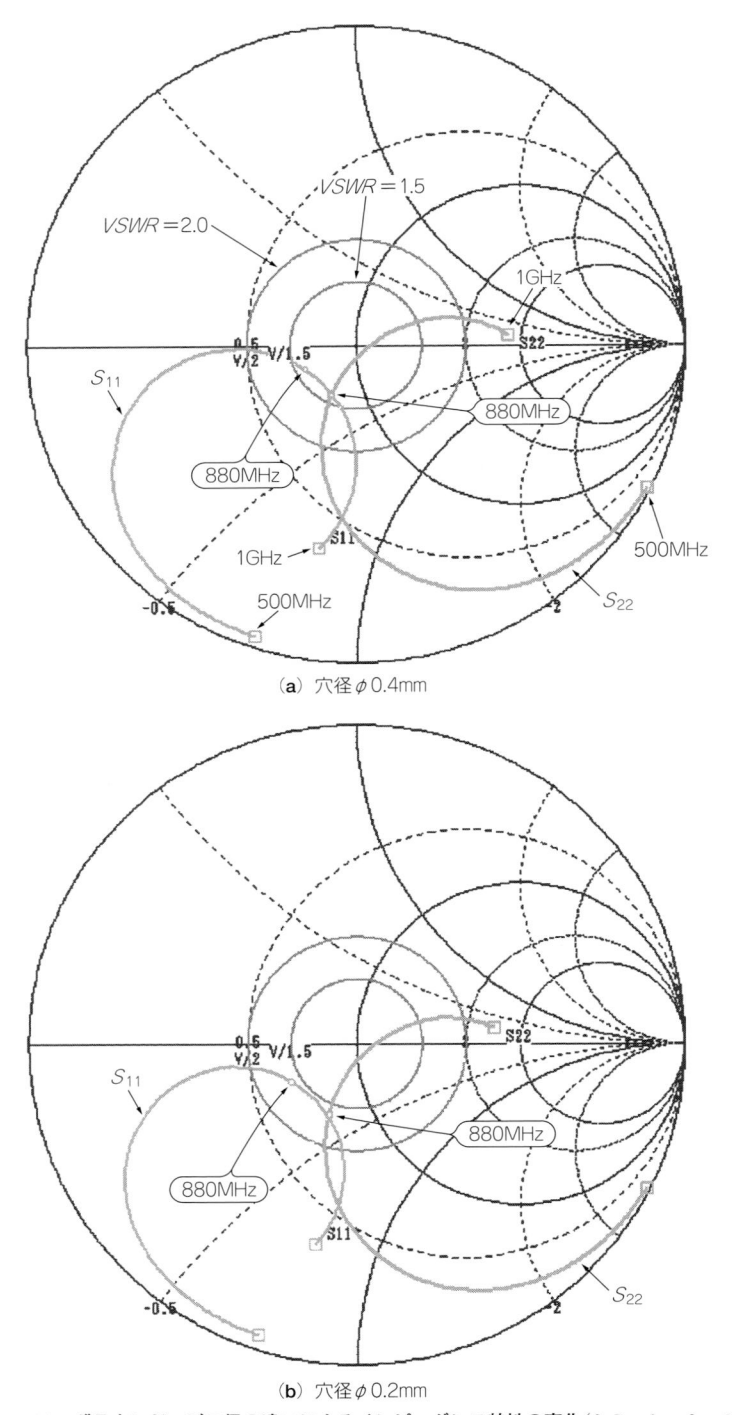

(b) 穴径 φ0.2mm

図14.11　グラウンド・ビア径の違いによるインピーダンス特性の変化（シミュレーション）

第15章 鉛フリーはんだのはんだ付けノウハウ

電子機器の接合材料として古くから使われてきたはんだには，約40％の鉛を含んでいます．しかし，廃棄された電子機器へ酸性雨が降り注ぐと，はんだ表面を覆っている酸化鉛が地下水に溶出して，結果として飲料水や食物を汚染することがわかってきました．この汚染の課題を克服するために，はんだ材料の無鉛（鉛フリー）化が進められています．

ところが，実際に鉛フリーのはんだを見たことがない人も多いようです．近い将来は鉛フリーが当たり前になるのに，鉛フリーはんだのメリットやデメリットを知らずにいるのは不安です．また，すでに実務で鉛フリーはんだに接する必要があるのに，正しい知識をもち合わせていない人もたくさんいるでしょう．

そこで本章では，鉛フリーはんだの基礎知識から，はんだ付けノウハウなどについて詳しく紹介します．

15.1 鉛フリーはんだの基礎知識

15.1.1 鉛フリーはんだとは

鉛フリーはんだとは，鉛を含まないはんだのことです．本稿では，すず-鉛はんだ合金の代替となる，鉛を含まないはんだのことをいいます．現在，鉛に代わって銅（Cu），銀（Ag），ビスマス（Bi），亜鉛（Zn）などの金属を混合したはんだ合金が作られています．**表15.1**は，鉛フリー合金各種の特徴を示したものです．

それぞれのはんだは，金属の種類の組み合わせにより特徴が変わってきます．材料コストは高くなり，これらの組み合わせで2倍〜数倍と異なってきます．

今，一般的な鉛フリーの材料としては，すず-銀-銅の組成が有力視されていますが，最終的には製

第15章

表15.1[(1)] 鉛フリーはんだ合金の特徴

種類	特　徴
Sn-Cu系	Sn-0.7Cu[(注)] は融点が227℃と高いため，リフローによるはんだ付けには不向き．フローはんだ付け用に検討され実用化されている．
Sn-Ag系	Sn-3.5Ag合金は融点が221℃で高温はんだとして実績があり，機械的強度は多少弱いが伸びが大きい．
Sn-Ag-Cu系	Sn-Ag合金(Ag：3～3.5％)にCuを0.5～1.0％添加した合金で，添加量を増加していくと強度は高くなるものの，伸びが小さくなる．
Sn-Ag-Bi系	BiをSn-Ag合金に添加すると融点を下げられる．添加量を増していくと強度が高くなる反面，伸びが小さくなる．また，偏析などの問題もあり，Bi添加量には限度がある．
Sn-Zn系	Sn-9Znは融点が198℃で，Sn-Pb共晶はんだにもっとも近く，現行のはんだ付け方法そのままで作業ができる．安定な酸化被膜を作りやすく，ぬれ性が悪いが，リフローはんだ付けで検討・実用化されている．
Sn-Bi系	Sn-58Biは融点が139℃で低温はんだとしてすでに開発されている．しかし，融点が低すぎるためあまり使われていない．

注：Sn-0.7Cuは，Snが99.3％でCuが0.7％の合金であることを示す．

表15.2[(1)] 代表的な鉛フリーはんだ合金の種類と性質

種類	組成 [mass％]	溶融温度範囲 固相線温度 [℃]	溶融温度範囲 液相線温度 [℃]	性質 強度 [kgf/mm²]	性質 伸び [％]
Sn-Cu系	Sn-0.75Cu	227	229	3.3	50
Sn-Ag系	Sn-3.5Ag	221	223	4.2	58
Sn-Ag-Cu系	Sn-3.5Ag-0.7Cu	217	219	5.8	48
Sn-Ag-Bi系	Sn-3Ag-5Bi	199	217	8.4	26
Sn-Zn系	Sn-9Zn	198	214	5.8	63
Sn-Bi	Sn-58Bi	139	141	7.8	27
Sn-Pb系(参考)	共晶	183	183	5.8	50

品としての信頼性から見極めることが必要です．

　また，すず-鉛はんだと比較して，はんだが融ける温度が約30～40℃高くなります．これは製造過程，特にリフローやフローで部品の性能劣化を引き起こしやすく，非常に大きな解決課題となります．**表15.2**に，鉛フリーはんだの溶融温度を示します．

　鉛フリーはんだのメリットとデメリットをまとめると次のようになります．

▶鉛フリーはんだのメリット
(1)有害な鉛を含まず環境にやさしい．
(2)接合強度が従来と比較して遜色ない．
(3)電気抵抗が小さい．
(4)比重が軽く，比熱が大きい．

▶鉛フリーはんだのデメリット
(1)すず-鉛はんだと比較して溶融温度が高く，部品へ熱的損傷を与える危険性が高い．
(2)ぬれ，広がりが悪い．
(3)材料コストが高い．
(4)手作業でのはんだ付けの難易度が高くなるとともに，こて先の消耗が早い．
(5)はんだに使用されている金属と，接合部に含まれる金属によっては，もろい合金層を形成すること

がある．

15.1.2　従来のはんだと鉛フリーはんだの違い

　従来のすず（Sn）-鉛（Pb）はんだと鉛フリーはんだを使った接合部の違いを，**写真15.1**に示します．その違いの一つは，ソルダリング接合の表面です．

▶従来のはんだは光沢と艶がある

　写真15.1（**a**）は，すず-鉛共晶はんだで，その表面には光沢と艶があり滑らかです．

▶Sn-Ag-Bi系はんだは全体が白濁している

　写真15.1（**b**）は，すず-銀（Ag）-ビスマス（Bi）を組み合わせた鉛フリーはんだで，接合部全体が白濁しています．

▶Sn-Ag-Cu系はんだは艶と白濁が混在している

　写真15.1（**c**）は，すず-銀に銅（Cu）を加えた組成の表面で，すず-鉛はんだの艶のある部分と白濁が混在しています．

▶オーバヒート症状を見分けにくい

　すず-鉛はんだでは，加熱温度が高くなりすぎた場合，その表面にオーバヒート症状（**写真15.2**）が現れ，はんだ不良であることがわかりました．しかし，鉛フリーはんだの場合は，少なからず白濁部が存在し，過熱による症状との区別が付けにくくなっています．このオーバヒートは，接合強度に大きく影響を与えますので，鉛フリーはんだの場合は特に気を付ける必要があります．

▶ぬれ不良が発生しやすい

　次は，はんだの接合部材へのぬれ上がりです．従来のすず-鉛にんだでは，限られた条件で発生していたぬれ不良（**写真15.3**）が，鉛フリーはんだで発生しやすくなったことです．とくに，加熱不足などの条件でも顕著に出やすくなります．また，後述するフロー・アップ，引け巣，リフト・オフなどの改善課題を抱えています．

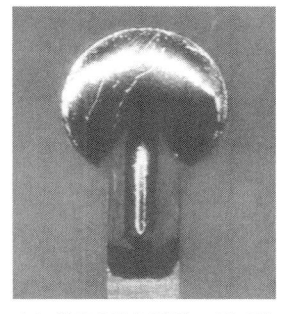

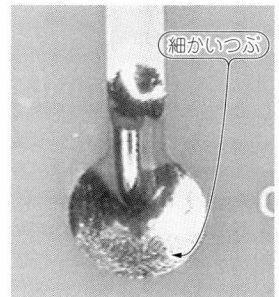

（**a**）従来のはんだ（Sn-Pb系）　（**b**）鉛フリーはんだ（Sn-Ag-Bi系）　（**c**）鉛フリーはんだ（Sn-Ag-Cu系）　**写真15.2　オーバヒート症状**

写真15.1[1]　**従来のはんだと鉛フリーはんだの違い**

第15章

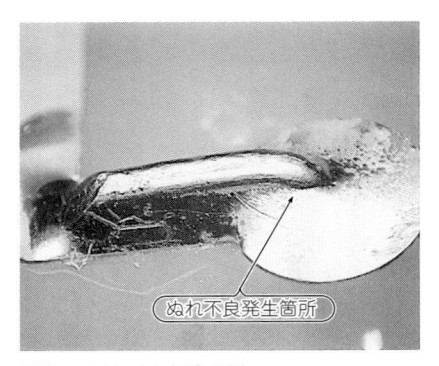

写真15.3⁽¹⁾　ぬれ不良の例

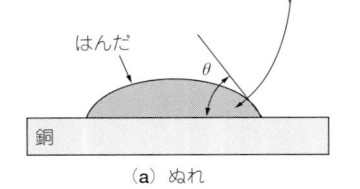

図15.1　はんだが付くまでのプロセス

（a）ぬれ　溶けたはんだが金属（銅）の上を流れて広がっていくことを「ぬれ」と呼ぶ．θが小さいほど，よくぬれているといえる．

（b）拡散　液体側のすずと固体側の銅が接した部分で混じり合った状態を作る．このとき加熱温度が高いと，より多く混じり合おうとする．

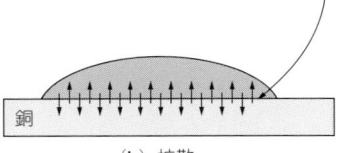

（c）合金化　溶けたはんだが冷えて固まると，はんだと銅の接触部分に合金ができる．この合金によって，はんだと銅が強く接合する．

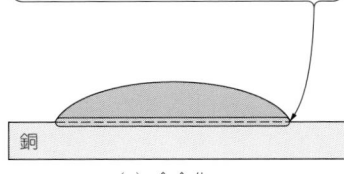

15.2　はんだ付けの基礎知識

　以上のように，鉛フリーはんだは融点が高く，従来よりも高温ではんだ付け作業をすることになります．そのため，部品の性能劣化が起こりやすいので，接合部の温度管理が重要です．正確に温度を管理するには，はんだが付くまでのプロセス，こての選択方法，作業方法などを正しく理解しておく必要があります．ここでは，従来のはんだ付けにも共通する基礎的なテクニックを復習も兼ねて紹介します．

　まず，どうしてはんだ付けができるのか，またでき上がった接合部はどのような状態がよいのかを知らなければなりません．

15.2.1　はんだが付くまでのプロセスと理想的なはんだ合金の状態

　正しく強い接合を作るためには，その原理を理解しておかなければなりません．はんだ付けは，次の三つのプロセス（図15.1）を経て接合されます．

① ぬれ

　接合しようとする固体金属に，溶けたはんだが十分に広がることが必要です．

② 拡散

はんだの中のすずと固体金属(銅)が触れ合った面で混じり合います．

③ 合金化

拡散によって，2種類以上の金属が混じり合って性質の異なる一つの金属(合金)になる現象をいいます．

従来のはんだ，鉛フリーはんだともに，理想的な状態には次のような条件が挙げられます．
(1) はんだがよく流れ，長くすそを引いていること．
(2) フィレット(はんだ付けの表面)に光沢と艶があり，滑らかなこと．なお，鉛フリーはんだの場合は白濁している箇所がきめ細かい状態でなければならない．
(3) はんだの肉厚が薄く，線筋，つまり接合部材の形状が想像できること．
(4) 接合部に割れ，はんだの過不足，ピン・ホールなどの欠陥が見られないこと．

よいはんだ付けには，次の三つの条件が必要になります．どれか一つでも不十分なときは，よいはんだ付け作業とはいえず，将来不具合の原因になる可能性があります．
(1) 接合する金属の表面がよく清浄されていること〔図15.2(a)〕

接合金属の表面に酸化膜や汚れが存在すると，それが障壁となって，はんだがよくぬれません．
(2) 接合部の加熱が適正な温度範囲にあること〔図15.2(b)〕

接合金属の温度が低いと，溶けたはんだが金属表面に十分にぬれません．また，加熱温度が高いと合金層の生成が厚くなり，強度のある接合が得られなくなります．
(3) はんだ量の供給が適正であること〔図15.2(c)〕

接合部の大きさに合致した適切なはんだ量でない場合，強度的な問題が生じてきます．

15.2.2 はんだ選定のコツ

はんだの組成はできるだけシンプルなものを選択し，接合部にいろいろな種類の金属が介在することを避けます．以下に，要点を二つまとめます．
(1) 製造過程を通して，できるだけ同一のはんだ組成のものを使う

基板実装の場合にリフロー，フローそして手はんだの過程を経るケースが一般的ですが，それぞれ

(a) 接合する金属の表面が清浄されていること　　(b) 適正な加熱　　(c) 適正なはんだ量の供給

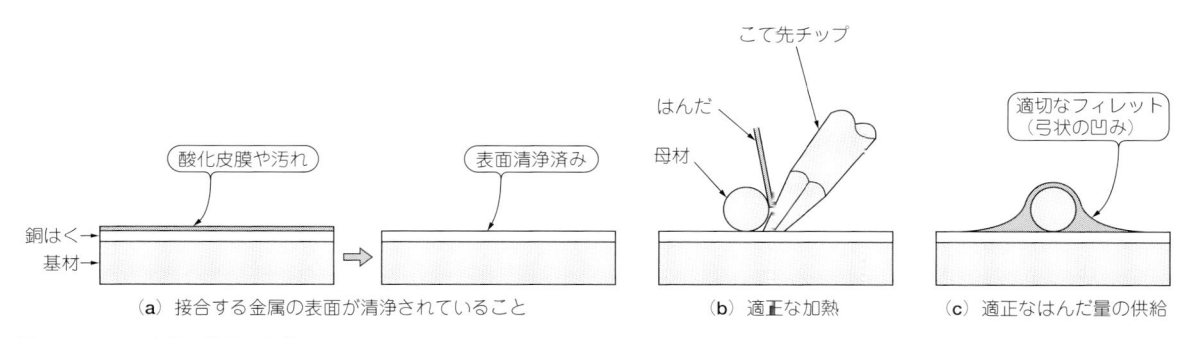

図15.2[(2)]　はんだ付け作業の条件

の過程で使うはんだが同じ組成であることが望ましいです．
(2) 手はんだの場合は接合部の大きさに見合ったはんだ径のものを選ぶ

　手はんだでは，やに入りの糸はんだを使いますが，多種のはんだ径（φ0.3〜φ2.0）のものが市販されています．また，鉛フリーはんだは溶融温度が高いため，溶け始めが遅く感じます．しかし，いったん溶け始めると，すず−鉛はんだと同じようなスピードで溶けるので，作業の前にトレーニングが必要です．

15.2.3　はんだごての選択

　鉛フリーはんだは，その溶融温度が高くなるため，こて先の温度も高く設定することになります．また，接合部を適切に加熱し続けて作業することがたいせつで，そのためこて先の熱容量も大きな選択の要因になります．こての必要条件を，作業面と電子部品の保護面などから考えてみると次のようになります．

▶作業面からみた必要条件
　● こて先の温度の立ち上がりが早く，蓄積熱量が十分に大きいこと．
　● 熱効率がよく，消費電力の少ないこと．
　● 軽量で取り扱いやすく，作業性のよいこと．
　● こて先チップの交換が容易で，構造がしっかりしていること．

▶電子部品の保護面での必要条件
　● こて先温度を任意に設定できること．
　● リーク電流の発生がないこと．
　● グラウンド端子をもち，静電気の除去ができること．

● **鉛フリーはんだで考慮したいこての条件**

▶温度復帰特性
　はんだごては，接合部に熱を伝える際に，こて先の温度が奪われて温度がいったん降下します．続けて作業する場合，とくにこて先の温度が早く設定温度に戻ることが大切です．

▶こて先の熱容量
　はんだの溶融温度が高くなるということは，はんだ付け作業箇所も継続して溶融温度以上でなければなりません．そのためには，こて先の熱容量も接合部に見合ったものになるように，よく考慮して選択します．
　ただし，こて先の熱容量が大きすぎる場合は過熱の原因となり，接合強度が低くなってしまうので気を付けます．

▶こて先チップの形状
　こて先チップもいろいろな形状ものが市販されています．ここで注意したいのは鉛フリーはんだを使った作業の場合，作業がやりづらいことが欠陥につながりますから，接合部に合った形状のこて先を選択します．その種類と形状を**図15.3**に示します．
　まとめると，

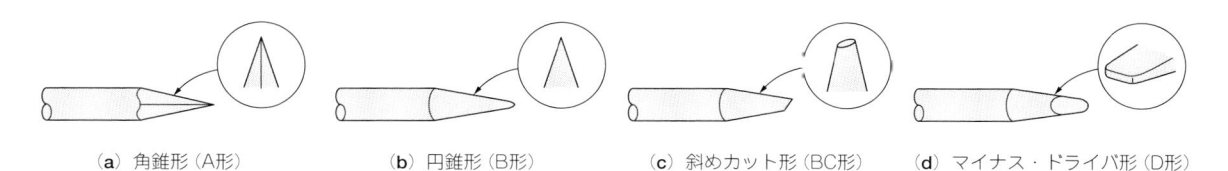

(a) 角錐形（A形）　　(b) 円錐形（B形）　　(c) 斜めカット形（BC形）　　(d) マイナス・ドライバ形（D形）

図15.3[(2)] 各種こて先チップの形状例

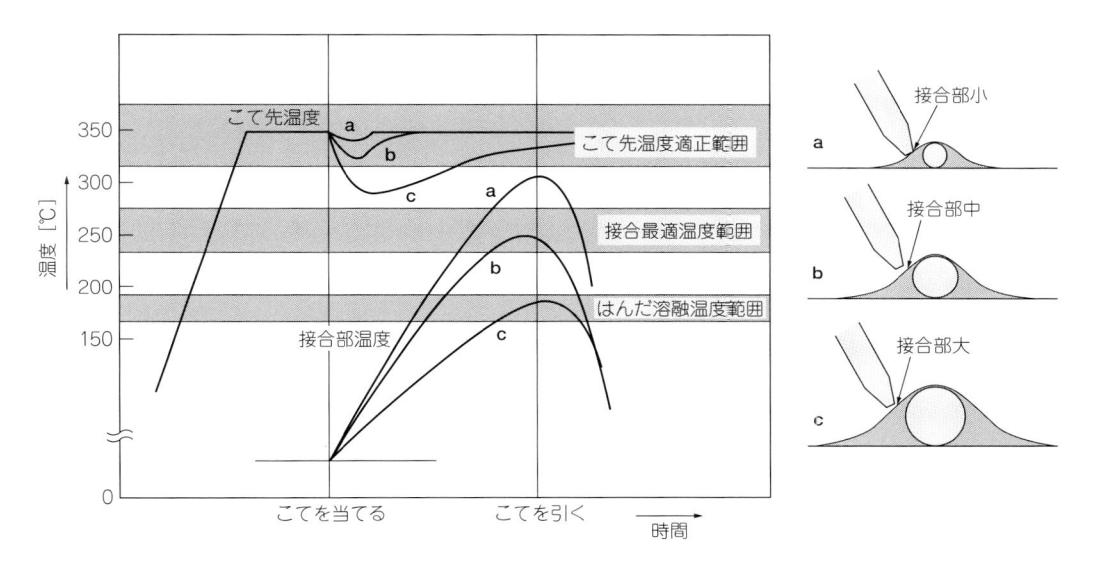

図15.4[(2)] 接合部の熱容量と接合部温度の関係

(1) こて先の温度が一定である．
(2) 接合部とこて先の熱容量を把握して，はんだ時間を決める．
ことが大切です．

　図15.4に，接合部の大きさと接合部温度の関係を示します．接合部の大きさに合わせた温度管理を行うことが，よいはんだ付けを行う鍵になります．

15.2.4　材料の固定

　はんだ接合する場合に，作業途中で接合部が動かないように固定しておかなければなりません．もし接合部が動くと，俗に「いもはんだ」や「いも付け」と呼ばれる状態になり，接合強度に問題が生じます．以下に，いろいろな部品の固定例を紹介します．

▶挿入実装部品

　挿入実装部品では，クリンチ実装とストレート実装が一般的な方法として行われます．クリンチ実装では部品リードのクリンチで，部品が基板に固定されるので，仮止めなしではんだ付けが可能です．
　一方，ストレート実装部品を手はんだする際には，基板を反転させるため，部品を仮固定しなけれ

第15章

ばなりません．その場合は部品本体を紙テープなどを使って固定します．**写真15.4(a)** に，DIP IC の紙テープでの仮固定例を示します．

▶ 表面実装部品

表面実装部品は，紙テープなどを使って仮固定し，その後部品電極または部品リードを少量のはんだで仮付けします．適切な位置決めと仮付けが，はんだ付けによる欠陥を防ぎ，作業の行いやすい条件を作ります．

仮固定の一例として，**写真15.4(b)～(d)** にタンタル・コンデンサ，SOP，QFP の仮付けを示します．

▶ 端子接合部品

ハーネス付きコネクタやフレキ用コネクタなどの端子接合部品は，不安定な形状をしているケースが多く，作業も不安定になりやすいものです．部品だけでなく，電線側も動かないように固定します．

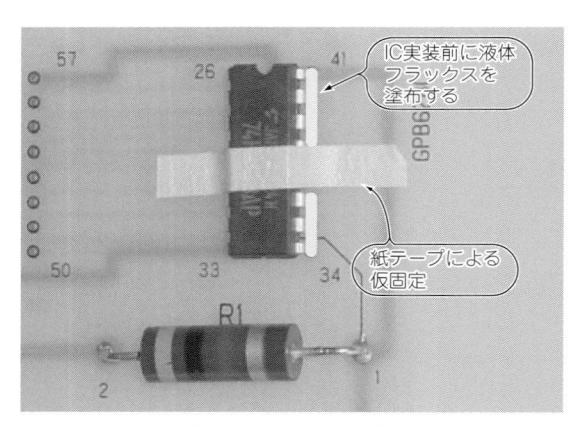

(a) DIP IC の紙テープでの仮固定例

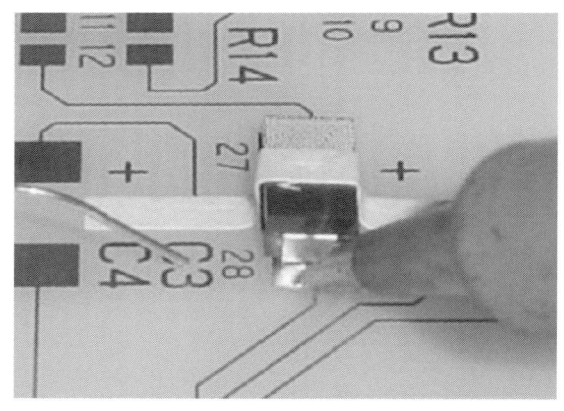

(b) タンタル・コンデンサの仮付け

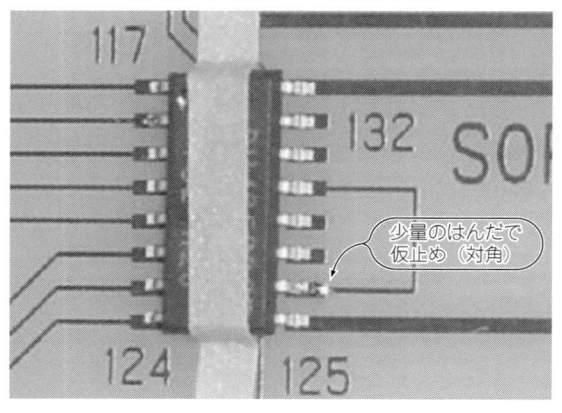

(c) SOP の仮付け

(d) QFP の仮付け

写真15.4 紙テープによる仮固定の例

15.2.5 こてのもち方や作業方法

● こてとはんだのもち方

はんだ付け作業を行うとき，作業に適したもち方で作業のしやすさが変わります．

▶こてのもち方(**写真15.5**)

ペン・ホルダ型は，プリント配線板などの比較的熱容量の小さな接合部でのはんだ付けや微細なはんだ付けに適しています．

シェイクハンド型は，熱容量の大きな接合部でのはんだ付けや接触圧力を必要とするはんだ付けに適します．

▶はんだのもち方(**写真15.6**)

はんだは連続作業，断続作業，対象部品などでもち方を変えると作業性が向上します．

● こて先の温度

接合対象に対するこての熱容量とこて先温度の例を，**表15.3**に示します．こて先の温度は接合部の大きさ，こて先チップの大きさ，作業に必要な時間などを考慮して設定します．

● はんだの加え方や盛り方

はんだ付けの場合，その作業方法によって大きくでき映えが変わってきます．

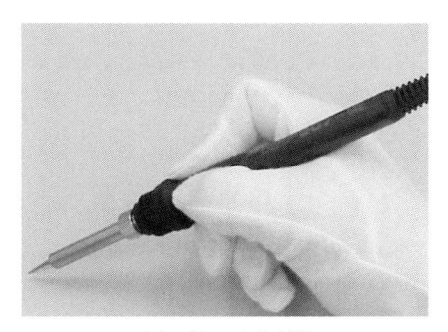

(a) ペン・ホルダ型 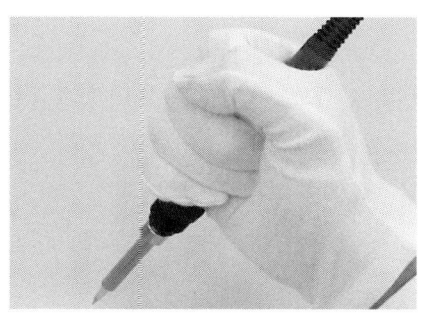　　(b) シェイクハンド型

写真15.5 こてのもち方

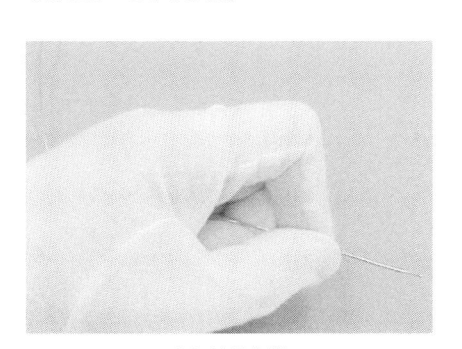

(a) 連続作業 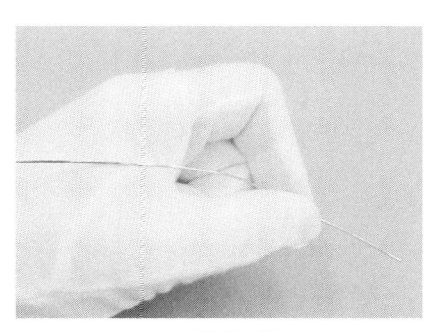　　(b) 断続作業

写真15.6 はんだのもち方

表15.3 接合対象に対するこての容量とこて先温度

接合対象	容量〔W〕	適正なこて先温度〔℃〕
プリント配線板	20〜70	280〜360
端子や被覆線	30〜70	320〜370
2 mm以上の太線	60〜100	350〜370

▶こての接合箇所への当て方

接合部の金属同士が短時間で同温度になる箇所に，こてを当てます．

▶はんだの与え方

接合する金属同士がはんだの溶ける温度になったとき，速やかに接合金属とこて先チップ間に与えます．

▶はんだの盛り方

接合部の中心を境にして左右の形状が対象で，接合部の線筋，つまり形状が想像できる程度に，はんだを盛ります．

▶こての引き方

こてはすばやく引きます．これは大気によってはんだの熱が奪われて，こてを引く際につらら状態になることを防ぎます．

15.3 鉛フリーはんだの良否判定と修正

15.3.1 はんだ量の良否

ここでは，JIS-Z-3851マイクロソルダリング技術検定試験[注1]の品質判定基準を基に説明します．

クリンチ実装〔図15.5(a)〕では，ランド先端(はんだフィレットの裾)と部品リードの接線に対し，弓状の凹みができる程度の量を目安とし，部品面側のリード全周にフィレットを形成できる量を与えます．

ストレート実装〔図15.5(b)〕では，リード全周に弓状の凹みが形成できる程度に加えます．

チップ部品〔図15.5(c)〕の場合，電極の3/4の高さから形成できるフィレットが標準となります．リード付き部品の場合は，リード先端側，バック・フィレット側ともにリード厚みのところからフィレットが形成できるようにはんだを与えます．

端子接続の場合，電線の径1/2以上のところからフィレットが形成でき，線筋が確認できる程度の量を与えます．

注1：JIS規格に基づくはんだ付けの検定試験が実施されている．これは，JIS Z 3851マイクロソルダリング技術検定における試験方法および判定基準に基づいて実施され，これに合格すると「マイクロソルダリング技術証明書」を受け取ることができる．(社)日本溶接協会により，このJIS検定試験を盛り込んだ技術認定制度が確立されており，レベルに合わせた資格が整備されている．詳細は，下記のWebページを参照．
http://www.jwes.or.jp/jp/shi_ki/ms/ms.html

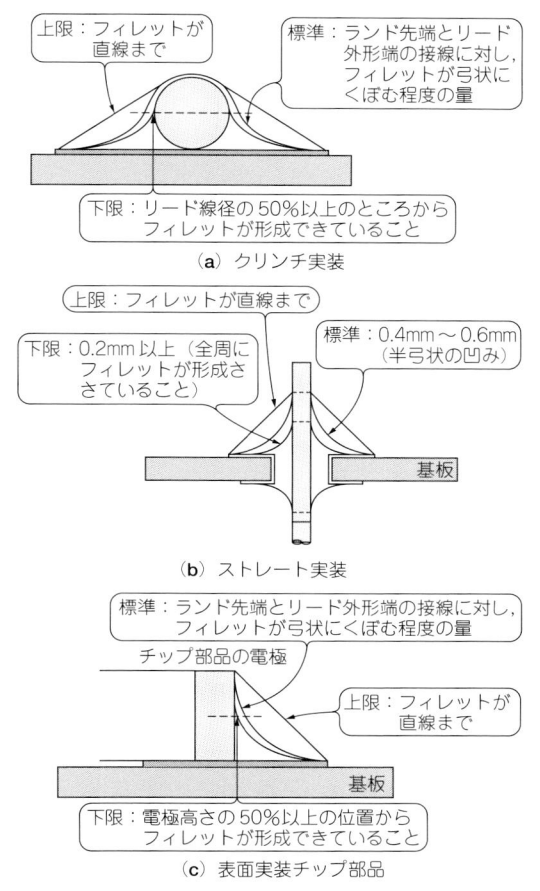

15.3 鉛フリーはんだの良否判定と修正

図15.5 はんだ量の基準
(a) クリンチ実装
 - 上限：フィレットが直線まで
 - 標準：ランド先端とリード外形端の接線に対し，フィレットが弓状にくぼむ程度の量
 - 下限：リード線径の50％以上のところからフィレットが形成できていること

(b) ストレート実装
 - 上限：フィレットが直線まで
 - 下限：0.2mm以上（全周にフィレットが形成されていること）
 - 標準：0.4mm～0.6mm（半弓状の凹み）

(c) 表面実装チップ部品
 - 標準：ランド先端とリード外形端の接線に対し，フィレットが弓状にくぼむ程度の量
 - 上限：フィレットが直線まで
 - 下限：電極高さの50％以上の位置からフィレットが形成できていること

写真15.7 引け巣（引け巣と呼ばれるひび割れ）

15.3.2 はんだの光沢の良否

　従来は加熱しすぎると，はんだの表面にオーバヒート症状が現れ，過熱しすぎたことをひと目で判断できました．このオーバヒート症状は，初期段階では**写真15.2**に示したように細かい粒状が現れ，さらに加熱すると粗悪な粒状になります．

　鉛フリーはんだの場合，温度の適/不適に関係なく白濁部が現れ，このオーバヒート症状を簡単に見分けることができません．オーバヒートは，接合強度を低下させる原因にもなります．

　では，どうすればよいのでしょうか．鉛フリーはんだの場合も，倍率10倍以上の顕微鏡を使うとその表面をよく観察できます．白濁部も過熱によって，きめ細かいものから粗いものまであることを確認できます．その中には，はんだ表面にひび割れのような引け巣（**写真15.7**）が生じることもあります．適度な加熱がよりよい接合部を作るので，でき映えを見極めながら作業を進めましょう．

15.3.3　ぬれ広がり率の良否

　鉛の多く含まれたはんだ合金は，流動性，ぬれ性がよいことが大きな特徴でした．しかし，鉛フリーはんだは，すずがほとんどを占めているため，表面張力は比較的大きく，すず－鉛はんだよりぬれ性が悪くなります．表15.4にその比較を，図15.6に広がり率の算出式を示します．

　鉛フリーはんだは，このぬれ広がりの悪いことが影響して，接合母材に対してのぬれ広がりも従来と比較して悪くなります．はんだと母材のぬれ広がり状態を適切に判断することが必要です．

15.3.4　鉛フリーはんだで発生しやすい欠陥

　鉛フリーはんだは，その特徴から従来のはんだに比べてさまざまな欠陥が発生しやすくなります．その欠陥例を，写真15.8で紹介します．

▶ブリッジ

　はんだの流動性が低下するため，表面実装のリード付き部品（QFPなど）で発生しやすくなります．

▶フロー・アップ不足〔写真15.8(a)〕

　挿入実装では，はんだ付け面だけでなく，はんだがスルーホールを通して，部品実装面のリードにフィレットを形成する必要があります．このフィレットが不十分な症状をフロー・アップ不足と呼ん

表15.4[(1)]　鉛フリーはんだとSn-Pb共晶はんだとのぬれ性比較

種類	ぬれ広がり率 [%]	性質
Sn-Ag-Cu系 (Sn-3.5Ag-0.7Cu)	約75	Cuを加えてもほとんど影響ない
Sn-Ag-Bi系 (Sn-3.0Ag-3Bi)	約75	Biを15%添加すると80%程度に改善
Sn-Pb共晶 (Sn-37Pb)	90以上	極めて良い

広がり率 S_R [%] は次式で求められる．

$$S_R = \frac{D-H}{D} \times 100$$

ただし，

H：広がったはんだの高さ [mm]

D：試験に使ったはんだを球とみなした場合の直径 [mm]
　　で $1.24 V^{\frac{1}{3}}$ で求まる

V：試験に使ったはんだ試料の（球状）の体積

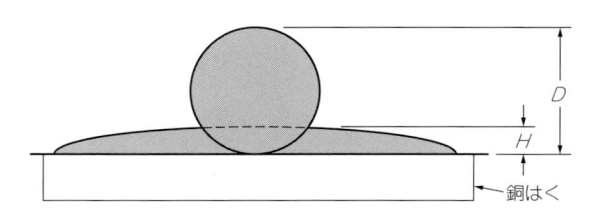

図15.6　ぬれ広がり率の計算式

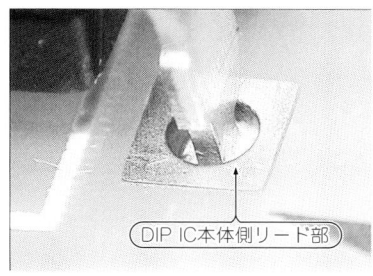

(a) フロー・アップ不足　　　　　　　(b) はんだ量過多　　　　　　　(c) パッドの損傷

写真15.8　鉛フリーで発生しやすい欠陥

でいます．
▶はんだ量過多〔**写真15.8(b)**〕
　鉛フリーはんだは溶融温度が高いため，はんだが加熱されるまでに時間が必要です．しかし，いったん溶けだすと従来と遜色なく溶けるので，溶けないからといって，はんだをこてに強く押しつけると，接合部へ余分にはんだを与えてしまうことがあります．
▶基板，部品への熱的損傷〔**写真15.8(c)**〕
　こて先温度が高く，従来と比較して難易度が増したはんだを使うので，作業の過程で基板と部品に損傷を与える可能性も増えます．
▶リフト・オフ（**図15.7**）
　はんだの凝固時にプリント配線板のランド部分でフィレットがはがれることがあり，これをリフト・オフ現現象といいます．この現象は，とくに融点の低いビスマスを含んだはんだ合金を使って，はんだ付けを行った場合に多く発生します．しかし，厳密にはビスマスだけではなく，ほかのはんだでも発生しています．
　ビスマスを含まない，すず-銀-銅はんだ，すず-銅はんだの場合でも，部品リードにすず-鉛めっきが施されている場合には，このリフト・オフ現象が発生します．

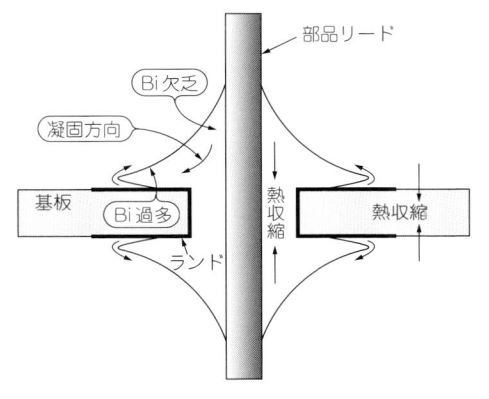

図15.7[1]　挿入実装基板におけるリフト・オフ現象

15.4 鉛フリーはんだの実装機での対応

15.4.1 リフローはんだ付け装置

　鉛フリーはんだは，すず－鉛はんだに比べて融点が高いので，はんだ付け温度を高く設定することになり，今までは問題にならなかったプリント配線板や実装部品が熱によって損傷を受ける可能性が高くなります．したがって，加熱温度をむやみに高くすることはできません．また，搭載部品の熱容量の違いから，はんだ付け接合部の温度にばらつきが生じます．

　鉛フリーのはんだ付けでは，この温度のばらつきをできる限り小さくするように，はんだ漕の温度を厳しく管理する必要があります．

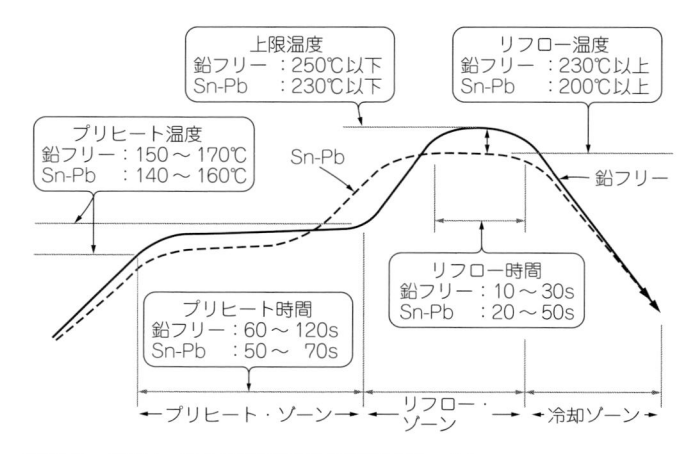

　図15.8は，リフローはんだ付け装置の温度プロファイルの例です．加熱温度は，予備加熱と本加熱に分け，温度と時間を適正に設定管理します．

15.4.2 フローはんだ付け装置

　フローはんだ付けも，すず－鉛はんだに比べて融点が高くなるので，プリント基板や実装部品に与える熱損傷が問題になります．一般的に，部品の耐熱性は部品によって異なりますが，258℃を越えることは危険です．したがって，鉛フリーはんだの加熱温度も258℃以下を目標とします．

　図15.9は，鉛フリーはんだによるフローはんだ付け装置での温度プロファイルの例です．
- プリヒート　　　　：基板裏面（はんだ付け面）95～105℃
- はんだ槽温度　　　：252～258℃
- はんだ付け時間　　：約3～4.5秒

　また，フローはんだ付け装置の構造上，周囲の室温環境に大きく影響され，溶融はんだ表面の温度低下や表面酸化物であるドロス（**写真**15.9）の多量発生，はんだ槽自体のはんだによる侵食など，鉛フ

図15.8　リフローはんだ付け装置の温度プロファイル

15.4 鉛フリーはんだの実装機での対応

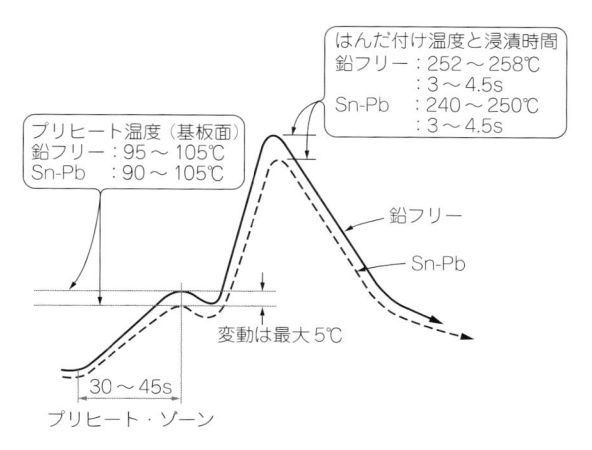

図15.9 フローはんだ付け装置の温度プロファイル

プリヒート温度（基板面）
鉛フリー：95～105℃
Sn-Pb：90～105℃

はんだ付け温度と浸漬時間
鉛フリー：252～258℃
　　　　　：3～4.5s
Sn-Pb　：240～250℃
　　　　　：3～4.5s

変動は最大5℃
30～45s
プリヒート・ゾーン

写真15.9 フロー槽にドロスが大量発生したようす

リー特有の問題があります．

引用文献
(1) 上級オペレータ移行試験実技セミナーテキスト，p.53，2002年，(社)日本溶接協会．
(2) Q&A方式によるマイクロソルダリングの基礎，p.108，1996年，(社)日本溶接協会．

●●●● はんだ付けの起源 ●●●●　　コラムH

　はんだ付けは，現在の電子機器の製造において欠くことのできない接合方法となっています．
　はんだは，ろう付けに使われる材料である「ろう材」の一種であり，ろう付けの歴史からその起源をたどることができます．このろう付けの歴史を，簡単に表15.Aに示します．

表15.A[(2)] ろう付けの歴史

年　代	でき事
BC4000年頃（青銅器時代）	エジプト，ギリシャ，ローマなどの遺跡でろう材の痕跡を発見した．
BC1000年頃	オーストリアのケルン州で発掘された青銅剣から，ろう付けで修理された痕跡を発見した．
BC300年頃	南イタリアのベスビオス火山の噴火で埋没したポンペイの遺跡から，ろう付けの痕跡を発見．各種装飾品，青銅器具，美術品，水道管の接続などに使用されており，今日使用されているはんだとほぼ同じ成分だった．
752年頃	奈良東大寺の大仏にろう材が使用される（大仏伝来記）．
1900年頃	日清，日露戦争で兵士の食料用缶詰にはんだ材を使用したため，使用量が急激に増えた．
1945年頃	進駐軍からMIL級はんだ製造の要求があり，はんだ組合で試作開発が行われた．

索引

───── アルファベット ─────

- **B** BGA ·····158
- **C** CAMデータ編集機 ·····9
  - CE材 ·····22
  - CGE材 ·····22
- **D** DRC ·····39
  - Dコード ·····128
- **E** EMI対策 ·····118
- **F** FPGA ·····158
  - FR-4 ·····63
- **G** G54オプション ·····130
  - GE材 ·····22
- **H** HDI ·····144
- **I** interstitial via hole ·····142
  - IVH入り多層プリント配線板 ·····142
- **J** JIS規格 ·····135
  - JPCA規格 ·····135
  - JTPIA ·····135
- **N** NCルータ加工機 ·····14
  - NEMA ·····25
  - NTH穴 ·····64
- **P** PCBデータ・ベース ·····58
  - PCBファイル ·····125
  - PCBCAD ·····17
  - PP材 ·····22
- **R** RX-274X ·····129
- **S** Sn-Ag-Bi系はんだ ·····215
  - Sn-Ag-Cu系はんだ ·····215
- **T** TH穴 ·····64
- **U** UL94 ·····138
  - UL規格 ·····135
  - ULマーク ·····38
- **V** VCCI ·····104
  - VCCI規制 ·····180
  - Vスリット ·····65
- **W** WECC ·····137

───── あ行 ─────

- アート・ワーク ·····42
- アスペクト比 ·····71
- アディティブ法 ·····27
- 後工程 ·····59
- 穴あけ ·····28
- 穴位置精度 ·····32
- 穴加工 ·····13
- 穴径精度 ·····32
- 穴仕様 ·····69
- アニュアリング ·····70
- アパーチャ・ホイール ·····127
- アパーチャ・リスト ·····127
- アパーチャ設定 ·····128
- アパーチャ割り付け ·····128
- アンダー・エッチング ·····28
- 板厚 ·····63
- 板厚精度 ·····32
- インダクタンス ·····34
- インピーダンス整合 ·····116, 164
- 埋め込みビア ·····150
- エキセロン・フォーマット ·····133
- エッチング ·····27
- エッチング・レジスト ·····27
- エッチング装置 ·····11
- エミッション規制 ·····180
- エミュニティ規制 ·····179
- オーバ・エッチング ·····28
- オーバ・ヒート症状 ·····215
- オープン・スタブ ·····202
- 温度復帰特性 ·····218
- 温度プロファイル ·····151
- オンボード電源 ·····149
- オンラインDRC ·····121

───── か行 ─────

- ガード・パターン指示 ·····52
- ガード配線 ·····165
- ガーバ・データ ·····129
- ガーバ・フォーマット ·····129
- 外形加工 ·····14
- 外形加工指示 ·····73
- 外形精度 ·····32
- 外層回路形成 ·····13
- 拡散 ·····217
- 紙フェノール ·····22
- ガラス・フォト・マスク ·····27
- ガラス・エポキシ ·····22
- 感光レジスト基板 ·····42
- 基材裁断 ·····10
- 基準穴 ·····28
- 基板検査 ·····31
- 基板サイズ ·····65
- 基板仕様書 ·····56
- 基板耐圧 ·····40
- 基板つかみしろ ·····65
- 基板データ ·····125
- 基本グリッド ·····67
- 基本格子 ·····67
- 逆ネット・リスト ·····48
- 禁止指定作業層 ·····81
- 金属基板 ·····23
- くし形パターン ·····100
- グラウンド・シールド ·····183
- グラウンド・ビア ·····203
- クリアランス ·····121
- クリアランス・チェック ·····122
- クリーン・ルーム ·····31
- グリッド ·····50
- グリッド合わせ ·····83
- クリンチ実装 ·····219
- クロストーク ·····34, 52
- クロストーク対策 ·····114
- クロック配線 ·····111
- 形状記号 ·····37
- 現像 ·····27
- コア層IVH ·····150

229

索 引 ●●●

合金化 217
格子状パターン 101
故障率 35
黒化処理 11
コンダクテッドEMI 118
コンポーネント・マーク 72
コンポジット 22

——— さ行 ———

サーマル・パッド 72,129
サーマル・レリーフ 104
最小ギャップ 52
最小導体クリアランス 73
最小導体幅 73
最大スルー・ホール径 64
作業エリア 61
差動パターン 117
サブトラクティブ法 26
自己インダクタンス 189
システムLSI 158
システム信頼性 36
実効比誘電率 205
実装設計 154
集合抵抗 109
集中給電 149
小径ビア 39,64
ショート・オープン検査装置 14
ショート保護回路 118
シルク仕様 72
シルク配置 98
シルク文字 21
信頼性工学 36
垂直燃焼性試験法 138
スイッチング電源 173
水平燃焼性試験法 138
スクリーン印刷 29
すず-鉛はんだ合金 213
ストリップ・ライン 116,181
ストリップ線路 153
ストレート実装 219
スミア 31
スミア除去 13
スリット 105
スルー・ホール 29,69
スルー・ホール穴 64
スルー・ホール抵抗 33
静電ノイズ対策 117
静電容量 33
製品サイズ 30
世界電子回路業界団体協議会 137
積層 28
積層プレス 13
積層プレス機 11
絶縁ギャップ 52
設計工程 59
セラミック基板 23
ゼロ・サプレス 133
ゼロ消去 130
相互インダクタンス 189
ソフトウェア円補間オプション 130
ソルダ・マスク 44
ソルダ・レジスト 29,71
ソルダ・レジスト位置精度 32

ソルダ・レジスト逃げ 71

——— た行 ———

ターゲット・マーク 62
耐電圧 35
耐熱プリフラックス 14
多極コネクタ 88
多ピン・コネクタ 110
多面付け 31
端子接合部品 220
端子ピッチ 51
ダンピング抵抗 161,187
遅延時間 34
直列終端 189
ツーリング・ホール 31
ディジタイザ 45
定尺 29
データ・コード 130
デザイン・ルール・チェック 39
テスト・クーポン 31,116
電気用品安全法 170
電源層 44
電流容量 35
等長指示 52
等長配線 114,188
導通検査装置 14
銅箔 27
銅張積層板 27
銅メッキ 13
特性インピーダンス 34
ドライ・フィルム 11
ドラフト・コード 128
ドリル・データ 133
ドリル径 70
ドロー・アパーチャ設定 128
ドロス 226

——— な行 ———

内層回路形成 11
内層逃げ 71
内層ベタ層 73
鉛フリーはんだ 213
ぬれ 216
ぬれ広がり 223
ぬれ広がり率 224
ぬれ不良 215
ネット・コンペア 48
ネット・チェック 122
ネット・データ 58
ネット・リスト 53
ノット・スルー・ホール穴 64

——— は行 ———

ハーネス付きコネクタ 89
配線 95
配線角度 107
配線工程 59
配線指示 37
配線指示書 51
配線スペース 96
配線長指示 52
配線抵抗 33
配線幅指定 52

配線方向 ·· 95, 107
配線面指示 ·· 52
配線容量 ··· 189
配置間隔 ·· 97
バイパス・コンデンサ ·· 93
破壊電流 ·· 35
パスコン ··· 48, 93, 160
パターン・ギャップ ··· 35
パターン・チェック ·· 45
パターン間ギャップ ·· 169
パターン仕上がり幅 ··· 33
パターン長 ·· 109
バック・アノテーション機能 ·································· 48
バッチDRC ·· 122
パッド・オン・ホール・プリント配線板 ······················· 143
パッド径 ·· 70
パッド寸法 ··· 75
バランス・ライン ·· 119
はんだ槽 ·· 66
はんだ面配置 ·· 98
はんだ量過多 ·· 224
バンプ接続プリント配線板 ································· 145
ビア・ホール ·· 29
非貫通ビア ··· 150
引け巣 ··· 223
ヒット数 ··· 28
表面実装 ·· 74
表面実装部品 ·· 220
ビルドアップ層IVH ··· 150
ビルドアップ多層プリント配線板 ···························· 144
ピン・スワップ ··· 87, 163
ピン・ラミネーション ·· 28
ピン間3本仕様 ··· 98
ピン密度 ·· 56
ファイン・パターン・プリント配線板 ························· 143
フィルム作画 ·· 10
フィレット ·· 222
フェイル・セーフ ··· 36
フェデーシャル・マーク ······································ 64
フェライト・コア ·· 187
フォーマット指定 ··· 130
フォト・プロッタ ·· 127
フォト・マスク ··· 27
フォト・マスク・フィルム ····································· 42
不整合ライン ·· 165
部品形状シルク ·· 61, 80
部品実装機 ·· 14
部品実装基準穴 ··· 65
部品取り付け穴 ··· 66
部品配置 ·· 59
部品配置条件 ··· 65
部品配置データ ·· 126
部品ライブラリ ·· 48
フライバック方式 ··· 173
フライング・プローブ・チェッカ ······························ 15
ブラインド・ビア ······································ 29, 150
フラッシュ・アパーチャ設定 ································ 128
ブリッジ ·· 151, 224
プリプレグ ··· 28
プリント回路板 ·· 18
プリント配線板 ··· 9, 18
フルグリッドBGA ··· 159
フレキシブル基板 ··· 23
フレックスリジッド・プリント配線板 ························ 143
フロー・アップ不足 ·· 224
フローはんだ ·· 66
フローはんだ付け装置 ····································· 226
分散給電 ··· 149
ペア配線指示 ·· 53
米国IPC ··· 135
米国電気製造業者協会 ······································ 25
ベクトル・タイプ ··· 127
ベタ・アース ··· 104
ベタ・パターン ··· 102
ポイント・オブ・ロード方式 ································ 149
放射ノイズ ··· 193
ポリゴン・プレーン ··· 104
ポリマ配線 ··· 32

──── ま行 ────

マーキング印刷 ·· 14
マイクロストリップ・エッジ・カップルドBPF基板 ······· 204
マイクロストリップ・ライン ···················· 52, 116, 181, 202
マイクロソルダリング技術検定試験 ·························· 222
マウント・ホール ·· 69
前工程 ·· 58
マス・ラミネーション ·· 28
マス・ラミネーション法 ······································· 9
マルチ・ワイヤ ··· 32
マンハッタン現象 ··· 151
見積もり工程 ·· 58
未入力端子処理 ··· 37
ミリング加工機 ·· 32
メタル・マスク ·· 74
めっき ·· 29
めっきスルー・ホール ······································ 150
メトリック ··· 50

──── や行 ────

ユニット指定 ··· 130

──── ら行 ────

ライト・テーブル ·· 45
ラジエーテッドEMI ·· 118
ラッツ・ネスト ·· 99
ランドレス・スルー・ホール ································· 29
リターン経路 ··· 165
リターン電流 ··· 170
リフト・オフ ··· 225
リフローはんだ付け装置 ··································· 226
リフロー炉 ··· 74
リペア ·· 152
両面銅張積層板 ··· 13
レーザ・タイプ ··· 127
レーザ・フォトプロッタ ······································ 10
レジスト形成 ·· 14
レジストレーション・マーク ··································· 31
レバー付きコネクタ ·· 89
露光 ··· 27

──── わ行 ────

ワーク・サイズ ·· 29

各章の執筆担当者

- ●これがプリント基板の製造工程だ！
  嶋田茂晴　（株）シイエムケイ回路設計センター
- ●第1章〜第8章
  中島直樹
- ●第9章
  青木正光　NPO法人　日本環境技術推進機構
- ●第10章
  渡辺一弘　富士通ネットワークテクノロジーズ（株）
- ●第11章
  坂田秀幸　東芝ディーエムエス（株）
- ●第12章
  浅井紳哉　（有）浅井工業
- ●第13章
  中島未来
- ●第14章
  田村　睦　プロコム（株）
- ●第15章
  北川直人／伊藤健作　ソニーイーエムシーエス（株）

- ●本書記載の社名，製品名について ── 本書に記載されている社名および製品名は，一般に開発メーカーの登録商標です．なお，本文中では™，®，©の各表示を明記していません．
- ●本書掲載記事の利用についてのご注意 ── 本書掲載記事は著作権法により保護され，また産業財産権が確立されている場合があります．したがって，記事として掲載された技術情報をもとに製品化をするには，著作権者および産業財産権者の許可が必要です．また，掲載された技術情報を利用することにより発生した損害などに関して，CQ出版社および著作権者ならびに産業財産権者は責任を負いかねますのでご了承ください．
- ●本書に関するご質問について ── 文章，数式などの記述上の不明点についてのご質問は，必ず往復はがきか返信用封筒を同封した封書でお願いいたします．ご質問は著者に回送し直接回答していただきますので，多少時間がかかります．また，本書の記載範囲を越えるご質問には応じられませんので，ご了承ください．
- ●本書の複製等について ── 本書のコピー，スキャン，デジタル化等の無断複製は著作権法上での例外を除き禁じられています．本書を代行業者等の第三者に依頼してスキャンやデジタル化することは，たとえ個人や家庭内の利用でも認められておりません．

JCOPY 〈出版者著作権管理機構委託出版物〉
本書の全部または一部を無断で複写複製（コピー）することは，著作権法上での例外を除き，禁じられています．本書からの複製を希望される場合は，出版者著作権管理機構（TEL：03-5244-5088）にご連絡ください．

PCBCAD時代のプリント基板作成と実装のすべて
改訂新版 技術者のためのプリント基板設計入門

編　集	トランジスタ技術SPECIAL編集部
発行人	櫻田 洋一
発行所	CQ出版株式会社　〒112-8619　東京都文京区千石4-29-14
電　話	編集　03-5395-2148　販売　03-5395-2141

2004年7月1日　初版発行
2023年10月1日　第13版発行
©CQ出版株式会社 2004
（無断転載を禁じます）
ISBN978-4-7898-3747-7
定価は裏表紙に表示してあります
乱丁，落丁はお取り替えします
編集担当　山岸 誠仁
DTP・印刷・製本　三晃印刷株式会社
Printed in Japan